当代大学生心理健康教程（第2版）

樊富珉　王建中　主编

中国心理卫生协会大学生心理咨询专业委员会组编

WUHAN UNIVERSITY PRESS
武汉大学出版社

图书在版编目(CIP)数据

当代大学生心理健康教程/樊富珉,王建中主编.—2版.—武汉：武汉大学出版社,2014.7(2020.8重印)

ISBN 978-7-307-13259-7

Ⅰ.当…　Ⅱ.①樊…　②王…　Ⅲ.大学生—心理健康—健康教育—高等学校—教材　Ⅳ.B844.2

中国版本图书馆CIP数据核字(2014)第085722号

责任编辑:詹　蜜　高　璐　　责任校对:鄢春梅　　版式设计:韩闻锦

出版发行：**武汉大学出版社**　(430072　武昌　珞珈山)

(电子邮箱：cbs22@whu.edu.cn　网址：www.wdp.com.cn)

印刷:荆州市鸿盛印务有限公司

开本:720×1000　1/16　印张:19　字数:339千字　插页:1

版次:2006年6月第1版　2014年7月第2版

2020年8月第2版第13次印刷

ISBN 978-7-307-13259-7　定价:45.00元

前　言

2004年8月26日，中共中央国务院（中发〔2004〕16号）《关于进一步加强和改进大学生思想政治教育的意见》颁布，文件中再一次强调了对大学生进行心理健康教育的重要性。文件指出："开展深入细致的思想政治工作和心理健康教育，要结合大学生实际，广泛深入开展谈心活动，有针对性地帮助大学生处理好学习成才、择业交友、健康生活等方面的具体问题，提高思想认识和精神境界。要重视心理健康教育，根据大学生的身心发展特点和教育规律，注重培养大学生良好的心理品质和自尊、自爱、自律、自强的优良品格，增强大学生克服困难、经受考验、承受挫折的能力，要制定大学生心理健康教育计划，确定相应的教育内容、教育方法。要建立健全心理健康教育和咨询的专门机构，配备足够数量的专兼职心理健康教育教师，积极开展大学生心理健康教育和心理健康教育辅导，引导大学生健康成长。"2005年1月12日，教育部、卫生部、团中央（教社政〔2005〕1号）《关于进一步加强和改进大学生心理健康教育的意见》颁发，进一步明确了大学生心理健康教育的总体要求，要求努力提高大学生心理健康教育和心理咨询工作水平，大力加强大学生心理健康教育队伍建设，切实建立和完善大学生心理健康教育领导体制与工作机制。大学生心理健康教育获得了政府、社会和教育主管部门前所未有的重视。

因为大学生心理健康教育不仅关系到学生个人的成长，更关系到国家和民族的未来。崇高的理想，健全的人格，和谐的人际关系，坚持不懈的努力，稳定的情绪，乐观的人生态度，爱岗敬业，遵纪守法，维护社会公德，是一个人心理健康的重要标志。随着我国现代化工业的发展，经济飞速提升，科学技术进步，竞争不断加剧，生活和工作节奏大大加快，各种心理的和社会的紧张刺激越来越多，对人们心身健康造成的威胁和危害也越来越大。

和谐社会构建，需要更多和谐的个体。在迅速变化的时代，所有青年人都不可避免地要面对充满矛盾的人生，每个人都注定会产生许多心理的困扰。消极的人等待风向改变，积极的人调整风帆勇往直前；自卑的人害怕失败的厄运，自信的人面对挑战斗志昂扬；被动的人接受已有结论，主动的人积极寻求自我创新。因此，认清客观形势，确立人生目标，肩负民族振兴使命，认真刻苦学习，脚踏实地实践，培养良好人格，增进心理健康，使自己的生命充满希望和活力，成为每个大学生必须面对的人生挑战。

大学生心理健康教育是一项系统工程，渗透在大学教育的每一个过程中。其中开设心理健康教育课程，普及心理健康知识，教给大学生心理调适的方法是最重要的途径之一。心理健康课程是针对学生共同的成长课题给予指导，例如：增强学生的自信心、自我表达能力、沟通能力、情绪管理能力、时间支配能力、人际关系协调能力等。同时兼顾心理问题的识别、预防和治疗。本教材的结构具有新颖性和内在的逻辑关系，包括三个层次：第一，心理健康基础知识。按照心理学心理过程和个性心理的结构框架，结合大学生心理健康的基本内容，阐述了人生成才与心理健康、自我意识与心理健康、情绪管理与心理健康、挫折应对与心理健康、人格培养与心理健康。第二，心理健康表现领域。根据大学生心理健康调查研究的发现，将常见心理问题表现的领域归纳为适应、人际、性、感情、生涯规划，并结合案例阐明在大学生生活的各个方面如何增进心理健康。第三，心理问题预防与干预。从维护心理健康的角度出发，阐述了心理问题的识别、预防和矫治的方法，尤其强调珍爱生命的意义，以及遇到困扰和压力时有效的解决途径。

本教材编写注重理论与实践的结合、讲授与学习的联结、认知与技能的培养，注重具体化、可操作性、实用价值。这本教材是由五位长期工作在高校心理健康教育和心理咨询领域从事教学、科研、实践的人撰写的。作者都有丰富的心理健康教育工作经验和开设心理健康课程的教学实践积累，更有对这份事业的由衷热爱和执著追求。满怀对大学生健康成长的期盼，本着心理学工作者的社会责任，我们用心、用理、用情、用爱完成了这本心理健康教育教材的编写。教材写作的分工是：樊富珉编写第一章、第二章、第五章、第十二章；郑宁编写第三章；王建中编写第四章、第十一章；蔺桂瑞编写第六章、第八章、第十章；聂振伟编写第七章、第九章。最后由樊富珉对全书进行统一修改、定稿。

教授大学生心理健康教育课程对于教师既是一种挑战，也是一种生命的洗礼。挑战体现在教授大学生心理健康教育需要有广博的知识背景，通晓心理学、教育学、社会学、心理咨询学、精神卫生学等领域，还需要对大学生的成长特点、规律和困惑有深入的了解和体察，真正站在学生的角度去了解他们的需要，聆听他们的心声，关心他们的成长；生命的洗礼体现为教师在伴随着学生成长的过程中，直接触抚他们心灵的跳动，感受他们真情的流露，陪伴他们渡过难关。由此，教师自身也在逐渐成熟、发展，获得生命的不断完善。

衷心希望我们的教材能够成为大学心理健康教育工作者的好帮手，也热切期待每一位大学生能塑造健康人格，描绘美丽人生，为人类、为社会、为祖国发挥才干，获得成就，创造未来。

樊富珉 *
清华大学教育研究所心理研究室
2005 年 12 月

---

* 樊富珉，女，著名心理学家、心理咨询专家，清华大学教授，博士生导师。清华大学教育研究所心理研究室主任，中国心理卫生协会理事，大学生心理咨询委员会主任委员。

目　录

第一单元　心理健康基础知识

第二单元　心理健康表现领域

第三单元　心理问题预防干预

第一单元

心理健康基础知识

第一章 人生成才与心理健康

只有优异的成绩，却不懂得与人交往，是个寂寞的人；只有过人的智商，却不懂得控制情绪，是个危险的人；只有超人的推理，却不了解自己，是个迷惘的人。如果你想做一个有自知之明，健康快乐，拥有亲情、友情和爱情的人，如果你想在成才的道路上不断前行，那就必须具备健康的心理。

一颗自我发现的心

心理健康的兴起与一位大学生的贡献分不开。20 世纪初，美国有一位来自康涅狄格州，就读于耶鲁大学商科的名叫比尔斯(C. W. Beers)的大学生。比尔斯与他的哥哥住在一起，他哥哥患有癫痫（俗称“羊角风”），发作时四肢抽搐、口吐白沫、声似羊鸣，痛苦万分，使他非常害怕。他听说此病有遗传性，总担心自己也会像哥哥一样，终日生活在恐惧、担忧、焦虑的情绪之中。终于，1900 年，他因心理失常，被送进了精神病院。住院期间，他亲眼目睹了精神病人所受到的种种粗暴、残酷的待遇与非人的生活，不胜悲愤。同时有感于社会对心理异常者的歧视、偏见、冷漠，病愈出院后，他根据自己三年的亲身经历和体会，用生动的文笔写了一本书，名为《一颗自我发现的心》（*A Mind That Found Itself*）。1908 年 3 月该书出版时，美国哈佛大学心理学教授威廉·詹姆斯（W. James）给予了高度评价，并为此书作序。康奈尔大学校长列文斯通·法兰（L. Farrand）

等名人也被此书所感动，纷纷支持比尔斯。于是，1908 年 5 月，世界上第一个心理卫生组织“康涅狄格州心理卫生协会”诞生了。1909 年 2 月，在比尔斯等人的积极努力下，“美国全国心理卫生委员会”在纽约成立。此后，心理卫生运动不仅在美国发展迅速，而且扩展到世界各国。1930 年，“第一届国际心理卫生大会”在华盛顿召开，到会 3042 人，代表 53 个国家和地区，会上成立了一个永久性的“国际心理卫生委员会”，它的宗旨是：“完全从事慈善的、科学的、文化的、教育的活动。尤其关于世界各国人民的心理健康的保持和增进，心理疾病、心理缺陷等的研究、治疗与预防，以及全体人类幸福的增进。”

心理健康（mental health）既是指一门学科，也是指一种实践活动，同时又是指一种心理状态，它是探索和研究人的心理健康的形成、发展、变化的规律，以及如何维护和增进心理健康的学问。心理健康与大学生成长成才息息相关。大学是一个能够实现人生梦想的地方。四年时光虽然短暂，但对人一生发展的影响却具有决定性的力量。许多学生进入大学后，一直苦苦挣扎在学业成绩、两性交往、人际关系、情绪调控、前途命运等人生课题中，生活中充满困惑和烦恼，出现诸多不适感、焦虑感、压抑感、紧张感等消极心理体验。如果这些消极心理体验长期积累得不到缓解，就容易出现心理障碍，轻则影响正常的学习与生活，重则导致心理疾病，影响今后的发展。因此，保持心理健康，优化心理素质，不仅是大学期间正常学习、生活的基本保证，也是促进人格完善和德、智、体全面发展的重要条件。

第一节　时代的课题

心理健康是时代的课题，是现代社会进步与人类自身发展的客观要求。心理健康问题已在世界范围内得到重视和发展。对当代大学生而言，全方位开放为其提供了成才的广阔舞台和更多的发展机会，但同时，激烈的竞争也带来更多严峻的挑战，时代的发展对大学生提出了更高、更新、更强的要求。大学生成才不仅需要掌握知识和技能，更需要开发心理潜能，拥有健康的心理。怎样提高个人的修养，保持心理的健康，增加人格的魅力，优化心理素质已经成为每一个立志成才的大学生必须面对的时代课题。

一、大学生心理健康的意义

（一）心理健康是时代发展的要求

当代大学生面临着新世纪的挑战。未来的社会，世界范围内国家间的竞争就是综合国力的竞争，实质上是科学技术的竞争，归根结底是人才的竞争。科技的发展，经济的振兴，乃至整个社会进步都取决于人才素质的提高和合格人才的培养。心理素质是人才素质系统中的基础，同时又渗透在思想道德素质、科学文化素质、职业素质之中。21 世纪的竞争拼的就是人才的心理素质，谁拥有良好心理素质的年轻一代谁就拥有了未来。而心理健康是良好心理素质的基本要求。心理健康教育的目标是提高全体大学生的心理素质，优化每一个学生的人格，帮助学生解决成长发展中的各种困惑及问题，增强适应现代社会生活的能力，开发个体心理潜能，提高心理健康水平，使全体学生都能得到全面发展。由于 21 世纪对人才的素质要求更高、更全面，与以往任何时期相比，当代大学生更需要心理健康的指导和锻炼。

（二）心理健康是大学阶段的成长课题

大学阶段是人才成长发展的重要阶段，大学生是高级人才的预备队。心理学家的研究证明，大学阶段是掌握专业知识技能和个人自我发展完善的重要时期，两大任务并驾齐驱，缺一不可。自我发展涉及的领域很宽，包括自我评价、社会适应、人际交往、情绪管理、挫折应对、科学思维、团队合作、婚恋态度、潜能开发、求职择业等，重视的是个人全面、健康而均衡的发展。但是，从个体发展的角度看，大学生正处于青年期向成年期的转变过程，这一发展特点决定了大学生活将是个体逐渐走向成熟、走向独立的重要阶段。大学期间，每一个学生都将面临一系列的人生重大课题，如专业知识储备、智力潜能开发、个性品质优化、思想道德修养、就职择业准备、交友恋爱等。而这些人生课题的完成，与大学生的心理健康有着密切的关系。

在应试教育模式下，由于考试的压力，学校只重视学习，教师的注意力也主要放在知识的传授上，学生的注意力集中在如何取得好成绩上，很少着眼于学生的情绪、意志、自我形象和性格的培养。但是，有了优异的成绩并不等于懂得控制情绪、了解自己、善于与他人沟通和交往。应试教育容易导致学生片面发展。进入大学后，面对生活和环境的新变化，大学生中不良的现象很容易出现。虽然学校的心理咨询机构和老师会尽力帮助，但服务的面毕竟有限。为了帮助更多学生成长，促进心理发展，普及心理健康的知识愈发显得重要。

（三）大学生心理健康关系国家的未来

大学生的心理健康不仅关系到大学生个人的成长，也关系到民族素质的提高，更关系到社会主义一代新人的培养，也是社会主义精神文明建设的一个重要方面。因为崇高的理想、良好的修养、和谐的人际关系、努力工作、遵纪守法、维护社会公德是一个人心理健康的重要标志。此外，随着我国现代化工业的发展，经济飞速提升，科学技术进步，竞争不断加剧，人们的生活和工作节奏大大加快，各种心理和社会的紧张刺激越来越多，对人们心身健康造成的威胁和危害也越来越大。在迅速变化的时代，所有青年人都不可避免地要面对充满矛盾的人生，每个人都注定会产生许多心理的困扰。因此，认清客观形势，确立人生目标，肩负民族振兴使命，认真刻苦地学习，脚踏实地地实践，培养良好人格，增进心理健康，使自己的生命充满希望和活力，就成为每个大学生都必须面对的人生挑战。

二、心理健康是大学生成才的基础

心理健康对大学成才有着重要的影响，健康的心理是大学生接受思想政治教育以及学习科学文化知识的前提，是大学期间正常学习、交往、生活、发展的基本保证。如果一个人经常地、过度地处于焦虑、郁闷、孤独、自卑、犹豫、暴躁、怨恨、猜忌等不良心理状态，是不可能在工作和生活中充分发挥个人潜能，取得成就，得到发展的。大学生心理健康尤为重要，这是因为大学生所承担的和将要承担的学习任务和社会责任较为繁重和复杂，较为困难和艰苦；同时，社会对大学生的期待也更为殷切，要求更为全面和严格。大学生心理健康尤为重要，还因为大学生不但具有一般青年心理不成熟的特点，而且常常由于对自身估计过高、家庭与社会期望过大而产生巨大的心理压力，容易导致心理失衡。在大学生中，有人因自我否定、自我拒绝而几乎失去从事一切活动的愿望和信心；有人因考试失败或恋爱受挫而产生轻生念头或行动；有人因现实的不理想而玩世不恭或万念俱灰；有人因人际关系不和而逃避群体、自我封闭。尽管这些现象的出现是极少数的，却说明了一个普遍的道理：一个人在心理健康上多一分弱点，他的成长和发展就多一分限制和损失，他的生活和事业就少一分成就和贡献。可见，大学生的心理健康对品德素质、思想素质、智能素质乃至身体素质的发展都有很大的影响。我们通过对清华大学获得 1992 年特等奖学金的学生心理特征研究发现，他们具有一些共同的心理特征，如心理健康水平高，表现为情绪稳定、自律性强、有较高的社会理想、兴趣广泛、性格偏外向、人际关系协调等。可见，心理健康对大学生成才影响很大。

第二节　大学生心理健康的标准

从个体心理发展的角度看，大学生正处在由青年中期向成人的转变。所有的心理学家都承认，从青少年向成人的转变是一个相当艰巨并且充满危机的时期。大学生，特别是大学新生，由于独立性的不完全，对家长有较大的依赖；对社会了解有限，过于理想化，环境突变难以适应；对自我的认识摇摆不定而难以定位等，从而在心理上显露出一系列的矛盾与冲突。准确界定大学生心理健康标准对于引导大学生提高心理健康水平意义重大。

一、确立科学的健康观

（一）健康的科学定义

心理健康是完整健康概念的组成部分。人类对健康概念的认识是随着社会的发展以及人类自身认识的深化而不断丰富的。在生产力低下的时期，人类只关注如何适应和征服自然，维护自身的生存。其后，随着生产力水平的提高，人类开始关心身体健康，防病治病的医学科学应运而生。历史发展到现代，人类对健康的认识又发生了飞跃，不再局限于生理机能的正常、衰弱与疾病的减少。1948 年，联合国世界卫生组织（WHO）成立时，在其宪章中开宗明义地指出：健康不仅仅是没有疾病，而且是身体上、心理上和社会上的完好状态或完全安宁。这是对健康全面、科学、完整、系统的定义。这种对健康的理解就意味着衡量一个人是否健康，必须从生理、心理、社会、行为等因素分析，不仅看他有没有器质性或功能性异常，还要看他有没有主观不适感，有没有社会公认的不健康行为。

（二）健康的具体标准

为了加深人们对健康的认识，世界卫生组织还规定了健康的 10 条标准：

(1) 有足够充沛的精力，能从容不迫地应付日常生活和工作压力，而且不感到过分紧张疲劳。

(2) 处世乐观，态度积极，乐于承担责任，不论事情大小都不挑剔。

(3) 善于休息，睡眠良好。

(4) 能适应外界环境的各种变化，应变能力强。

(5) 能够抵抗一般性的感冒和传染病。

(6) 体重适当，身体均匀，站立时，头、肩、臂的位置协调。

(7) 反应敏锐，眼睛明亮，眼睑不发炎。

(8) 牙齿清洁、无龋齿、无痛感、无出血现象，牙龈颜色正常。

(9) 头发有光泽、无头屑。

(10) 肌肉和皮肤富有弹性，走路轻松匀称。

从这10条健康标准可以看出，健康包括身体健康和心理健康两个方面，相辅相成，缺一不可。严格地说，没有一种病是纯粹身体方面的，也没有一种病是纯粹心理方面的。因此，我们在考虑自身的健康和疾病时，要注意身心两个方面的反应。

看一看，想一想

身心健康自我评估的七大标准

1. 快食：吃饭不挑食、不偏食，津津有味
2. 快眠：较快入睡，睡眠质量好，精神饱满
3. 快便：快速通畅地排泄，感觉轻松自如
4. 快语：说话流利，头脑清醒，思维敏捷
5. 快行：行动自如协调，迈步轻松有力，动作流畅
6. 良好的个性：性格柔和、适应环境，为人处世好
7. 良好的人际关系：与人相处自然融洽，朋友多

请你记住这“五快”、“两良好”，你就随时可以评价自己的整体健康状况。

（三）健康观的演变

长期以来，人们对健康的传统认识存在着许多片面性。比如，一谈起健康就认为是医学的事，只注重生理健康而忽视心理健康。所以在日常生活中往往

只注重锻炼身体，而不重视培养健康的心理；一有头痛脑热就往医院跑，而有了严重心理疾患却自觉不自觉地掩盖。这种片面的健康观已经带来了许多不良后果。据美国的统计资料，每 4 个人中有 1 人在其一生中将因心理方面的原因而引起生理方面的疾病；每 12 个人中就有 1 个人将因心理方面的疾病而住院。美国全国的医院病床中，几乎有一半是被心理疾病患者所占住。世界卫生组织根据在世界范围内的调查推测，全球目前约有 3.4 亿抑郁障碍的患者，而且这个数字还在不断地上升。2003 年开展的北京地区抑郁障碍流行病学的研究调查发现，全市 15 岁及以上人群中抑郁障碍的时点为 33.31%，终身患病率 6.87%，由此推算，全市 15 岁及以上人群约有 30 万人正在患有抑郁障碍，曾经患有和正在患病的人数大约有 60 万人。心理卫生问题在人群中大量存在，严重地影响着人们的健康。事实证明了古罗马哲学家西塞罗的论断：心理的疾病比起生理的疾病为数更多，危害更烈。

二、心理健康及界定原则

一个人的心理怎样才算健康，以什么作为心理健康的标志，这是一个非常复杂的问题。

（一）心理健康的概念

国内外学者曾就心理健康的定义与内涵从不同角度阐述过。第三届国际心理卫生大会（1946）对心理健康是这样定义的：“所谓心理健康，是指在身体、智能以及情感上与他人的心理健康不相矛盾的范围内，将个人心境发展成最佳的状态。”

世界心理卫生联合会还明确提出了心理健康的标志：①身体、智力、情绪十分调和；②适应环境、人际关系中彼此能谦让；③有幸福感；④在工作和职业中，能充分发挥自己的能力，过高效率的生活。

心理学家英格里士（H. B. English）于 1958 年指出，心理健康是指一种持续的心理状态，当事人在那种情况下，能做出良好的适应，具有生命的活力，能充分发挥其身心潜能。

综上所述，我们可以从广义和狭义两个角度来定义心理健康。从广义上讲，心理健康是指一种高效而满意的、持续的心理状态；从狭义上讲，心理健康是指人的基本心理活动的过程内容完整、协调一致，即认识、情感、意志、行为、人格完整和协调，能顺应社会，与社会保持同步。

(二) 心理健康的等级

心理健康与生理健康是健康概念不可分割的部分，但是心理健康的标准并不像生理健康那样具体、精确、绝对。因为心理现象是主观精神现象，它的度量很难有一个固定而清晰的界限。根据中外心理健康专家们的研究，可将人的心理健康水平大致分为 3 个等级：

(1) 一般常态心理者。表现为心情经常愉快，适应能力强，善于与别人相处，能较好地完成同龄人发展水平应做的活动，具有调节情绪的能力。

(2) 轻度失调心理者。表现出不具有同龄人所应有的愉快，和他人相处略感困难，生活自理有些吃力。若主动调节或通过专业人员帮助，可恢复常态。

(3) 严重病态心理者。表现为严重的适应失调，不能维持正常的生活、工作。如不及时治疗将会恶化，可能成为精神病患者。

(三) 界定心理健康标准时应遵循的基本原则

界定心理健康与否应遵循 3 条基本原则：

第一，心理活动与外部环境是否具有同一性，即一个人的所思所想、所作所为是否正确地反映外部世界，有无明显的差异。

第二，心理过程是否具有完整性和协调性，即人在心理活动中认识、情感、意志三个过程内容是否完整，是否协调一致。

第三，个性心理特征是否具有相对稳定性，即人的个性心理特征在没有重大的外部环境改变的前提下，人的气质、性格、能力等个性特征相对稳定，行为表现出一贯性。

由此可见，在具体界定心理健康标准时，一般应该从环境适应能力、挫折耐受能力、情绪调控能力、社会交往能力、自我意识水平等方面提出明确的标准。

三、大学生心理健康的标准

根据处于青年中期的大学生具有的心理特征、大学生特定社会角色的要求以及心理健康学的基本理论，大学生心理健康的标准可以概括为 7 条：

(一) 能保持较浓厚的学习兴趣和求知欲望

智力正常是人一切活动的最基本的心理条件，而大学生一般智力都比较优秀。学习是大学生活的主要内容，心理健康的学生珍惜学习机会，求知欲望强烈，能克服学习中的困难，学习成绩稳定，能保持一定的学习效率，从学习中体验满足与快乐。

（二）能保持正确的自我意识和自我接纳

自我意识是人格的核心，指人对自己以及自己与周围世界关系的认识和体验。人贵有自知之明。心理健康的学生了解自己，接受自己，自我评价客观，既不妄自尊大而做力所不能及的工作，也不妄自菲薄而甘愿放弃可能发展的一切机会。自信乐观，生活目标与理想切合实际，不苛求自己，能扬长避短。

（三）能协调与控制情绪，保持良好的心境

情绪影响人的健康，影响人的工作效率，影响人际关系。心理健康的学生能经常保持愉快、开朗、乐观、满足的心境，对生活和未来充满希望。虽然也有悲、忧、哀、愁等消极体验，但能主动调节；同时能适度表达和控制情绪，做到喜不狂、忧不绝、胜不骄、败不馁。

（四）能保持和谐的人际关系，乐于交往

人际关系状况最能体现和反映人的心理健康状况。心理健康的学生乐于与他人交往，能用尊重、信任、友爱、宽容、理解的态度与人相处，能分享、接受和给予爱和友谊，与集体保持协调的关系，能与他人同心协力，合作共事，乐于助人。

（五）能保持完整、统一的人格品质

人格指人的整体精神面貌。人格完整指人格构成要素的气质、能力、性格和理想、信念、人生观等各方面平衡发展。心理健康的学生，他们的所思、所做、所言能够协调一致，具有积极进取的人生观，并以此为中心，把自己的需要、愿望、目标和行为统一起来。

（六）能保持良好的环境适应能力

环境适应能力包括正确认识环境以及处理个人和环境的关系。心理健康的学生在环境改变时能面对现实，对环境做出客观的认识和评价，使个人行为符合新环境的要求；能和社会保持良好的接触，对社会现状有清晰的认识，能及

时修正自己的需要和愿望，使自己的思想、行为与社会协调一致。

（七）心理行为符合年龄特征

在人的生命发展的不同年龄阶段，都有相应的心理行为表现。心理健康的人，他们的认识、情感、言行、举止都符合其所处的年龄段。心理健康的大学生应该是精力充沛、勤学好问、反应敏捷、喜欢探索。过于老成、过于幼稚、过于依赖都是心理不健康的表现。

四、正确理解和运用心理健康的标准

正确理解大学生心理健康的标准，准确运用大学生心理健康标准应注意以下几个问题：

（一）心理不健康不等于有不健康的心理和行为

心理不健康与有不健康的心理和行为表现不能画等号。心理不健康是指一种持续的不良状态。偶尔出现一些不健康的心理和行为并不等于心理不健康，更不等于已患心理疾病。因此，不能仅从一时一事而简单地给自己或他人下心理不健康的结论。

（二）心理健康与不健康是一种连续状态

心理健康与不健康不是泾渭分明的对立面，而是一种连续状态。从良好的心理健康状态到严重的心理疾病之间有一个广阔的过渡带。在许多情况下，异常心理与正常心理、变态心理与常态心理之间没有绝对的界限，只是程度的差异（见图 1-1、表 1-1）。

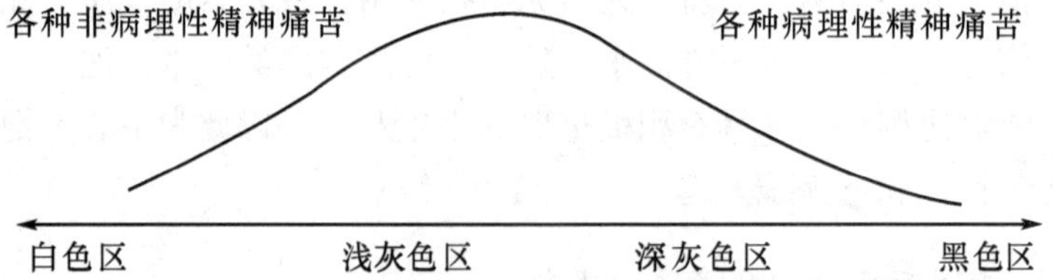

图 1-1　心理问题的程度与范围

注：白色区——健康人格　浅灰色区——有心理冲突者
深灰色区——人格异常者　黑色区——人格变态者

表 1-1　　心理状态与咨询内容、服务模式

项目 咨询内容 心理状态	白色区	浅灰色区	深灰色区	黑色区
特点	健康人格自信适应	各种由生活人际关系压力而产生的心理冲突	各种人格异常者	精神病患者
服务者	无需	心理咨询师、社会工作者	心理咨询师	精神科医生
服务模式	无需	咨询心理学模式	临床心理学模式	医学模式

（三）心理健康的状态是动态变化的过程

心理健康的状态不是固定不变的，而是动态变化的过程。随着人的成长，经验的积累，环境的改变，心理健康状况也会有所改变。

（四）心理健康的标准是一种理想尺度

心理健康的标准是一种理想尺度，它不仅为我们提供了衡量是否健康的标准，而且为我们指明了提高心理健康水平的努力方向。每一个人在自己现有的基础上作不同程度的努力，都可以追求心理发展的更高层次，不断发挥自身的潜能。

（五）满足大学生心理健康的基本标准

大学生心理健康的基本标准是能够有效地进行工作、学习和生活。如果正常的工作、学习、生活难以维持，应该及时调整。

做一做，想一想

经典的心理健康标准

美国人本主义心理学家马斯洛和米特尔曼在 20 世纪 50 年代初提出了心理健康者的 10 条标准，受到心理卫生界的普遍重视，并被广泛引用。这 10 条标准是：

1. 充分的安全感；
2. 充分了解自己，并对自己的能力作适当的估价；

3. 生活的目标切合实际；
4. 与现实环境保持接触；
5. 能保持人格的完整与和谐；
6. 具有从经验中学习的能力；
7. 能保持良好的人际关系；
8. 适度的情绪表达与控制；
9. 在不违背社会规范的条件下，对个人的基本需要作恰当的满足；
10. 在不违背团体的要求下，能作有限度的个性发挥。

请你认真阅读，并谈谈你的看法？你赞同吗？赞同哪几条？为什么？

第三节　大学生心理健康现状

大学生作为我国社会中文化层次较高的群体，一向被认为是最健康的人群。如果仅仅从躯体健康的角度看，处于十七八岁到二十二三岁的青年，又经过多次体检而合格入学的大学生确实身体比较健康。但是，从科学的健康观出发，特别是从心理健康的角度来分析，情况就不容乐观了。大量的研究及统计表明，大学生中相当一部分人心理上存在一系列不良反应和适应障碍，有的甚至比较严重。

一、从调查数据看大学生心理健康

（一）心理障碍已成为危害大学生健康的主要问题

目前我国大学生发病率较高的主要原因是心理问题，心理疾病已成为危害大学生健康的主要疾病。1988 年，天津市高校体育卫生验收资料统计，全市 5 万名大学生中有 16% 以上存在不同程度的心理障碍，即约有 8000 名大学生心理状态不良，主要表现为恐怖、焦虑、疑病、强迫、神经性抑郁症和情感危机等。1989 年 8 月，杭州市通过鉴定“大中学生心理问题和对策研究”的软科学项目的研究成果。该课题对城乡不同类型学校的 2 961 名大、中学生的心理卫生测查发现，16. 79% 的学生存在较严重的心理卫生问题，其中大学生高达 25. 39%，远远高于中学生。许多研究表明，大学生中心理障碍发生率呈上升趋势，已经明显地影响到一部分学生的智能素质、人格成长及身体健康。清华大学、北京航空航天大学等高校多年采用日本大学生人格健康问卷（UPI）对新生进行心理健康普查，发现有15%左右的学生存在心理适应问题，有近20%的学生主动提出咨询要求。北京大学王登峰博士认为，在校大学生中出现心理障碍倾向者在30%～40%，其中存在较严重心理障碍的约占10%。由此可见，大学生的心理健康形势比较严峻，必须引起社会各方面的关注。

（二）高校大学生心理素质及心理健康状况调查

2000年北京市高校心理素质研究会运用“卡特尔十六种人格因素”（16PF）、“精神症状自评量表”（SCL-90）作为测量工具，抽样选取北京市23所高校的6 000名在校大学生进行心理素质及心理健康状况调查，回收有效问卷5 220份。结果显示，大学生中有16.51%的学生存在中度以上的心理问题。女生的心理健康差于男生；低年级学生差于高年级学生，其中二年级学生心理症状最突出（见图1-2）；农村学生差于城市学生；独生子女与非独生子女没有明显差异。个性特征方面大学生具有外向、开放、活泼、自信、富于幻想等特点，但也存在缺乏务实精神，责任心不强，克制力较差，自我中心，缺乏坚忍不拔、持之以恒的精神。个性特征方面存在男女性别差异；随着年级的提高，学生的自律性也不断提高，但创造能力有所下降。

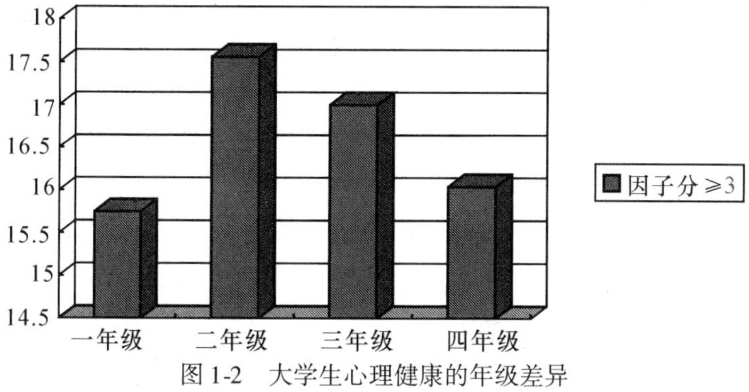

图1-2　大学生心理健康的年级差异

二、大学生常见心理矛盾与表现

由于大学生的心理发展尚未完全成熟，自我调节和自我控制能力还不强，加上难以适应环境变化，因此在处理学习、工作、社交、友谊、爱情以及个人与集体的关系，个人与社会的关系等复杂问题时，常常出现内心矛盾冲突，造成心理发展失衡。

（一）自豪感与自卑感的矛盾

在激烈的高考竞争中有幸进入大学的人，往往以竞争胜利者的姿态出现，在一片赞扬声与羡慕的目光中，优越感、自豪感油然而生，他们挺着高高的胸脯走进大学。但是在群英荟萃、强手如林的环境下，以往的优势不复存在，学习、生活中遇到小小的挫折就容易产生自卑心理。

（二）新鲜感与恋旧感的矛盾

美丽的校园、现代化的仪器、高水平的老师、新交的朋友，进入大学的学生对周围的一切有说不出的新鲜感。但随着时光的流逝，新鲜感慢慢消失。紧张的学习、激烈的竞争、单调的生活会使一些学生产生强烈的恋旧心理，思乡心切，情绪低落，怀念过去的生活和朋友，想念亲人和师长，甚至沉溺于回忆之中。

（三）独立感与依赖感的矛盾

告别了中学时代，摆脱了父母的监督和老师的约束，进入了自由和开放的环境，大学新生的独立意识增强，凡事想依靠自己的力量，处处想显示个人的主张。但是，由于缺乏社会经验，以及过去经历的影响，长期形成的依赖感难以摆脱，面对复杂的环境，很多大学新生常常会心中无数、不知所措。

（四）轻松感与紧张感的矛盾

在多年高考的压力下苦熬出来的学生进入大学后，卸下了沉重的包袱，有一种说不出的轻松感，思想上容易产生松劲，想喘口气。思想上的放松容易带来学习上的被动，加上大学的学习从内容、方法到要求都不同于中学，常使一些学生陷入消极被动状态，出现成绩不佳的现象，由此而产生情绪上的紧张感和精神压力。

（五）强烈交往需要与孤独感的矛盾

在陌生的环境中寻找良师益友，被人理解和接纳是大多数新生强烈的需要。但由于交往的机会较少，缺乏主动性，加之青年期的心理闭锁等特点，难以如愿以偿，同学之间不易吐露真情、交换思想，自然会产生一种孤独的感觉，形成难以排解的内心冲突。

（六）理想我与现实我的矛盾

理想我是将来要实现的我，是现实我的努力方向；现实我是生活中实实在在的我，两者是不同的。当两种形象混淆起来时，就会产生矛盾。一般来讲，大学生的理想我与现实我之间一致性系数很低。大学生的理想我比较高。这一方面是由于社会的期望很高；另一方面与自己优越的地位有关，往往容易使自我认识理想化或非客观化。当周围的人对自己的评价不像自己想象的那么高时，就容易产生矛盾，使大学生对自我认识摇摆不定，把握不住。特别是当实现理想我的过程中遇到困难、挫折、障碍时，大学生往往会产生苦闷、抑郁等消极的自我体验。

处于转变阶段的大学生出现以上的心理矛盾是过渡时期具有的正常现象，这些矛盾中同时蕴藏着转变中的真正起步。当大学生活抱有的不切实际的幻想消失了，才能正视现实，勇于探索，调整情绪，重振精神，顺利进入新的发展阶段。但是，如果这些矛盾冲突过于激烈和持久，易导致压抑感，甚至出现心理障碍，妨碍学生的健康发展。

三、大学生常见的心理困扰及反应

大学生常见的心理困扰主要表现在环境应激问题、自我认知失调、人际关系障碍、与性有关的适应不良等。环境应激问题主要在大学新生中表现得比较突出。进入大学后，由于环境发生了改变，多数学生离开了长期依赖的家长和老师，许多问题需要自己独立处理，对新的集体、新的生活方式、新的学习特点还不习惯，使一些学生出现适应困难，如失眠、食欲不良，甚至神经衰弱。自我认知失调主要是指许多大学生在中学是学习尖子，老师表扬，家长夸奖，同学羡慕，常常体验到成功的喜悦，自我感觉良好。但到了大学，这种优越感消失了，周围强手如林，加上学习方法不适应，学习上一有波动就会出现自信心下降，甚至产生自卑感，而陷入苦恼之中。

（一）大学生常见的心理困扰表现领域及特征

大学生在心理卫生方面出现的问题有比较集中的领域和相对共同的反应。根据我们多年心理咨询的实践，从发生心理困扰的领域看，虽然涉及大学生生活的各个方面，但主要集中在以下几个方面：

1. 与学习有关的心理困扰

主要表现在考试焦虑、成绩波动过大、学习缺乏动力、专业不满意、学习负担过重等方面。一项关于学习的调查发现，由于专业学习和竞争压力越来越大，由此而引发的心理障碍越来越多。学生中认为“时时感到一种压力和竞争”的占72%，“常常为自己的学习成绩而担心不安”的占60.3%。如过度的紧张、不安，导致注意力难以集中，情绪烦躁，思维钝化，以致头痛、失眠，使学习效率低落，成绩下降，继而更加紧张惶惑，心理不适越发严重，于是形成恶性循环。有些学生能力并不差，学习并不吃力，分数也不低，但“就是紧张得透不过气来”；也有些学生对考试过分担忧，以致紧张到一上考场，“眼睛看着考卷，脑子里一片空白”，出现回忆困难、出冷汗等症状。在学习领域中还存在另一类现象，即对学习无兴趣、无期待、无动力、无目标，对所学专业冷淡，属于这类情况的学生虽不多，但却并非绝无仅有，而且其中一部分学生是从过度紧张的极端走向反面而放任自己。

2. 与人际关系有关的心理困扰

主要表现为沟通不良、交往恐怖、人际关系失调、人际冲突、孤独无援、缺乏社交的基本态度及技能、代沟等。如在交往方面，有的学生因自负而不屑交往，因恐惧而不能交往，从而陷入孤寂封闭的境地。也有的学生虽然主动交往，但在对他人的认识上常有偏见、误解和过分苛求，对他人在情感上缺乏同情、理解和尊重，对他人的行为比较挑剔，所以人际关系不协调，难以为他人所接受。常常听到一些学生发出“大学知音难觅”的感叹。良好的交往愿望和人际关系不协调的矛盾常常导致大学生内心的冲突而心理失调。

3. 与恋爱和性有关的心理困扰

主要表现为与异性交往困难、陷入多角关系不能自拔、因单相思而苦恋、失恋的痛苦、对性冲动的不良心理反应、性自慰行为产生的焦虑自责等。如有的女大学生刚入学就接二连三地受到高年级男生的邀请约会，因不知该如何应付而陷入深深的苦恼之中；有的学生因看到周围的人纷纷交友结伴而自惭形秽；有的学生因失恋而长期精神萎靡不振，甚至产生轻生的念头。除了恋爱问题导致的心理困惑外，更沉重的心理负担是性心理方面的问题。有的学生因手淫习惯或自认为性器官的某些缺陷而背上精神十字架，对生活失去希望。也有因周末焦虑症、难以克制的窥视欲望、倾慕同性的畸恋心理而产生种种隐秘烦恼而去心理咨询机构求助的。

4. 与择业求职有关的心理困扰

主要表现为缺乏选择的主动性、不了解与自己个性能力相匹配的职业领域、对面试缺乏自信、过于追求功利、缺乏走上社会的心理准备、不适应工作的环境等。随着高校毕业分配制度的改革，原有的计划经济体制下的毕业分配已由市场经济体制下的自主择业所代替。不少毕业生对这种新的变化不适应而出现种种困惑和苦恼，如有的学生面对人才市场五花八门的招聘单位与条件而不知所措，难以抉择；有的学生不知怎样才是适当的自我推荐；有的学生对社会的种种现实不能正确分析，产生逃避社会的心理或过于担忧的心理。

5. 其他领域的心理困扰

如在家庭关系、经济问题、出国留学、余暇生活、个性发展、人生态度等方面出现的困惑或苦恼。

（二）不良的心理反应

以上心理困扰所诱发的不良心理反应也具有共同性。种种不良心理反应如果得不到及时的调整，长期积累就可能导致心理疾病。

1. 焦虑

焦虑是指因担心达不到预期目标，有可能丢失有价值的东西，致使自尊、自信受到威胁而紧张不安的情绪状态。其中既有现实性的，也有神经性的，还有属于道德伦理性的。这种状态如果长期高强度地持续，会趋向焦虑性神经症，损害人的身心健康。大学生在学习、择业、交友、恋爱、成才等方面的心理问题，大多有强烈的焦虑反应，甚至形成焦虑性格。

2. 孤独

孤独是指与他人、与社会隔离的自身孤立心态。多数有此种心理反应的大学生，并非主动寻求孤独，而是本来具有接近他人的强烈需要，却又由于某些社会的、环境的因素，被动地产生封闭、防御、回避的倾向，并因此不得不承受孤独的折磨。大学生在人际关系、异性交往中的挫折，其中既有客观现实的挫折，也有主观想象的挫折，常会导致孤独心理，进而还可能扩延到人生态度中去。

3. 自我拒绝

主要表现为经常自卑，怀疑自己、轻视自己、贬斥自己，甚至憎恨自己。这不同于自我批评，因为它所否定或悔恨的，是不该或不必否定或悔恨的。这种心理会认为自己一无是处，不应有成就，不配受奖励，严重者甚至认为自己不该活在这个世界上。一些大学生往往由于对自我的期望过高，以及思想方法的片面化、绝对化而程度不同地陷入这种心理困境。

4. 他人取向

主要表现为为了得到他人的认可、赞许而身不由己，言不由衷地做人行事，使自己的价值取决于他人的评价，时时处处看他人眼色行事。这不同于听取他人的正确意见和向他人学习长处，而是把讨他人喜欢当做自己的首位需要，从而轻易地放弃自己的见解，违心地追随他人的意志。不少大学生由于唯恐得不到他人的赞许而惶惶不可终日，由于担心自己的言行不合他人的口味而惴惴不安，长此以往终至产生过敏和强迫的心理状态。

第四节 关注与增进大学生心理健康

大学生的心理健康问题不仅关系到大学生个人的生活、学习、工作和身心健康成长，也关系到中华民族素质的提高，关系到社会的发展与未来，理应引起全社会的重视。作为为社会培养身心健康、全面发展的专业人才的高等学校，采取积极措施，对大学生进行心理健康方面的指导与帮助，是优化大学生心理素质，增进大学生心理健康的重要途径。

一、心理健康教育关注的内容

（一）智力发展的教育

使学生了解智力发展的规律、分布特点及自身智力发展的水平与特点，通过培养学生的观察力、记忆力、想象力、思维力等，挖掘并开发学生的智力潜能，培养多种能力，掌握有效的、科学的学习方法，养成良好的学习习惯，提高学习效率。

（二）非智力因素的培养

非智力因素是指动机、兴趣、情绪、意志等心理因素。培养非智力因素主要在于激发学生的成才动机，培养学习兴趣，锻炼意志品质，形成健康的情绪。重点在于使学生了解人的情绪成熟的标准及情绪变化特点，掌握调节情绪的方法，保持乐观的情绪和良好的心境。

（三）环境适应教育

使学生了解社会变化发展的特点及趋势，通过社会实践、模拟训练等方法，使学生正视现实，改变不切实际的幻想，脚踏实地，提高心理承受能力，以充分的心理准备和较强的适应能力去迎接急剧变化的时代。

（四）人际关系和谐教育

使学生了解人际交往及人际关系的基本知识与技能，学习与他人交往并保持良好的人际关系，悦纳他人、尊重他人、学会合作、和睦共处。处理好与同学、异性、家长、教师各方面的关系。

（五）人格健康教育

使学生了解健康人格的理论与特征，了解自己心理活动的规律和个性特点，客观分析自己，扬长避短，培养开朗、活泼、富有同情心、具有正义感和责任感的良好性格，克服自卑感，避免心理变态及人格异常。

二、心理健康教育的形式

（一）善用课堂资源

以课堂讲授为主，系统地开设心理健康教育课程或相关课程，或者定期举办讲座，系统传授心理健康知识，如"新生心理适应"、"心理卫生与健康"、"心理健康与咨询"、"大学生心理健康"等课程。专题讲座可以根据学生共有的心理问题，选择适当时机举办，如新生进校时的"从中学到大学的新生心理适应"；考试期间的"考试焦虑及其消解"；毕业生离校前的"走上社会必需的心理准备"，等等。这类讲座对象明确，针对性强，一般较受大学生欢迎。

（二）善用校园媒介

通过校内传播手段普及心理健康知识，充分利用校刊、板报、广播、学生组织的交流刊物，宣传心理健康的知识，介绍维护心理健康的方法。也可以编辑一些专用的小册子，扩大心理健康教育的影响，提高大学生心理保健的意识，增长心理健康的知识，如北京师范大学、中国人民大学的心理咨询中心每月出版一期心理健康小报，直接发到每一个学生宿舍。

（三）善用师资力量

对教职员工进行心理健康知识教育很重要。严格地讲，教师的心理是否健康影响面更大，一方面，它直接影响教师本人的工作、生活与健康；另一方面，它直接影响到学生。若教师人格不健全，情绪不稳定，喜怒无常，必然会影响人格尚未定型的学生。因此，可以说教师的人格和心理健康状况，甚至比他的专业知识更为重要。学校应通过讲座、讨论、发放宣传材料等方式，注重提高教师的心理健康水平，以便为学生成长提供良好的软环境。同时，也教给教师一些识别学生心理问题的知识与方法，可以做到及时发现、及时干预。

（四）开展心理咨询

心理咨询是一种专业性很强的助人工作，它是心理咨询师运用心理学的知识、理论和技术，通过与求询者的交谈、协商、指导过程，帮助求询者达到自助目的的工作。心理咨询提供了一种与日常生活的其他关系不同的一种特殊关系，在这种关系中，咨询员的技巧及其所创造的气氛使来访者逐步学会以更加积极的方法对待自己和他人。心理咨询与一般的开导、劝慰、帮助有明显的区别。心理咨询可以使人们从一个不同的角度去看待自己和社会，用新的方式去体验和表达他们的思想情感，并产生出全新的思维方式。对于那些心理行为属于正常范围的人，咨询所提供的新经验可以使他们排除成长道路上的障碍，更好地发挥个人的才干；对于那些有心理障碍的人，咨询可以帮助他们改变不适应社会的思维和行为方式，学会新的适应环境的方式。大学生心理咨询常见的服务形式有个别面询、电话咨询、网络咨询和团体咨询。

三、建立三级心理健康保健网

（一）心理卫生的三级预防

传统的心理卫生“三级预防”思想着眼于防病、治病，其目标是使人们不病，少病或病了能迅速治愈。具体而言，初级预防：向人们提供心理卫生的知识，以防止和减少心理疾病的发生；二级预防：尽早发现心理疾病患者并提供心理和医学的干预，同时也包括设法缩短病人的病程和降低复发率；三级预防：防止住院病人的心理异常转为慢性，使他们尽快回到社会生产和独立自主的生活中去，同时对慢性病人设法减轻其精神残疾的程度，适当地提高他们的社会适应能力。

（二）大学生心理健康的三级功能

现代的心理卫生学本质上是为了促进人的心身健康和发展，提高人的适应能力和生活质量，因为传统的“防治心理疾病”的观念已经转变为现代的“增进心理健康和发展”的观念。

1. 心理健康的初级功能

主要是防治心理疾病。当代大学生正处在变革的社会背景之下，又恰逢不稳定的年龄阶段，因而构成了矛盾的心理现实。当大学生面临的冲突过大，持续时间过长，又得不到外界帮助时，就可能引发一系列生理和心理的反应，严重的会导致各种心理疾病，甚至引起自杀或他伤。初级功能指及时发现大学生的心理问题，并采取相应干预措施，给以矫正和治疗。

2. 心理健康的中级功能

主要是完善心理调节。当代大学生在学习、交友、恋爱、择业等一系列生活事件中常会遇到挫折，由此而产生心理困扰。由于大学生心理发展尚未成熟，自我调节能力尚不完善，挫折引发的情绪波动常常十分强烈，从而影响大学生的正常生活和健康成长。中级功能就是指导大学生深化对自己、他人和社会的了解，掌握自我调节的方法，提高挫折承受力，增进社会适应。

3. 心理健康的高级功能

主要是发展、健全个体和社会。当代大学生由于自身存在的某些弱点和局限，常常会影响适应与发展，阻碍潜力的发挥。高级功能就是帮助大学生认清自己的潜力，保持良好的心境和健康的生活方式，全面而充分地发展自己，使自己拥有成功的人生。

（三）心理保健的三级网络

大学生心理健康工作必须有一定的制度和组织保证，必须形成全校师生人人关心心理健康的共识。近年来，许多高校积极努力，逐步建立了三级心理保健网。

1. 班级保健网

由心理健康教育工作者在学生中通过各种途径普及心理卫生知识，培训一批心理卫生骨干，如宿舍心理联络员、班级心理委员、心理健康社团骨干。他们生活在学生中，宣传心理健康，及时发现同学中出现的心理问题，并介绍、推荐有心理困扰的学生去寻求专业帮助。

2. 系级保健网

对院、系与学生关系密切的人员，如辅导员、班主任、学生部的工作人员等，进行心理健康专题培训，使他们初步了解大学生心理健康的状况，学会区分思想问题与心理问题，并具有解决一般心理问题的能力，使学生能够得到及时的帮助。如果遇到难题，知道转介到专业机构。

3. 校级保健网

以学校心理健康教育机构为主，如学生心理咨询中心、学生事务处等，培训专业人员，以帮助那些有比较严重的心理困扰的学生，并通过心理健康普查，了解学生心理健康状况，有针对性、有计划地提出切实可行的心理健康教育措施。

心灵读本：生活在现在

格式塔疗法，是由美国心理治疗专家弗雷德里克·S. 珀尔斯博士创立的。根据珀尔斯最简明的解释，格式塔疗法是自己对自己所作所为的觉察、体会和醒悟，是一种自我修身养性的疗法。基本原则如下：一、生活在现在。不要老是惦念明天的事，也不要总是懊悔昨天发生的事，把你的精神集中在今天要干什么上。二、生活在这里。对于远方发生的事，我们无能为力。杞人忧天，对于事情毫无帮助。所以记住，你现在就生活在此处此地，而不是生活在其他地方。三、停止猜想，面向实际。四、暂停思考，多去感受。现代社会要求人们多去思考，而少去感受。人们整天所想的，就是怎样做好工作，怎样考出好成绩，怎样搞好和领导、同事的关系等。因而容易忽视或者没有心思去观赏美景，聆听悦耳的音乐。感受可以调整、丰富你的思考。五、接受不愉快的情感。人们通常都希望有愉快的情感，而不愿意接受忧郁的、悲哀的、不愉快的情感。正确的态度是：既要接受愉快情绪，也要有接受不愉快情绪的思想准备。六、不要随意下判断。先要说出你是怎样认为的。这样做，就可以防止和避免与他人不必要的摩擦和矛盾冲突，而你自己也可以避免产生无谓的烦恼与苦闷。七、不要盲目地崇拜偶像和权威。八、我就是我。从起点做起，充分发挥自己的潜能。做好我能够做好的事情。九、对自己负责。人们往往容易逃避责任，寻找借口，把自己的过错、失败都推到客观原因上。十、正确地自我估计，把自己摆在准确的位置上。光阴似箭，日月如梭。生命是没有轮回的单轨道，让每个人都能从新审视自己，享受快乐的人生。

摘自：《教育参考》2004 年第 10 期，作者：李亭

复习与思考题

1. 请根据你的理解谈谈心理健康与大学生成才的关系。
2. 你认为大学生心理健康的标准应该有哪些?
3. 你对书中涉及的增进大学生心理健康的途径和方法有哪些补充?

阅读书目

1. 樊富珉等编著:《心理健康:快乐人生的基石》,北京师范大学出版社2002年版。

2. 王登峰、崔红:《把握人生的新起点》,高等教育出版社2004年版。

3. 陈勃编著:《大学生人生困惑及应对》,高等教育出版社2004年版。

4. 贺淑曼等编著:《成功心理与人才发展》,世界图书出版公司1999年版。

5. [美] 斯宾塞·约翰逊著,王岩译:《快乐人生:成功的资本》,延边人民出版社2002年版。

第二章 自我意识与心理健康

人对自己以及自己与周围世界关系的认识、体验和评价是心理健康的重要标志。我就是我，千万不要说，我若是某人，我就一定会成功。每一个人都是独特的。大学阶段正是一个人从青春期向成年期转变的重要时期，也是人的自我认识、自我探索更加主动自觉、自我发展自我完善更加强烈的时期。客观地认识自我，正确地评价自我，积极地悦纳自我，有效地控制自我，科学地发展自我，建立健康的自我形象是大学生心理健康的保证。

用善良和真诚感动世界

“我是一个平凡的人，一个正常的人，我来自偶然，是一颗尘土。我有平凡人的无助和七情六欲。”“我是一个坚强、自信而又不甘寂寞的人，条件越差，生活越苦，我的意志就愈发坚定。”这是华中农业大学学生徐本禹的自我评价。这位在“感动中国2004年年度人物”颁奖晚会上让人们感动得热泪盈眶的大学生选择了自己认定的道路，尽自己的努力去帮助别人，充满信心地面对人生。家境贫寒，但自强自立的徐本禹，通过勤工俭学和奖学金完成学业，成为优秀的毕业生，并顺利考上研究生。大学期间他多次捐助钱物给需要帮助的人，并利用假期到贵州贫困山区岩洞小学当志愿者。2003年7月大学毕业前夕，他主动选择到贵州贫困的狗吊岩义务支教，在极其艰苦的条件下，忍着孤独和寂寞，受着无助和压力，依靠勇气和坚持，用他的真诚、无私的奉献燃起了熊熊的爱心之火，给贫困地区的儿童带来了知识，更带来了希望。

早在古希腊时期，“认识你自己”这句刻在神庙上的名言就激励着人们不断探索自我、实践自我、超越自我。德国著名作家约翰·保罗说：“一个人真正伟大之处，就在于他能够认识自己。”但“人贵有自知之明”又说明一个人认识自己并非易事，认识自己的过程艰难而曲折，并且贯穿人的一生。我是谁？我是否有价值？我为什么要生活？我努力奋斗为的是什么？我的人生目的是什么？大学生成长中各类困惑的背后往往都是关于自我认识的问题。

第一节　自我意识面面观

如果说，人最好的朋友是自己，最大的敌人也是自己，你同意吗？我们时刻都在与自己相处，如果一个人能够认识自己并能接纳自己，对自己有合理的期望，而且知道自己为什么活着，善于利用每个成长机会，改进自己、完善自己，他的一生就会快乐、充实和有意义。而如果不能建立良好的自我形象，就会产生一种角色混淆的感觉。他会不清楚自己是谁，也不知道自己去往何方，与人相处也会觉得困难。大学阶段正是一个人从青春期向成年期转变的重要时期，也是人的自我意识发展、完善的重要时期。

一、自我意识及其内涵

（一）什么是自我意识

自我意识就是一个人在社会化过程中逐步形成和发展起来的，对自我以及自己与周围环境关系的多方面多层次的认知、体验和评价，是个体关于自我全部的思想、情感和态度的总和。自我意识具有目的性、社会性、能动性等特点，对个性的形成、发展起着调节、监督的作用。自我意识的表现形式是丰富多样的。正因为如此，我们可以通过多种途径来认识自己、认识他人。比如，你喜欢自己的外表、能力、性格、家庭背景吗？你满意你自己的成绩和努力吗？你认为别人对你评价如何？他们是喜欢你还是讨厌你？这些问题都属于自我意识的范畴。

(二) 自我意识的内涵

自我意识一般包括三方面的内容：

1. 对自身生理状态的认识和评价

这是指对自己身高、体重、容貌、身材、性别等的认识以及生理病痛、温饱饥饿、劳累疲乏的感受等。如果一个人对生理自我不能接纳，嫌自己个子矮、不漂亮、身材差，就会讨厌自己，表现出自卑和缺乏自信。

2. 对自身心理状态的认识和评价

这是指对自己知识、能力、情绪、兴趣、爱好、性格、气质等的认识和体验。如果一个人对自己的心理自我评价低，嫌自己能力差、智商不高、情绪起伏太大、自制力差、性格不成熟，就会否定自己。

3. 对自己与周围关系的认识和评价

这是指对自己在群体中的地位、作用以及自己与他人相互关系的认识、评价和体验。如果一个人认为自己不善于交流和沟通，周围的人不喜欢自己，不接纳自己，没有知心朋友，就会感到很孤独、很寂寞。

影响自我意识的因素除了与我们的自我态度、成长经历、生活环境有关以外，他人对我们的评价，特别是生命中的重要人物，例如父母、家人、恋人、老师、朋友、同学等对待我们的态度，也会对我们的自我意识起着重要的影响作用。

二、自我意识的结构

自我意识的结构是指自我意识包含哪些成分。由于自我意识既是心理活动的主体，又是心理活动的客体，它是涉及认知、情感、意志过程的多层次、多纬度的心理现象，所以，自我意识的结构表现在自我认知、自我体验和自我调控三个方面。

(一) 自我认知

自我认知主要涉及“我是一个什么样的人”、“我为什么是这样的人”等，它包括自我感觉、自我观念、自我分析、自我观察、自我分析、自我评价、自我批评等。

(二) 自我体验

自我体验属于情绪范畴，它以情绪体验的形式表现出人对自己的态度，主要涉及“我是否接受自己”、“我是否满意自己”、“我是否悦纳自己”等。它主要是一种自我的感受，以自尊、自爱、自信、自卑、自怜、自弃、自恃、自傲、责任感、义务感、优越感、成就感、自我效能感等表现出来。

(三) 自我调节

自我调节主要表现为人的意志行为，它监督、调节人的行为活动，调节、控制自己对自己的态度和对他人的态度，它涉及“我怎样节制自己”、“我如何改变自己”、“我如何成为理想的那种人”，表现为自主、自立、自强、自制、自律、自我监督、自我调节、自我控制等。

以上三方面互相联系、有机组合、完整统一，成为一个人个性中的核心内容。

三、自我意识的发生、发展

人的自我意识是随着人生每一阶段的成长而逐渐发展的。个体的自我意识从发生、发展到相对稳定，大约经过20多年的时间。它是在社会交往过程中，随着语言和思维的发展而发展，起始于婴幼儿时期，萌芽于童年少年期，形成于青春期，发展于青年期，完善于成年期。而青少年阶段是自我意识发展最重要的时期。自我形象得到良好建立，人就会生活得有信心、有动力，了解和接纳自己的优点和缺点，能进一步迈向成熟的阶段。

(一) 自我发展渐成说

心理学家艾里克森经过深入系统的研究，提出人的自我意识发展持续一生，但会经历不同的发展阶段，每个阶段都有一个核心课题，每个阶段都不可逾越，但时间早晚因人不同而异。自我在人生经历中不断获得或失去力量，保证个人适应环境，健康成长（见表2-1）。

表2-1 **艾里克森的人生发展阶段**

发展期	发展目标与危机	需完成的主要任务	导致的适应力
婴儿期	信任与怀疑	信任性格	有希望
幼儿期	自主与羞愧	自助能力	意志
游戏期	自动与内疚	自动性格	有目标
学龄期	勤奋与自卑	勤奋性格	胜任感

续表

发展期	发展目标与危机	需完成的主要任务	导致的适应力
青春期	自我认同与认同混淆	自我认同	忠贞
成年初期	亲密关系与孤立	能与他人建立亲密关系	爱与被爱
成年期	生产建设与自我中心	生产、建设性工作	关怀心
老年期	身心统整与失望	身心统整	智慧

虽然自我的发展是随着人的发展而发展的，但青少年时期的主要发展课题是“自我同一性”，即自我的建立和整合是青年期心理发展的主要任务。自我同一性发展不良者表现出对自己缺乏清晰而完整的认识，“自我”各部分是混乱的、矛盾的、冲突的，迷失自我和生活的方向，难以应付复杂的社会生活。相反，自我同一性发展良好者具有自我认同感，自我概念清晰，接纳自我，有生活的目标和前进的方向，这就为下一个阶段的发展打下了良好的基础。

（二）自我发展三阶段说

我国心理学家提出了自我意识发展的三阶段模式，即生理自我、社会自我和心理自我发展时期。

1. 生理自我时期

人初生时，并不能区分自己和非自己的东西，生活在主客体未分化的状态；七八个月的婴儿开始出现自我意识的萌芽，即能意识到自己的身体，听到自己的名字会明确做出反应；两岁左右的儿童，掌握第一人称“我”的使用，在自我意识的形成中是一大飞跃；三岁左右的儿童，开始出现羞耻感、占有心，要求“我自己来”（要求自主性），其自我意识有新的发展。但是这一时期的幼儿，其行为是一种以自我为中心的行为，以自己的身体为中心，以自己的想法和情感来认识和投射外部世界。因此这一时期的自我意识被认为是生理自我时期，也有人称其为自我中心期，它是自我意识最原始的形态。

2. 社会自我时期

从三岁到青春期（3～14 岁）这段时期，是个体接受社会教化影响最深的时期，也是角色学习的重要时期。儿童在幼儿园、小学、中学接受正规教育，通过在游戏、学习、劳动等活动中不断的练习、模仿和认同，逐渐习得社会规范，形成各种角色观念，如性别角色、家庭角色、同伴角色、学校中的角色等，并能有意识地调节控制自己的行动，道德心在发展。虽然青春期少年开始积极关注自己的内心世界，但他们主要是以别人的观点去评价事物、认识他人，对自己的认识也服从于权威或同伴的评价。因此，这一时期个体自我意识的发展被称为“社会自我”发展阶段，也称为“客观化”时期。

3. 心理自我时期

从青春发动期到青年后期，是自我意识发展的关键期。其间自我意识经过分化、矛盾、统一，逐渐趋于成熟。此时个体开始清晰地意识到自己的内心世界，关注自己的内在体验，喜欢用自己的眼光和观点去认识和评价外部世界，开始有明确的价值探索和追求，强烈要求独立，产生了自我塑造、自我教育的紧迫感和实现自我目标的驱动力。这一时期被称为心理自我发展时期，也被称为自我意识“主观化”时期。青年的世界观、人生观、价值观的形成是心理自我成熟的标志。大学生正处在心理自我阶段，渴望认识自我、肯定自我、发展自我、完善自我。

做一做，想一想

20 个“我是谁”

目的：了解自我

操作：请你在 10 分钟时间内，不断地问自己“我是谁”，并且写下你所想到的个人特征，尽可能地写。根据在有限的时间内你所写的数量及内容（客观我、主观我、社会我），可以了解你的自我意识水平。并请与同学交流。

第二节　自我意识与心理健康的关系

个体具备良好心理素质的最重要的标志是对自我的接受和认可，即有成熟的自我意识和健康的自我形象。大学生自我认识、自我评价、自我控制如何，直接影响着大学生的社会适应、身心健康和成才发展。

一、自我意识是心理健康的重要标志

许多心理学家在界定心理健康标准时，不约而同地将自我认识作为主要的指标。可见，心理健康的人必然是对自己有客观认知，能够接纳自我，有很强

的自尊的人，但那又不是自以为是或自我陶醉。人必须首先去爱和尊重自己，才能真正地爱其他人。心理健康的人能清楚地认识自己，尤其是在自己的感觉和意图方面，自我觉察力特别强。可见，大学生自我意识的发展状况既是以往心理发展和健康状况的集中反映，也是现阶段大学生心理健康、人格发展的新起点。

二、良好的自我形象是成功的基础

自我形象不仅影响人的心理健康，而且影响人的成就水平。正如马斯洛所指出的那样，一个有稳固基础的自我形象是迈向自我实现的先决条件。一般而言，人有自尊心，才能尊重别人；有自信，才能相信别人。而偏低的自我形象往往隐含在许多精神病症里，例如情绪抑郁、人际关系问题和滥用药物等。不同自我形象的表现，见表 2-2。

表 2-2　　**不同自我形象的表现**

高自我形象的表现	低自我形象的表现
接纳自我	否定自我
喜欢和尊重自己	不尊重和讨厌自己
有安全感和自我肯定，清楚个人的能力	没有安全感，怀疑自己，不清楚个人的能力
独立自主、自律	依赖他人
对自己的行为负责	情绪化，逃避责任
对自己有恰当的期望	没有恰当的期望
有勇气开放表达自己	羞怯，不敢表达自己
对自己的成就感到自豪	害怕成功

三、自我概念影响心理健康

2000 年清华大学的樊富珉、付吉元采用“田纳西自我概念量表（TSCS）”及“临床症状自评量表（SC1–90）”，对 1 006 名大学生的自我概念和心理健康进行了测量、统计与分析。研究结果发现，大学生的自我概念与心理健康呈较高的正相关（$r=0.601$）。自我总分与忧郁、人际关系敏感、精神病性、强迫有直接关系，其中消极的自我认同、自我满意、自我行动和心理自我与忧郁、人际关系敏感有较高的正相关（见图 2-1、图 2-2）。

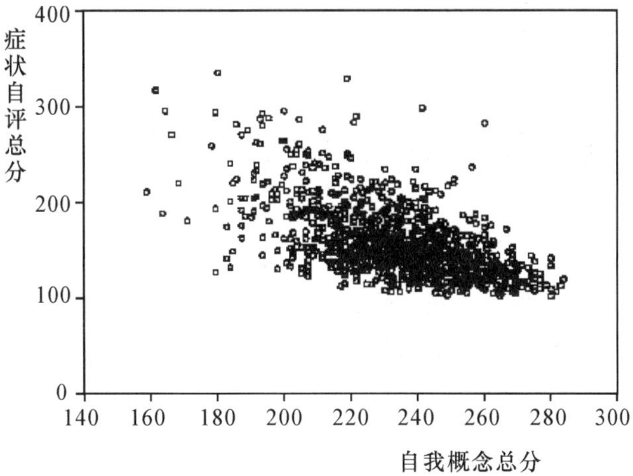

图 2-1　自我概念与心理疾病的散点图

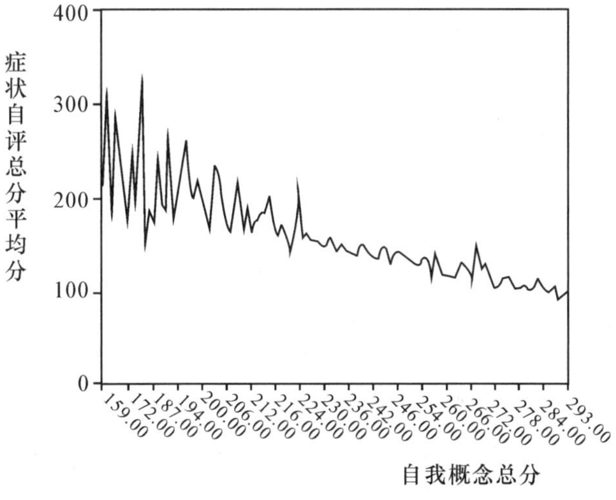

图 2-2　自我概念与心理基本的相关曲线图

这项研究得出以下结论：第一，大学生自我概念与心理健康呈较高正相关，因此，培养大学生积极的自我概念是增进大学生心理健康的有效途径。第二，大学生消极的自我概念容易诱发忧郁、强迫、人际关系敏感、精神病性等不健康的心理，因此，积极的自我概念的培养有助于预防、减少心理疾病的发生。第三，大学生心理疾病（尤其是忧郁）的发生与其自我认同程度、自我接纳程度和自我调节能力均存在较高负相关。正确引导大学生客观评价自己，积极悦纳自己，不断提高自我调节能力，是促进大学生心理健康的具体途径与方法。

第三节　大学生自我意识发展的特点

自我意识的确立是青年心理发展的重要标志之一，对于青年人格的形成，心理的发展起着重要作用。正如俄国心理学家科恩在他的《青年心理学》中指出的："青年初期最重要的心理过程是自我意识和稳固的'自我'形象的形成。""青年初期最有价值的心理成果就是发现了自己的内部世界，对于青年来说，这种发现与哥白尼当时的革命同等重要。"大学阶段的自我意识是大学前的自我意识的继续与深化，同时又有质的变化。这一时期，大学生的自我意识从分化、矛盾走向统一，对人的一生都有特别重要的意义。

一、大学生自我意识发展的规律

大学生的自我意识在大学阶段得到了迅速的发展，其自我认识、自我体验、自我控制逐步协调一致。但在自我意识逐步成熟、确立的一过程中，大学生也品尝了酸甜苦辣，付出了很多代价，并为解决内心的矛盾冲突进行了不懈努力。

（一）自我意识的分化

青年期自我意识的发展是从明显的自我分化开始的。原来完整、笼统的"我"被打破了，出现了两个"我"：主观的我（I）和客观的我（me），即大学生既是观察者，又是被观察者。伴随着主我和客我的分化，"理想我"和"现实我"开始分化。自我意识分化是自我意识开始走向成熟的标志。自我意识明显的分化，使大学生主动、迅速地关注自己的内心世界和行为，产生了新的认识、体验，同时，由此而来的种种激动、不安、焦虑、喜悦增加，自我沉思增多起来，要求有属于自己的一片空间，渴望被理解、被关怀。

（二）自我意识的矛盾

自我意识的分化，一方面使青年开始意识到自己不曾注意的许多"我"

的细节；另一方面也带来了主体我与客体我的矛盾斗争，呈现出理想我和现实我的矛盾并且加剧。随着自我冲突加剧，自我不能统一，自我形象不能确立，自我概念不能形成，表现出明显的内心冲突，甚至有很大的内心痛苦和激烈的不安感。他们对自我的评价常常是矛盾的，对自我的态度常常是波动的，对自我的控制常常是不果断的。

归纳起来，当代大学生自我意识的矛盾主要表现在以下几个方面：

1. 主观我与客观我的矛盾

由于大学生活的范围比较窄，交往多限于老师、同学、父母，相对简单、直接，因此大学生对自我的认识参照点少，局限性较大。加之社会对大学生期望甚高，使大学生自我认识也沾染上了光环色彩，而现实生活里的自己却很平凡，和想象中的自己存在较大差距，这种差距给大学生带来苦恼和不满。

2. 理想我和现实我的矛盾

这是大学生自我意识最突出、最集中的表现，主要源于理想我与现实我的差距。大学生富于理想、抱负高、成就欲望强，对自己未来充满了信心。然而，他们较少接触社会，还不能很好地把理想和现实有机地结合起来，而且自己的现实条件与自己的理想相差甚远，这给他们带来很大的苦恼和冲突，也正是因为这种冲突和差距，激发了大学生奋发进取的积极性。但是，如果理想我和现实我迟迟不能趋近、统一，则会引起自我的分裂，导致一系列心理卫生问题。

3. 独立意向与依附心理的冲突

进入大学后，大学生的独立意向迅速发展，他们希望能在经济、生活、学习、思想等各方面独立，摆脱成人的管束。但他们在心理上又依赖成人，无法真正做到人格上的独立。这种独立和依赖的矛盾也一直是大学生苦恼的问题。

4. 交往需要和自我闭锁的冲突

大学生迫切需要友谊、渴望理解、寻求归属和爱。他们有强烈的交往需要，希望和朋友探讨人生，分享苦与乐。然而，大学生同时又存在自我闭锁的趋向，他们把自己的心灵深藏起来，与人交往常存戒备心理，总是有意无意地保持一定距离。正是这种矛盾冲突，使不少大学生常处于孤独的煎熬中。

此外，还有一些自我意识的矛盾冲突，如个人我与社会我、个人我与理想我、自我上进和自我消沉等矛盾冲突都是大学生心理发展过程中的正常现象，是大学生自我意识迅速走向成熟而又未完全真正成熟的集中表现。自我意识的矛盾使大学生在心理和行为上出现某些不适应，或适应困难，感到苦恼焦虑、痛苦不安，也可能影响其心理发展和心理健康，但这都是迈向成熟所必需的一步，是个体逐步获得自我内在力量的必要丧失。

（三）自我意识的统一

自我意识分化、矛盾所带来的痛苦不断促使大学生寻求方法以求得自我意识的统一，即自我同一性。自我同一，主要指主体我和客观我的统一、自我与客观环境的统一、理想我与现实我的统一，也表现为自我认识、自我体验、自我监督的和谐统一。

消除矛盾，获得自我统一的途径有三条：

一是努力改善现实自我，使之逐渐接近理想自我；

二是修正理想自我中某些不切实际的过高标准，使之与现实自我趋近；

三是放弃理想自我而迁就现实自我。

按照心理健康的标准，不管哪种途径达到自我意识统一，只要统一后的自我是完整的、协调的、充实的、有力的，就是积极和健康的统一。

二、大学生自我意识的特点

大学生自我意识的特点和同年龄段的青年有相同之处，但是由于其特殊的教育环境和知识背景，自我意识又与一般青年存在一些不同。

（一）强烈关心自己的发展

大学生不像普通青年那样直接进入社会，而是有 4 年左右的知识技能准备时间。在这段缓冲期里，围绕个人发展、个人和社会的关系，大学生能够主动、积极地探索自我。比如，他们会经常思考、反省这样一些问题："我聪明吗？""我风度如何？""别人会怎么看我？""我性格怎样？""我将成为什么样的人？""我如何实现自我的价值？"……能自觉地把自我的命运和集体、国家的命运结合起来，经常考虑如何为社会服务。

（二）自我评价能力趋于客观

由于各类知识增多，生活经验扩大，感性与理性趋于成熟，大多数大学生对自己的分析、评价逐渐变得客观、全面。据研究（王登峰等，1992）发现，大学生的"理想自我"与"现实自我"之间的相关比较高，在 0.50～0.60（但其中个体差异较大，有的人这两者之间相关低，有的人则高达 0.90）。大多数学生对自我的认识和评价基本与外界一致，并且自觉地按照社会的要求来评价和设计自己。

（三）自我体验丰富而复杂

一般来说，大学生自我体验的情绪情感基调是积极的、健康的。大多数大学生喜欢自己、满意自己、自尊、自信、好胜。但是大学生的自我体验也比较复杂，他们敏感、闭锁，且有一定程度的波动性。凡是涉及“我”以及与“我”相联系的许多事物，常常会引起大学生的情绪、情感反应。对别人的言行和态度极为敏感，喜欢把自己的情感体验闭锁于内心，且内心体验起伏较大。取得成绩时容易产生积极、肯定的自我体验，甚至骄傲自满、忘乎所以；遇到挫折时又容易产生消极、否定的情感体验，甚至自暴自弃、悲观失望，有明显的两极情绪。

（四）自我控制的能力提高

大学生自我控制的能力有很大提高，自觉性、坚持性、独立性和稳定性显著发展，有强烈的自我设计和自我规划的愿望，绝大部分同学都奋发向上、力争成才，并且根据自我设计目标自觉调节行为。同时，强烈要求独立和自治，希望摆脱依赖和管束。

（五）自我意识水平存在年级差异

大学生的自我意识水平总体而言比较高，但不同年级的大学生在自我的发展方面存在明显差异，而且大学生自我意识发展的趋势与其心理障碍的表现趋势似乎存在某种对应关系。大学一、三、四年级的学生自我意识随着年级的升高而发展，而二年级是大学生自我意识最低、内心矛盾冲突最尖锐、思想斗争最激烈、回顾与展望时间最多的时期，是大学生自我意识相对稳定阶段中的不稳定时期，但也是一次新的上升时期，因此也有人称其为大学生自我意识发展的转折时期。

三、大学生良好自我意识的标准

大学生的自我意识主要表现在个人自我、社会自我、理想自我方面。个人自我是指个体对自己各种特征的认识，它包括自己的躯体特点、行为特点、人格特点以及性别、种族、角色特点等自己所感知到的个人特征等。个人自我纯属个体对自己的看法，主观性强，是自我概念中最重要的内容。社会自我是指个体所认为的他人对自己各种行为的看法，以及个人在社会中承担角色的认知。理想自我是个人根据两个我的经验，建构自己所希望达到的理想标准，它引导个体达成理想中的个人自我。

衡量大学生的自我意识是否健全很难，但可以从以下几个方面来参照：能够自我肯定、自我统合；自我认识、自我体验、自我调节协调一致；独立的，同时又与外界保持协调；主动发展自我，且自我具有灵活性；不仅自己能健康发展，而且能促进社会文明和进步。

第四节 完善自我的途径和方法

自我意识在大学生人格形成和人格结构中占有极重要的地位。人的认知、情感、意志都受到自我意识的影响，因此健全的自我意识是人全面发展的重要途径，也是心理健康的具体反映。加深自我认识，克服自我认识中的偏差，积极悦纳自己，有效控制自己，不断超越自己，你就可以提高心理健康的水平。

一、正确认识自我的方法

（一）关于自我的乔韩窗口理论

现代人有很多文化经验、科学知识，可以说无所不知，但却很少自知。而自知乃是一个人自我意识发展的基础。美国心理学家约翰和哈里提出了关于人自我认知的窗口理论，被称为乔韩窗口理论。他们认为，人对自己的认识是一个不断探索的过程，因为每个人的自我都有四部分：公开的自我、盲目的自我、秘密的自我和未知的自我。通过与他人分享秘密的自我，通过他人的反馈减少盲目的自我，人对自己的了解就会更多更客观（见图 2-3）。

	自知	自不知
他知	A 公开的我	B 盲目的我
他不知	C 秘密的我	D 未知的我

图 2-3 乔韩窗口理论

（二）认识自我的三条渠道

1. 比较法——从我与他人的关系中认识自我

他人是反映自我的镜子，与他人交往，是个人获得自我认识的重要来源。我们先从家庭中的亲情关系扩展到外面的友爱关系，进入社会又体验到人与人之间的利害关系。有自知之明的人能从这些关系中用心向别人学习，获得足够的经验，然后按照自己的需要去规划自己的前途。但是通过和人比较认识自己，应该注意比较的参照系：

第一，跟别人比较的是行动前的条件，还是行为后的结果？大学生来大学学习，如果认为自己来自农村，条件不如别人，开始就置自己于次等地位，自然影响心态和情绪。而看大学毕业后的工作成绩才有意义。

第二，跟人比较是看相对标准还是绝对标准？是可变的标准还是不可变的标准？经常有大学生认为自己不如他人，其实他们关注的可能是身材、家世等不能改变的条件，没有实际比较的意义。

第三，比较的对象是什么人？是与自己条件相类似的人，还是个人心目中的偶像或极不如己的人？所以，确立合理的参照体系和立足点对自我的认识尤为重要。

2. 经验法——从我与事的关系中认识自我

从我与事的关系中认识自我，即我从做事的经验中了解自己。一般人通过自己所取得的成果、成就及社会效应来分析自己，却又常受成败经验的限制。其实任何一种活动都是一种学习，不经一事，不长一智。成败得失，其经验的价值也因人而异。对聪明又善用智慧的人来说，成功、失败的经验都可以促使他再成功，因为他们了解自己，有坚强的人格特征，善于学习，因而可以避免重蹈失败的覆辙；而对于某些自我比较脆弱的大学生，失败的经验更使其失败，这也是最常见的现象。因为他们不能从失败中吸取教训、改变策略追求成功，而是受挫后形成害怕失败的心理，不敢面对现实去应付困境或挑战，甚至失去许多良机；而对于那些自我夸大的人来说，成功反可能成为其失败之源。他们可能侥幸成功便骄傲自大，以后做事便自不量力，往往失败的多；或成长过于顺利，又有家世、关系，而一旦失去这些“保护源”，便一蹶不振，不能支撑起独立的自我。因此一个大学生对在成败经验中获得的自我意识也要细加分析和甄别。

3. 反省法——从我与己的关系中认识自我

古人曰：“吾日三省吾身。”从我与己关系中认识自我，看似容易实则困难。我们大概可以从以下几个“我”中去认识自己：(1) 自己眼中的“我”。个人实际观察到的客观的“我”，包括身体、容貌、性别、年龄、职业、性格、气质、能力等。(2) 别人眼中的“我”。与别人交往时，从别人对你的态度、情感反应而觉察自我。不同关系的人对自己的反应和评价不同，它是个人从多数人对自己反应归纳的结果。(3) 自己心中的“我”，也指自己对自己的期许，即理想我。我们还可以从实际的“我”、自觉别人眼中的“我”、自觉别人心中的“我”等多个“我”来全面认识自己。但是，对于现代大学生而言，虽然有多个“我”可供认识，但形成统合的自我观念比较困难。因为现代社会急剧变迁，改革开放后多元价值的影响，使现在的大学生自我认识难以客观、全面。

二、悦纳自我和超越自我

(一) 积极悦纳自我

每个人都知道“自我”是最重要的，可总有些人不真正地尊重自己、爱惜自己。他们可以喜欢朋友、喜欢知识、喜欢自然，却不愿意喜欢自己，结果他们不快乐。实际上悦纳自我是发展健全自我的核心和关键。悦纳自我，首先要无条件地接受自己的一切，好的和坏的，成功的和失败的，接纳自己的缺点和限制，欣赏自己的优点；其次要喜欢自己、肯定自己的价值，对自己有价值感、自豪感、愉快感和满足感；再次要接纳自己的不完善和失败，接纳自己的不完善也是自信的表现，也是完善自我的起点，因为每个人在外表、身材、能力、个性方面都有一定的限制，对过去的错失不要耿耿于怀，勇于大胆尝试；最后要珍惜自己的独特性，建立实际的目标，不对自己提过高的要求，扩大社交圈子，不为讨他人喜欢而去做事，积极思想，善用时间，不断学习，定期反省个人的自我成长，多对自己的成就做出鼓励和奖赏。

(二) 有效地自我控制

自我控制是人主动地改变自己的心理品质、特征及行为的心理过程，是大学生健全自我意识、完善自我的根本途径。很多大学生对自我抱有很高的期望，但因为没有足够的自制能力和意志，经受不住挫折和打击，无法实现自我理想。而那些自卑自怨、自暴自弃的大学生更是因为自己无法控制自我的不良情绪使自己偏离了健全自我意识的轨道。大学生应根据自己的实际情况和社会需要，确立合适的抱负水平，通过自我奋斗，达到最终利国利民利己的自我实现和自我成功。

做一做，想一想

优点轰炸

目的：学习观察和发现别人的优点，并且直接表达对他人的欣赏，增强人与人之间的良性互动；同时，学习接纳他人的欣赏，体验被表扬的愉悦感，增强自信心。

操作：5～10 人一组围圈坐。请一位成员坐或站在团体中央，其他人轮流说出他的优点及欣赏之处（如性格、相貌、处世等），然后被称赞的成员说出哪些优点是自己以前察觉的，哪些是不知道的。每个成员到团体中央戴一次高帽。

规则：必须说优点，态度要真诚，努力去发现他人的长处，不能毫无根据地吹捧，这样反而会伤害别人。参加者要注意体验被人称赞时的感受如何，怎样用心去发现他人的长处，怎样做一个乐于欣赏他人的人。练习结束时，大家心情愉快，相互接纳性增高，自信心提高。

（三）不断超越自我

每个大学生都有很高的抱负和远大的理想。经验告诉我们，自我认识已是不易，自我控制更是很难，若再期望自我开拓、提升、超越，更是难上加难。但做人一生，唯求成为自己。对于大学生而言，塑造自我、实现自己更是终生努力的目的。但古人说得好，要“齐家治国平天下”须从“修身、养性”开始，即从点滴小事开始，从积极行动开始，行知并重。要想运动健身，就天天进行自己喜欢的体育活动；要想开阔思路，就多读书，多听讲座。在行动时，无论对人对事，均全力以赴，使自己的能力得到最大限度的锻炼和提高；行动之后再反省得失原因，再度投入行动吸取教训经验，一旦有所进步，便再反省总结。如此往复进行，自我便一步一步得到扩展和深化，自我的境界也就自然而然地得到开拓与提升。

做一做，想一想

下面所列的都是一些关于自我的陈述句，请你根据自己的实际情况做出选择，如果符合你的情况，请填“是”，如果不符合则填“否”。以此了解你是怎样看待自己的。也希望您在阅读完本章内容之后，回过头来再看一看，是否已有变化。

(　　) 1. 即便我存在缺点，我仍然喜欢自己。

(　　) 2. 我在各方面对自己都比较满意。

(　　) 3. 在陌生人面前，我常常无话可说。

(　　) 4. 每到一个新环境，我很容易同别人接近。

(　　) 5. 我喜欢参加社交活动，我感到这是结交朋友的好机会。

(　　) 6. 我想，我起码是和他人具有同等价值的人。

(　　) 7. 我经常感到自己确实没用。

(　　) 8. 对自己，我持有向前看的积极态度。

(　　) 9. 我没有多少能使自己感到得意的事情。

(　　) 10. 我愿意对别人表达自己的心情。

三、改善自我意识的不良反应与调适方法

总体来说，大学生的自我意识发展水平较高，但尚未完全成熟，因而容易出现各种发展偏差，引起自我意识的发展问题，致使大学生的自我意识过强或过弱，影响他们的健康成长。因此，探讨自我意识的不良心理因素及表现，有助于促进大学生自我意识的健全发展。

（一）过分追求完美

不能客观地认识和评价自我的情况有许多种，最明显的是对自我的苛求和追求完美。尽管“人皆有爱美之心”，也有“追求完美之心”，此乃人类健康向上的本能，但过分追求完美则易引起自我适应障碍。

1. 过分追求完美的表现

追求完美的大学生对自己持过高的要求，期望自己完美无缺，却不顾自己的实际状况。此外，他们不能容忍自己“不完美”的表现，对自己“不完美”的地方过分看重，甚至把人人都会出现的、人人都会遇到的问题看成是自己“不完美”的表现，总对自己不满意，从而严重地影响了自己的情绪和自信心。他们对自我十分苛刻，只接受自己理想中“完美”的自我，不肯接纳现实中平凡的或有缺点的自我，其后果往往适得其反，使其对自我的认识和适应更加困难。产生的原因有不真正了解自己、过分受他人期望的影响等。

2. 改善的途径与方法

（1）树立正确的认知观念。人不能十全十美，每个人都有优缺点。人既不会事事行，也不会事事不行；一事行不说明事事行，一事不行也不说明事事不行；优点和缺点不能随意增加或丢掉，成功或失败也不是自说自定。一个人应该接纳自己，并肯定自己的价值，不自以为是，也不妄自菲薄。

（2）确立合理的评价参照体系和立足点。人只有在比较中才能定出高低优劣。自我评价以其不同的方式（相符的、过高的、过低的）可以激发或者压抑人的积极性。以弱者为参照会自大；以强者为标准则自卑，因而应该选择合适的标准，更重要的是以自己为标准，按照自己的条件评定自己的价值。有的大学生无形中重视了别人，贬抑了自己。人应该立足于自己的长处，明白、接受并尽力改进自己的短处。成功时应多反省缺点，以再接再厉；失败时要多看到优点和成绩，以提高自信和勇气。

（3）目标合理恰当。在充分了解自己的基础上对自己有恰当的目标和要求，目标应该符合自己的实际能力，不苛求自己，不被他人的要求所左右。虽然每个人都不可能完全不顾他人对自我的期望和评价，但也不能被他人的期望所束缚，只为父母、老师或他人学习、生活。事实上，个体越能独立于周围人的期望，其自我意识的独立性就越强，所遭遇的冲突也就越少。对大学生来说，必须明确自己的期望是什么，以及这种期望是来自于自我的本身能力和需要，还是来自于他人的期望。只有明确了这一点，才可能真正地认清自己，规划自己的发展方向，最终建立独立的自我。

（4）接纳自己的不完美。人各有所长所短，每个人都是独特的、与众不同的。我们要欣赏自己的独特性，不断自我激励。

（二）过度自卑

1. 过度自卑的表现

自卑感是对自己不满、否定的情感，往往是自尊心屡屡受挫的结果。这类人自我认识不客观，往往只看到自我的缺点而忽略了自我的长处，不喜欢自己，不能容忍自己的缺点和弱点，否定、抱怨、指责自己，看不到自己的价值，或夸大了自己的不足，感到自己什么都不如他人，处处低人一等，丧失信心，严重的还可能由自我否定发展为自我厌恶甚至走向自我毁灭。

在大学里，各门课程的成绩评定，校内外各类活动的展开，人与人之间经过比赛竞争而定胜负、争荣誉的情况是无法避免的。而且，如果从能力、成绩、特长以及容貌、家世、地位等各方面相比，没有一个人是永远的胜者。每个人在不同层面上都有自己的成败经验，己不如人的失败感受人皆有之，只是程度不同而已。大学校园是人才济济之地，有些人在某些方面曾有自卑的倾向和感受，亦很正常。但有的同学过度自卑，斤斤计较于自己的缺点、不足和失误，结果因自卑而心虚胆怯，凡有挑战性场合即逃避退缩，或对自己所作所为过分夸张、过分补偿，唯恐天下不知，其结果捍卫的是虚假的、脆弱的、不健康的自我。

事实上，过强的自尊心和过强的自卑感是密切联系、互为一体的。那些自尊心表现得越外显、越强烈的人，往往是极度自卑的人。自尊心、自卑感过强都会影响大学生的心理发展和人格成熟。那么，如何调整过度的自我接受和过度的自我拒绝呢？

2. 调适的方法

为了改变过度自卑，应该做到以下几点：第一，应对过度自卑的危害性有清醒的认识，有勇气和决心改变自己。第二，应客观、正确、自觉地认识自己，无条件地接受自己，欣赏自己所长，接纳自己所短，做到扬长避短。第三，正确地表现自己，对自己的经验持开放态度，同化自我但有限度。第四，根据经验，调整对自己的期望，确立合适的抱负水平，区分长期目标和近期目标，区分潜能和现实表现。第五，对外界影响相对独立，正确对待得失，勇于坚持正确的，改正错误的。同时保持一定程度的容忍。

做一做，想一想

当我觉得没有自信，总觉得自己不如别人时，我可以这样做

目的：克服自卑，增强自信

做法：

- 停止批评和责备自己。
- 停止和别人比较。
- 接纳自己的不完善。
- 学习使用积极而正面的自我对话方式。
- 将自己的优点列出来每周浏览一次。
- 学会珍惜自己所拥有的。
- 欣赏自己的独特性。

（三）过度的自我接受

1. 过度自我接受的表现

自我接受是指自己认可自己、肯定自己的价值，对自己的才能和局限、长处和短处都能客观评价、坦然接受，不会过多地抱怨和谴责自己。对自我的接受是心理健康的表现。过度的自我接受是指有自我扩张的人，他们高估自我，对自己的肯定评价往往有过之而无不及。他们拿放大镜看自己的长处，甚至把缺点也视为长处；拿显微镜看他人的短处，把别人细微的短处都找出来。他们的人际交往模式是“我好，你不好”、“我行，你不行”。过度自我接受的人容易产生盲目乐观情绪，自以为是，不易处理好人际关系；而且过高的评价往往滋生骄傲，对自己常常提出过高要求，承担无法完成的任务、义务而导致失败。

2. 产生的原因及调适

自尊心和自信心、好胜心、独立感等都是大学生自我意识发展的主要表现，是要求尊重自己的言行和人格，维护一定荣誉和社会地位的一种自我意识倾向。每个大学生都有强烈的自尊心，好强，好胜，不甘落后。自尊心强的大学生对自己有信心，相信自己能克服缺点，取得进步，这不是自大。但过强的自尊心却和骄傲、自大等联系在一起。有此缺陷的大学生缺乏自我批评，而且不允许别人批评，以自我为中心，唯我独尊。这样的人回避或否认自己的缺点，缺乏自知能力，不能和他人和谐相处，容易失败，也容易受伤害。要克服过度的自我接受，首先要看到自己的不足，承认自己也需要不断完善；其次要看到他人的长处，欣赏他人的独特性；再次要多与他人交往，以开放的心态尊重和认真对待来自他人的反馈意见。

(四) 自我中心

1. 自我中心产生的原因及表现

大学阶段是自我意识发展最强烈的阶段。大学生们强烈关注自我，往往愿从自我的角度、标准去认识、评价和行动，容易出现自我中心倾向。当这种倾向与某些不健康的思想、意识（如个人主义、自私自利思想）和心理特征（过度的自我接受和自尊心）结合时，就会表现出过分的、扭曲的自我中心。自我中心的人凡事从自我出发，不能设身处地进行客观思考，只关心自己，一事当前先替自己打算，不顾忌他人的感受和需要。他们往往以同学的导师或领袖身份出现，颐指气使，盛气凌人，为人处世中总认为自己对、别人错，爱把自己的意志强加于人，因而他们不易赢得他人的好感和信任，人际关系多不和谐，行为做事很难得到他人的帮助，易遭受挫折。

2. 克服自我中心的方法

要克服自我中心，首先得摆正自己的位置，既重视自己也不贬抑他人，自觉地把自己和他人、集体结合起来，走出自我的小天地；其次要实事求是、恰如其分地评估自己，既不高抬自大，也不低踩菲薄；最后要学会移情，多设身处地地从他人的角度思考问题，尊重他人的感受、关心他人。

从以上的分析我们可以看到，大学生自我意识发展过程中出现的失误、偏差是心理还不成熟的表现，这是由其身心发展状况和成长背景决定的，并不是某个人的缺点，而是所有的大学生或多或少都要亲自经历的，是整个年龄阶段的特征，因而是普遍的、正常的。但是这些必须得到调整，只有认识到这一点，才有可能去面对它、正视它，并争取解决它，以达到自我真正的统一、强大和健康。

完善自我、超越自我并不是一帆风顺的过程，它需要付出艰辛的努力和沉重的代价，也是一个“新我”形成的过程，是从“小我”走向“大我”，从“昨天之我”向“今日之我”、“明日之我”迈进。珍惜已有的自我，追求更好更高的自我，做一个“自如的、独特的、最好的自我”。

心灵读本：羡慕别人，不如做好自己

有这么一则寓言：猪说假如让我再活一次，我要做一头牛，工作虽然累点，但名声好，让人爱怜；牛说假如让我再活一次，我要做一头猪，吃罢睡，睡罢吃，不出力，不流汗，活得赛神仙；鹰说假如让我再活一次，我要做一只鸡，渴有水，饿有米，住有房，还受人保护；鸡说假如让我再活一次，我要做一只鹰，可以翱翔天空，云游四海，任意捕兔杀鸡。这真是挺有意思的一种现象，可谓风景在别处。

我们总是不由自主地羡慕别人拥有的东西，羡慕别人的好工作，羡慕别人的大房子，羡慕别人的新车子，唯独忽视了一点，我们自己也是别人羡慕的对象。

其实，人总是这样互相羡慕的。有的人常常幻想有一天一觉醒来，自己就会成为某某一样的人。可能是因为我们深知自己人生的缺憾，所以就会拿那些我们认为比较完美的人生来作比较，当做自己人生的坐标。其实，这个世界并不存在十全十美，那些我们羡慕的人同时也在承受着他们的不如意。所谓家家有本难念的经，人虚荣的本性使他们愿意把自己风光的一面展示给他人，但又有谁能真正看到别人

风光的背后呢？很多时候，得到的就是所承担的，每件事都像硬币一样有两面，有正面就有背面。

人，尤其是女人，喜欢拿自己和别人作比较，结果是“人比人气死人”。其实下妨和自己比一比，看看自己是否越来越好了，是否离自己期望的目标越来越近了。时不时地给自己鼓励，你会做得更好。说不定在你羡慕别人的同时，别人也正在羡慕你呢。

当然，有的人的确值得我们羡慕，不完全是因为他们得到的多，而是因为他们善于经营。

摘自：http：//www. chinapeaco. org. cn/，2013 年 2 月 19 日

复习与思考题

1. 根据自我意识的结构，客观分析和认识生理自我、心理自我和社会自我。

2. 怎样克服自卑感，建立自信心？

3. 通过分析自己的优势与劣势，提出完善自我的打算。

阅读书目

1. 樊富珉主编：《大学生心理健康与发展》，清华大学出版社 2007 年版。

2. 贺淑曼等编著：《成功心理与人才发展》，世界图书出版公司 1999 年版。

3. 邓旭阳主编：《大学生心理训练》，北京出版社 2004 年版。

第三章 情绪管理与心理健康

著名的国学大师文怀沙先生曾经说过一句话：烦躁、愤怒和忧伤都是催人衰老的暗器。情绪是伴随人的心理活动过程所产生的内心体验。对于大学生来讲，情绪是复杂多样的，与每个人的需要、认知和行为相联系。同时，情绪具有自我保护、人际交流、行为应变等方面的功能，对大学生的学业、成长和身心健康具有直接影响。情绪自我管理与控制，不仅是大学生身心健康的重要内容，而且也是大学生自我发展和人格养成的必要条件，是大学生面对挫折、适应环境的基础。

奋斗 20 年毁于 10 分钟

2005 年 2 月 5 日，浙江省丽水市缙云县山岭下村村民马彩杏家因翻建房屋，与邻居马开亮的矛盾尚未解决，又要重新开工。马开亮从家里拿出铁锹，冲向了邻居的房子，嚷着："再盖我就要撬了。"此时，马彩杏的几个儿子坚持不让停工。一场混乱的殴斗开场了。北京某著名高校的公共管理学院博士生董秀海与其哥哥们一起参与混战。马开亮头部挨了三记重击导致死亡。缙云县公安局刑侦大队以涉嫌故意伤害罪拘留了董家四兄弟。董秀海从本科到研究生一直表现优秀，担任过班里的团支书，热心为大家服务。本科毕业时，以排名班级前 4 名的成绩被保送为公共管理学院管理科学与工程专业研究生，研究生期间，被评为 2003—2004 年优秀团干部。从山岭乡野到北京，从农村孩子到北京名校的博士生，董秀海苦苦熬了 20 年才改变自己和董家在村里的地位。然而，从前程远大的优秀博士生，到涉嫌杀人的嫌疑人，仅仅10分钟。一时的情绪冲动，导致行为失控，让董秀海付出了沉重的代价。

摘自《新民周刊》2005年3月2日，作者：王倩

情绪，在我们每个人的生活和学习中随处可见。可以说人们所有的心理活动，都伴随着一定的情绪状态。情绪与我们的生活、学习、人际交往、个人发展密切相关。优化自己的情绪，是通向成功之路的保证，也是大学生优化心理素质中的重要内容。

第一节　情绪知多少

谈到情绪，人们自然会联想到喜怒哀乐、悲欢离合。生活中，每个人都会随着心理的活动，表现出不同的心理状态。有时积极，有时消极；有时温和，有时暴躁；有时平静，有时起伏；有时焦虑，有时轻松；有时痛苦，有时幸福；有时烦恼，有时快乐……人在清醒时每时每刻都处于一定的情绪状态之中，情绪时时刻刻伴随着我们的生活、学习、人际交往，并直接影响我们的生活、学习和身心健康。

一、情绪及其表现

（一）什么是情绪

什么是情绪呢？从一般意义上讲，情绪（Emotion）是指人们在内心活动过程中所产生的心理体验，或者说，是人们在心理活动中，对客观事物是否符合自身需要的态度体验。

1. 情绪有其生理反应

在不同的情绪状态下，人的心律、血压、呼吸乃至人的内分泌、消化系统等，都会发生相应的变化。例如，人在焦虑状态下，会感到呼吸急促、心跳加快；人在恐惧状态下，则会出现身体战栗、眼睛瞳孔放大；而在愤怒状态下，则会出现汗腺的分泌、面红耳赤等生理特征。这些变化都是受人的自主神经支配

的，是不由人的意识控制的，即使你再不愿意，甚至去控制，情绪也会出现。

2．情绪是一种内心感受

人的不同情绪生理状态必然会反映在人的知觉上，反映到人的意识中来，从而形成人的不同的内心体验。如人在受到伤害时，会感到痛苦；在朋友聚会时，会感到由衷地快乐；当面临极度危险境地时，会让人产生毛骨悚然的恐惧感；当自己的某些需要得到充分满足时，会感到幸福愉快；在遇到被欺辱时，会感到愤怒；在失去亲人时，会感到悲伤。

3．情绪会表现在行为中

情绪不仅体现为生理反应和内心体验，而且也会直接反映到人的外在行为表现中。主要反映在人的表情、语态和行为过程中。面部表情最直接反映着人的情绪状态，人们可通过一个人的面部表情的变化，来了解一个人的情绪状态。例如，当自己所希望的球队获胜时，脸上会不由自主地喜笑颜开；当有的学生遇到困难和挫折时，即会愁容满面。体态行为也同样反映着一个人的情绪状态，例如，在期末考试过后，我们可通过考生们的坐立不安、手舞足蹈和垂头丧气看得出他们此时此刻的情绪状态和面临的境地。声音语态则是指人们在交流时声音的声调、音色和声音节奏的快慢等方面的变化，如一个人悲伤时，会出现语调低沉、言语缓慢、语言断断续续；而当人兴奋时则会语调高昂、语速加快，声音抑扬顿挫、清晰有力。

（二）情绪的类型

人们的情绪是复杂的、各种各样的，其类型难以有一个统一的划分标准。情绪的类型大致可概括为以下几种：

1．七情之分

喜怒哀乐是大学生中最为普遍的情绪反应。在我国，自古以来人们通常将情绪按其表现分为“喜、怒、哀、惧、爱、恶、欲”，人们称为“七情”，即在人的需求达到充分满足时而产生的一种满意、愉快和欢乐的情绪体验；当人的需求不能得到满足或是为此而进行的活动受到阻碍时而产生的一种不满、恼怒的情绪体验；当人的期望不能得到实现或是遭遇重大的丧失而引起的一种悲凉、哀叹的内心感受；当一个人面对危险境地或是巨大灾难时，而产生的极度恐慌和畏惧感。除此之外，情绪还有憎恶、渴望、害羞等表现。

2．基本情绪和社会性情绪

从情绪形成与发展的角度，可将情绪分为基本情绪和社会性情绪。基本情绪主要是指与人的生理需要相联系的内心体验。例如，人的恐惧、焦虑、满足、悲哀等。人的基本情绪在幼年时期就已经形成了，更带有先天遗传的因素。社会性情绪是指与人的社会性需要相联系的情绪反应，表现为一种较为复杂而又稳定的态度体验。例如，人的善恶感、责任感、羞耻感、内疚感、荣誉感、美感、幸福感等，是后天随着人的成长而逐步发展和形成的。社会性情绪是在基础情绪上形成和发展起来的，同时又通过基础情绪表现出来。大学生在大学阶段，更多的是形成和丰富自己的社会性情绪的感受和体验。

3．情绪的三维理论

美国心理学家普拉奇克从生物学的角度，提出了情绪的三维理论，即情绪具有两极性、相似性和强弱性特点。例如，喜悦的情绪，从兴奋程度上可表现为舒畅、愉悦、快乐、欢喜、狂喜等不同的心理体验层次；而愤怒的情绪，从紧张度上也可分为不满、气恼、愤懑、恼怒、愤怒、大怒、狂怒等；悲哀的情绪，从程度上则可分为忧虑、忧愁、忧郁、哀伤、悲伤、悲痛、痛不欲生；恐惧情绪可分为担心、不安、害怕、恐惧、惊恐、极度惊恐等。

4．心境、激情与应激

前苏联一些心理学家将情绪状态划分为心境、激情与应激三种形态。心境是指一种深入、持久而又比较微弱的情绪状态，具有渲染性和弥散性的特点。例如，当一个人心情舒畅时，他看什么都会觉得乐观积极；而当一个人郁郁寡欢时，则对许多事都会感到没有兴趣。激情是指一种短暂、强烈、急风骤雨式的情绪状态。例如，观看球赛中的欣喜若狂。激情具有强烈的冲动性和爆发性，发生的时间短，会随着时过境迁而弱化或消失。激情的发生常常具有明显的、突出的原因和指向性。激情也可以表现为积极的和消极的，积极的激情能增强人的敢为性和魄力，激励人们克服艰险，攻克难关；消极的激情则会导致理智的暂时丧失、情绪和行为的失控。应激又称为应激状态，是指由于出乎意料的紧张或危险情景所引发的情绪状态；它是当人处于巨大压力和威胁的情景下，而又要迅速做出重大决定时所产生的一种特殊的情绪状态。在应激状态下，人的心律、血压、呼吸和肌肉紧张度等会发生显著的变化，从而增加身体的应变能力。在应激状态下，人们往往能做出平时难以做到的事，使人尽快地转危为安。但是人在紧急情境中的应激状态下，也会导致知觉狭窄、行动刻板、注意力被局限；过于强烈的应激情绪，会导致人的临时性休克甚至死亡，还会导致心理创伤。一个人长期或频繁地处于应激状态中，会导致身心疾病和心理障碍。

此外，还有人从情绪的功效角度，将愉快、欢乐、舒畅、喜欢等，视为正性情绪（positive affect）；而将痛苦、烦恼、气愤、悲伤等视为负性情绪（negative affect）；也有人将情绪划分为积极情绪、消极情绪，等等。

（三）情绪与情商

情商（EQ）是近年来被大学生和社会所关注的热门话题，似乎情商无所不包，无所不能。其实，情商并非很科学的概念，而是人们与智商相比较而杜撰出的一个词汇。这一提法最早出现在 20 世纪 60 年代，即情绪智力（emotional intelligence），简称为 EI（情智）。到了 20 世纪 90 年代，心理学家梅耶和沙洛维首先开展了对情绪智力的研究。他们认为，情绪智力是一种社会智力，包括认识控制自己的情绪和识别自己与他人的情绪，并且运用情绪信息引导个人的思维能力等。1995 年，丹尼尔·戈尔曼的《情感智力》一书出版，它将情智分为认识自己的情绪、管理自己的情绪、激励自我的情绪、认识他人的情绪、处理人际关系五个方面。

现在所说的情商是指智力因素以外（认知能力方面的观察力、记忆力、思维能力、想象能力等）的非智力因素（除智力之外的综合个性品质），其中情绪在整个非智力因素中，起着至关重要的作用。

优秀学生的优势并非智商高。不少人都会认为，那些学习成绩很出色的人，肯定要比一般人聪明，他们的智商肯定都是出类拔萃的。但是，某高校对成绩优秀学生所做的一项调查结果却否定了这种认识。他们通过心理测试的数据分析发现，学习最优秀的大学生和成绩一般的大学生相比较，在智力水平上，并没有显著的差别，他们的智力水平，多数只属于中等偏上，还有部分学习成绩优秀学生的智商水平属于中等偏下；但是，他们却发现在这些优秀学生的另一个方面，这些学生在心态上，也就是情绪的稳定性方面，要比一般的学生强很多。

二、情绪的产生及作用

（一）情绪是怎样产生的

我们每天的活动都伴随着一定的情绪，有时轻松，有时焦虑，有时欢乐，有时忧愁。那么，是什么在左右着我们的情绪？情绪又是如何产生的？

1. 情绪与情境

人的情绪不会无缘无故地产生，必然有其发生的情境。正如人们所说，人逢喜事精神爽，当人们学业成功或遇到优美的环境，就会产生愉快的心情；反之，人际的冲突、学习的压力、生活的挫折、恶劣的气候，也会使人感到烦躁和抑郁。除了外在的环境和事件会直接引起情绪变化外，人自身的生理和心理反应也同样会引起情绪的变化。例如，人在青春期阶段，由于身体上的急剧变化，会引起内分泌的紊乱，并由此造成情绪上的躁动。女生因为月经周期带来的生理上的变化，也容易导致情绪的不稳定。

2. 情绪与需要

一名大学生，在漂亮的异性同学面前常会感到紧张和羞怯，有时还会面红耳赤，为此，会感到自责和困扰。人的情绪为什么有时候难以自控？情绪产生与变化的背后，实际反映着我们的需要。例如，当得到他人称赞时，满足了自己的自尊和成就的需要，从而感到一种荣誉和喜悦感；相反，当自己受到他人的冷落时，就会产生失落和孤独感，因为自己的被接纳和亲情的需要没有得到满足。在大学学习和生活的过程，也是大学生追求和实现自身各种需要的过程。大学生的需要是多样化的，如完成学业、培养能力、发展自我、追求爱情，还有娱乐、健康、实现兴趣的需要等。这些需要是多层次的，有些是眼前的需要，有些是长远的需要，需要之间还相互矛盾。实现和满足这些需要，会受到各种条件的局限与制约，必然会引起情绪上的波动。

在一个心理健康课课堂上，老师出了一个题目："假使你收到了一个英语成绩通知单，你的英语考试得了60分，你现在的感受是什么？"一个同学站起来说："我感到无地自容，很不能接受，因为我从来没得过这么低的分数。"但另一个同学举手说："我感到很幸运，终于及格了，虽然分数不高，但不用再补考了。"也有同学说："那要看看别的人得了多少分，如果大家都差不多，我会感到心安理得。"接着老师又补充道："其实这个考试的试卷是一份大学英语竞赛题，很少有人成绩能达到60分以上……"又问大家，现在的感受是什么？学生异口同声地说，感觉很高兴。接下来老师开始引导大家，从上面的不同感受中领悟到了什么。

3. 情绪与认知

情绪虽然与客观事物是否满足人的需要相联系，但是面对同样的事物，不同的人却会有着截然不同的情绪感受。这是因为每个人站在不同的角度，产生不同的认知；而同一个人，当认知发生变化时（得知60分很少有人能达到），情绪感受也会随之产生变化。这些都说明认知对情绪的影响和作用。心理学研究表明，人们只有通过认知对客观事物与需要的满足作出判断与评价，才会产生相关联的情绪反应。认知改变了，情绪也相应发生了变化。

4. 情绪与行为

行为是人的情绪的重要表现形式，一个人的情绪状态，会导致人产生或消除行为的动机，并直接影响到人的行为模式及过程和效果。例如，一个学生因取得优异的成绩而产生的成就感，会使他对学习更加努力；而一个学生过度的焦虑情绪，会使他感到心烦意乱，无法专心学习；对考试的过度恐惧感，也会使人在考试中发挥失常。情绪对行为起着一定的调节作用，当人们在做能满足自己需要的一些行为时，就会感到一种欣慰和充满热情的情绪感受，它会使自己的行为得到加强；而当人的某一行为破坏或阻碍了自己的某一种需要时，就会产生厌烦、排斥的情绪感受，它同样会使人自己的行为减少或停止。可见，情绪与行为的关系并非是单一的决定与被决定的关系，而是相互影响的关系。

（二）情绪的作用

情绪对于大学生具有十分重要的作用。概括起来，它对于大学生的作用主要表现在以下几个方面：

1. 自我保护的功能

不少人认为愤怒、恐惧、焦虑、痛苦等负性情绪是不好的或不该出现的。其实很多情绪，包括一些负性情绪，在我们生活中也是必要的，有其不可替代的作用。曾经有一个小伙子，在爬山比赛时手臂被撞到岩石上，当时没感觉怎样，直到后来发现胳膊红肿到医院检查，才被发现是手臂骨折了，原来他患了一种骨髓炎症，痛感神经已坏死，丧失疼痛感，所以即使骨折了也全然不知。可见，一个人一旦丧失了痛感，也是很危险的。其实，每一种情绪都是有其功能的，比如当人处于危险境地时，恐惧的情绪反应，能促使人更快地脱离险境；当人在工作或学习中承担的负荷超出了自身的承受能力时，疲惫的情绪状态会使人不得不放弃一些工作，而获得休息；在被人伤害时，愤怒的情绪会促使人奋起反抗，自我保护。

2. 人际沟通的功能

人际交往不仅是出于信息上的交流和工作中的协调等方面的需要，更是带有情绪上的需求与满足。曾有一位大学生面对人声嘈杂、拥挤的宿舍，自叹自己特别孤独，引来周围同学的诧异，有同学问：“这么拥挤的生活环境，想找个清静的地方都难，你怎么还感到孤独？”这位同学自嘲地说：“我就像是被关在一个透明的玻璃瓶中，尽管周围有的是人，可对于我而言，只是看得见而摸不着的啊!”其实这位同学感到孤独，正是缺少情绪上的沟通，是对情感交流的一种渴望。情绪在人际沟通中起着非常重要的调节作用，像微笑、轻松、热情、喜悦、宽容和善意的情绪表达，会促进人际的沟通和理解；而冷漠、猜疑、排斥、偏执、嫉妒、轻视的情绪反应，则会构成人际交往中的障碍。

3. 信息传递的功能

情绪还能起到信息传递的功能。例如，情人之间的一个眼神、一个微笑，就可互表爱意；知己之间的一个动作、一个表情，就能使对方心领神会；考场中，监考教师威严的目光，就足以使那些想投机取巧的人望而却步。情绪还可以相互影响和传播。当一个人兴高采烈时，他会将这种情绪感染周围的人；而当一个人沮丧、愤怒时，也会使这种情绪在周围传播开来，并且还会将这些负性情绪迁移到他人身上。

（三）情绪对大学生的影响

1. 对于大学生学业方面的影响

对于大学生来讲，情绪状态对于学业有着举足轻重的影响。不少大学生都有这样的体验，当自己的情绪积极乐观时，学习的效率倍增；而当自己的情绪处于低迷、忧郁或是烦躁不安时，学习往往也是一团糟。一个人再聪明，如果没有一个好的心态，他的能力也是无法发挥的。而保持一个良好的心态，正是一个人最大限度地发挥自己能力的基础和前提。

2. 对大学生身心健康的影响

良好的情绪状态，不仅有利于大学生的学习，而且也有益于大学生的身心健康。现代医学研究证明，在人们的生理疾病中，70%的患者同时伴有心理上的病因，尤其是现代社会中的高血压、心脏病、癌症等直接威胁人类生命的重要病症，都与人的情绪状态有着直接的关系。在大学生中，长期的学习压力，造成一些学生的失眠、紧张、神经性头痛、消化系统疾病等，这大多是因为情绪状态没能得到很好的调整；而那些常见的抑郁症、恐惧症、强迫症等心理障碍和疾病，也大多与不良情绪密切相关。因此，保持良好的情绪状态，是大学生心理健康的重要标志。

3. 对于大学生成长的影响

情绪不仅对大学生的身心健康至关重要，而且对于大学生的人格形成与发展具有同样的重要作用。弗洛伊德精神分析理论和埃里克森的心理社会发展阶段理论中，都强调了情绪在人格形成和发展中的核心作用。良好的情绪有助于增加学习兴趣，提高学习效率，促进潜能开发，并有助于人的自信心的建立。培养积极健康的情绪，是大学生心理素质教育的重要内容。

三、关于情绪的健康

情绪在人的成长和发展中起着重要作用。健康的情绪，会使人积极乐观，心胸开阔，努力向上；而不良情绪，则会使人郁郁寡欢，萎靡不振，或是失去理智，冲动妄为。

（一）什么是健康的情绪

健康的情绪，即是良好的情绪状态。良好的心理状态，首先是情绪上的成熟，是指一个人的情绪发展、反应水平和自我控制能力与其年龄和社会对此的要求相适应，并为社会所接受。美国心理学家马斯洛在阐述关于“自我实现者”的情绪特点中，曾经提出了健康情绪的六个特征：（1）平和、稳定、愉悦和接纳自己；（2）有清醒的理智；（3）适度的欲望；（4）对人类有深刻、诚挚的感情；（5）富于哲理、善意的幽默感；（6）丰富、深刻的自我情感体验。

（二）保持健康的情绪状态的方法与途径

第一，保持积极乐观的心态。其中包括保持好奇心，善于关注和发现生活、学习中积极的事物，并能够充分地享受愉快。主动创造能使自己感到快乐的生活和事业。快乐不是等待和被赐予，而是一种发现和创造。

第二，能接纳自己的情绪变化。不苛求自己，不过于追求完美，能接受自己的情绪，以平常心来面对自己情绪上的波动。

第三，善于及时调整自己的不良心态。其中包括能够保持一个正确客观的理性认知；善于采用多种方式及时宣泄自己的情绪；在遇到生活中的挫折时能够积极地自我暗示；或使自己的情感升华。

第四，宽容别人。保持良好的人际沟通，并能够理解和宽容别人，尤其在对方有过失时，不去怨恨别人，更不拿别人的错误来惩罚自己。怨恨是一把双刃剑，既会伤人，更会伤己。

第五，掌握有效的情绪调节方法。包括保持幽默的方法、自我认知的方法、行为调节的方法、自我积极暗示的方法和自我宣泄的方法等。

（三）不良情绪及表现

不良情绪是指不良的情绪反应或对自己及他人带来不良影响甚至伤害的消

极情绪状态。有些人将不良情绪等同于负性情绪，这是不准确的。所谓负性情绪，通常是指那些不愉快甚至是引发人痛苦、愤怒的情绪体验。一般来讲，负性情绪并非一定都是不良的消极情绪，正如前面所说，负性情绪在一定的情境中，也同样具有重要的作用和功能，它们具有使人能及时感受到自己的心理不适，促使其主动调整自己的积极功能，所以说，负性情绪并不等于消极的不良情绪。不良情绪具有以下表现：

（1）负性情绪持续时间过长。例如，当一个人长期处于悲观、失落的情绪状态，而自己又无法调整时，就会形成一种抑郁的心境，导致身心的危害，严重的还可表现为抑郁症等严重心理疾病。

（2）负性情绪超过了自己所承受的强度，自己却不能控制，致使自己行为失常或感到被伤害。例如，考试中过度焦虑，使一些学生考试发挥失常；严重的应激状态，会导致人昏厥；面临期末大考，却怎么也紧张不起来，神情恍惚，精力涣散，无法进入考前状态等。

（3）负性情绪出现了恶性循环不能自拔的状态。例如，某一大学生面对学习上的压力，感到焦虑不安，影响了自己的学习效率，对此自己不能接受，又无法解脱，于是又引发了更加的焦虑，导致失眠、食欲下降，焦虑越来越强烈，而不能自控。

（4）情绪状态已经构成对自己及他人的影响或伤害。例如，对自己所爱慕的人与其他异性交往而产生的嫉妒情绪，一般来讲，它并非不良情绪，而只是一种爱情专一性和排他性的正常心态反应。但是当这种嫉妒情绪已经导致猜疑甚至限制对方的行为，使自身或对方感到被伤害时，就已经成为一种不良的情绪反应了。

（5）由于情绪适应不良导致严重的情感障碍、人格障碍等心理疾患。如表现出退缩、孤独、怀疑、抑郁等，都是情绪适应不良的表现行为。

做一做，想一想

情绪体验练习

一、情绪接力与情绪猜谜

1. 要求每个学生说出大学生中常见的情绪，并将其写到黑板上；

2. 让学生从黑板上列出的各种情绪中选出一种，用表情或体态表现出来，看大家是否能猜出；

3. 讨论：为什么每个人的情绪表达不同？我们怎样才能知道别人的情绪？我们如何才能让别人知道我们自己的情绪感受？

二、情绪表达与体验

学生两人一组，进行角色对抗体验。要求一方说“是”，而另一方则说“不是”，看双方谁能说服谁、压倒谁。然后，进行角色互换，再次进行对抗体验。

讨论：在上述对抗练习中，你感受到了什么？你的声音会有什么变化？你的躯体感受到了什么？情绪对自己平时的影响有哪些？

第二节 大学生的情绪特点及面临的困惑

对于大学生来说，再没有比情绪状态更让人产生波动的了。一名大学生这样形容自己的情绪：“当我情绪高涨时，我就像一座喷发的火山，心花怒放，充满着豪情壮志，好像有使不完的力量和精力，我愿意将我的所有的热情和智慧，与我认识的所有人分享；而当我情绪低落时，我又好像是一座冰山，对什么都失去了兴趣，我会感到命运乃至周围所有的人都在和我作对，我是那样的沮丧与无奈，甚至想到过死……”

依据对在校大学生心理状况的调查，大学生具有开放、活泼、富有激情，以及多数学生的情绪状态相对比较成熟、稳定等方面的情绪特点。

一、大学生情绪特点

（一）大学生的情绪表现

大学生的情绪特点主要表现为：

（1）外向、活泼、充满激情。就大学生整体水平而言，在情绪特点上，表现为乐观、活泼、开放、热情，精力旺盛，积极向上，充满朝气和激情。

（2）情绪延迟性及趋向于心境化。相比青少年情绪反应往往是受制于外界情境左右，来得快，消失得也快的特点，大学生情绪反应的发生，往往会表现为一定的延迟性，趋向于心境化。

（3）情感体验更加深刻、丰富。大学生的情绪体验更加丰富多彩，并随着自我意识的不断发展和各种需要和兴趣的扩展而表现为更加敏感、细腻和深刻，并更加带有社会内容的情感体验。

（4）波动性与两极性。大学生的情绪年龄正处于由未成年人向成年人的转变过程，与成年人相比，大学生的情绪带有明显的起伏波动性，有时会表现为大起大落、大喜大怒的两极性。

（5）冲动性与爆发性。大学生的情绪特点还表现在情绪体验上特别强烈和富有激情，有时则表现为一定的盲目狂热、冲动。

（6）矛盾性与复杂性。大学阶段正是大学生面临许多重大选择的时期，常常会呈现出一种矛盾和复杂的情绪状态。例如，希望自己独立和希望依赖于他人的需要同时存在；对自己既不满，又不想承担责任；既希望得到他人的理解，又不愿意接受他人的关心等复杂矛盾的心态。

（7）内隐性与掩饰性。大学生的情绪表现，虽然有时也会喜形于色，但已经不像青少年时期那样坦率直露，不少大学生常会将自己的情绪隐藏和掩饰起来，表现为外在表现与内在体验并不一致，从而出现相互交流障碍，陷入孤独和苦闷的情感困惑中。

（二）不同大学生群体的情绪特点

在不同的大学生群体中，也呈现出不同的情绪特点：

（1）男女生的差异。不同性别在情绪状态上也呈现出差异性，女生具有热情开放、富有激情和幻想、敢想敢做等特点，但容易出现抑郁、焦虑、多愁善感等不稳定情绪。男生的情绪状态要比女生相对趋向稳定，主动和敢为性强，更有独立性和刚毅性等情绪特点；但当情绪冲动时，也容易出现情绪失控，行为过激。

（2）年级的差异。刚刚入学的大学一年级新生，会因过去对大学的幻想与现实大学生活的差别而出现失落感，情绪处于不太稳定阶段。二年级是情绪波动较大的阶段，这突出反映在大学一年级的新鲜感已经荡然无存后，暴露出在大学生活、学业、人际交往等方面所面临的矛盾冲突和因此造成的情绪困扰。从三年级开始，学生的情绪自控能力有所增强，对大学的生活基本适应，并具备了一定的自控能力，情绪状态相对比较稳定。但到了四年级后，由于即将走入社会，人生将面临着重要的转折，情绪状态再次呈现出矛盾性和复杂性。

（3）生源差异。来自农村的学生朴实、好学，但与大城市的生活环境、都市文化形成一定的心理反差，不少农村学生是抱着上大学跳龙门、在大城市找工作的想法而来上学的，有些农村学生还面临着程度不同的经济负担，这些都会造成自卑、焦虑、忧郁、心理压力过大等情绪问题。城市学生绝大部分为独生子女，情绪特点上更加开朗、乐观，自我适应性较强，但同时由于在家庭中备受关注，造成他们中的一些人责任意识淡漠，学习缺乏动力，心态浮躁。

（4）家庭背景差异。大学中，部分贫困家庭的大学生心理压力较大，常常会为学费、生活困难以及家庭的债务而感到困惑、焦虑、忧郁。同时，大学中也有部分富裕家庭的学生，过于优越的家庭环境与大学繁重的学习任务和有限的生活条件形成鲜明的对比，为此，也会出现厌学、无生活目标、无所事事等情绪困扰。

二、如何认识和把握自己的情绪

情绪并非无法预测和控制，它也有发生和变化的规律，我们可以从以下几方面认识和掌握自身的情绪特点：

（一）了解自己的个性特征

一个人情绪上的特点，往往与其气质和性格特征密切相关。因此，了解自己的气质与个性，对于认识和把握自己的情绪特点有着重要的意义。例如，我们可以看到每个人的情绪表现都是不尽相同的，有的人脾气急，有的人则是慢性子；有的人风风火火，有的人多愁善感，这些都与一个人的个性心理特征有直接的关系。

（二）了解自己的情绪年龄

人的情绪表现与其情绪年龄相关。所谓情绪年龄，是人的情绪发展水平的一种衡量标志。心理学研究表明，不同年龄的人在情绪的各方面具有不同的发展水平和特点。当一个人的情绪与其应有的情绪表现相符时，即具有相应的情绪年龄。反映人的情绪年龄水平的有两点：一是看其情绪反应符合什么年龄段的认知和逻辑水平；二是看其用什么方式来表现和调节自身的情绪状态。例如，一些独生子女大学生，由于父母长期的过度照顾，在情绪的自我控制能力方面滞后于他们实际的年龄。一项调查中，一位女大学生在被问到“当你心情特别不好时会怎么办”时，她回答说：“我会回家找茬和父母发脾气。”

（三）自身成长经历及早期经验

人的情绪特点往往与他们的成长经历和早期经验有关。心理学研究表明，在人的婴儿期乃至幼年期，失去家庭的关爱和父母照顾的儿童，会带来情绪上的伤害，并在以后的成长中产生不良的影响。例如，一位男生发现每次上课时，都会担心自己尿急而焦虑不安，最后严重到无法上课。通过心理咨询，他回忆起在小学二年级时，一次连续上了两节课，课间没有休息，接着又被要求在教室里上自习，这时他已经尿急难忍，但几次举手都因老师低头判阅作业而没看到，最后他忍不住小便失禁，反被老师批评并受到同学的耻笑。这对他的影响很大，以后每次上课前他都要连续上几次厕所，但上课时还是担心和焦虑，后来上了中学才渐渐淡忘。在事发前不久，学校组织学生到工地实习，正赶上该生感到尿急，又找不到厕所，使得这种感受再次严重。一般而言，幼年时期或在以后的成长经历中，有比较平和、乐观的生活环境和经历的学生要比经历过挫折、创伤的学生在情绪上更趋于稳定和积极。

（四）情绪状态的自我测试

除上述情绪的自我认识外，通过一定的心理测验是了解自己情绪状态的重要方式。这里介绍几种简单的自我测评的方法。

1．情绪自我描述

通过以下的练习问答，然后与同学分享，看看自己情绪特点。并据此作出情绪状况记录（见图 3-1）。

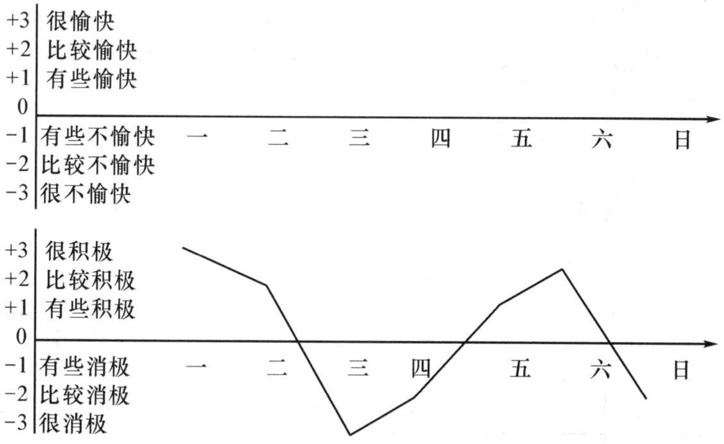

图 3-1　情绪状况记录

做一做，想一想

情绪龙虎榜

一、请列出你日常生活中所发生过的 20 种情绪，例如：

1．高兴

2．忧郁

3．兴奋

……

二、在列举的上述各种情绪中，发生频率最多的前 10 种情绪是哪些？

三、思考、交流与讨论

1．分享自己常见的 10 种情绪，并作出解释。

2．排第一位的情绪是什么？

3．哪种情绪对自己的影响最大？

2．“心理气氛圈”测试

前苏联学者鲁陶什金制定了“心理气氛圈”图示分析方法，通过该测试，可以了解自己目前的心境。“心理气氛圈”分为四个象限：第一象限为“情绪饱满区”；第二象限为“不满意区”；第三象限为“悲观区”；第四象限为“愉快区”。

我们可以根据图 3-1 中的愉快/不愉快、积极/消极两个坐标线上的 7 个等级，确定自己一周以来每天的情绪状态，在坐标上标出情绪状态的位置，并将其相互连接画出相应的曲线；一周后，可根据两个坐标线，画出一周以来的“心理气氛图”（见图 3-2）。

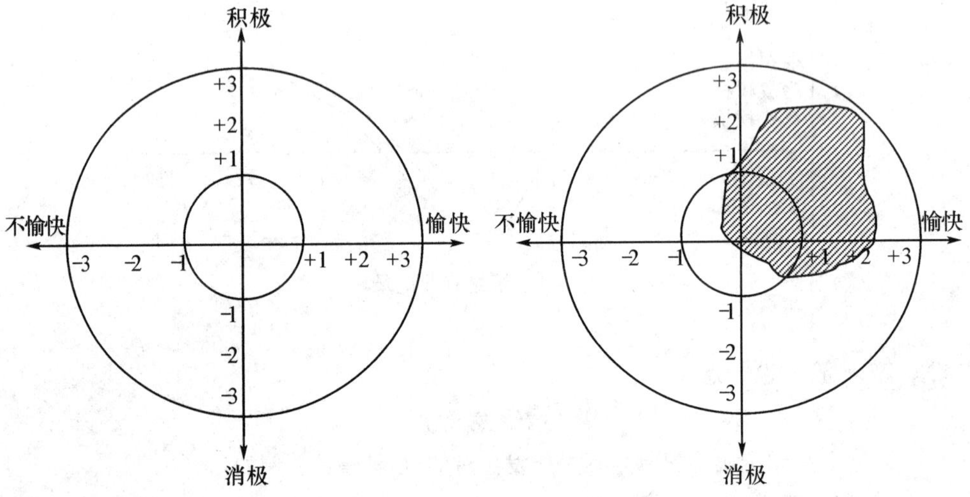

图 3-2　心理气氛图

三、大学生中常见情绪困扰及调节

大学生常见的情绪困扰又称为情绪不良。大学生在学习、生活、人际关系中常见的情绪困扰，主要反映在以下几个方面：

（一）情绪的反应冲动与失控

张某是某大学三年级的学生，平时少言寡语，周围的同学能从他冷漠和充满敌意的目光中，感到此人难以接近。一天，因一点小事张某与外班一学生发生冲突，大打出手，还动用了凶器，使对方致残，因此被开除学籍。事后了解到，该生在中学期间曾受到过校园暴力的伤害，从那以后，他对任何人都抱有敌意。凡是他认为有意伤害他的人，他马上会产生企图报复的愤怒情绪，以致最终酿成恶果。

上面事例中的张某，因一点小事而使自己的愤怒情绪无法自控，实际是过去被伤害所遗留下来的仇恨和愤怒情绪的一种转移，也称为迁怒。结果伤害了别人，也伤害了自己。如何解决呢？对于曾经有过被伤害经历而常有愤怒情绪的人，应主动找心理老师进行心态调整，早日解脱愤怒的阴影；对于表达过激和方式不当者，应学会采用心理调节的方法，缓解自己的冲动情绪。

（二）学习或考试焦虑过度

考试前的焦虑，是每个学生都曾经历过的。焦虑情绪本身并非一种情绪困扰，这里所说的，是指自身的焦虑程度已经构成了对学习和生活的不良影响或干扰。应该说，适度焦虑有益于个人潜能的开发。如果一个人没有焦虑或是焦虑不足，就会导致注意力涣散，工作学习效率下降。所以，无论是听课还是课下自习，都需要保持一定的焦虑。但是过度的焦虑，往往又会使人因过度紧张而产生注意力分散和工作学习效率降低（见图3-3）。

焦虑情绪的发生原因是多方面的，可分为情境性焦虑、情感性焦虑和神经性焦虑。情境性焦虑又称为反应性焦虑，指由于面临考试、学习、当众演说等外界的心理压力所造成的焦虑情绪；情感性焦虑是指对预期发生的事的担心、对自己的过错感到自责等引起的焦虑反应；神经性焦虑则是指由于情绪紊乱、恐慌、失眠、心悸等心理和生理原因引发的焦虑。克服焦虑的方法也是很多的，主要有放松训练方法、改变认知方法、角色训练的方法等。

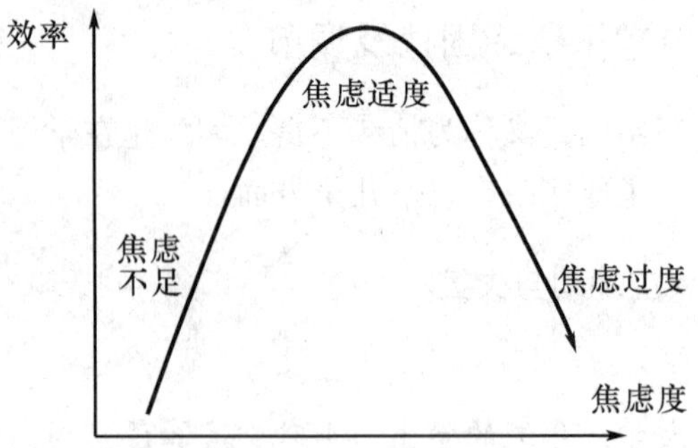

图 3-3　焦虑效率相关图

（三）忧郁情绪的困扰

在心理学课上，老师让每位学生写出近一周来自己每天的情绪状况，然后进行课堂小组的交流与讨论。讨论结束时，一名学生谈了自己通过此课的感受："我这一周情绪都特别不好，很郁闷；只有今天，我感到很轻松。因为我听到了小组中很多同学都和我同样郁闷，所以我感到轻松了……"他的话还没讲完就引起了全班同学的笑声和同感。

忧郁是一种愁闷的心境，表现为情绪反应强度的不足。忧郁在大学生群体中表现较为普遍。例如，有些学生因为无法面对学业中的竞争和学习的压力，或是对于所学的专业不满意，而陷入忧郁的情绪状态，表现为对生活、学习失去兴趣，无法体验到快乐，行为活动水平下降，回避与人交往，严重者还伴有心境恶劣、失眠甚至有自杀倾向。特别需要指出的是，忧郁情绪与忧郁症之间既有联系，又有质的区别。前者属于一种不良情绪困扰，需要的是心理上的调整；而后者则属于精神异常，需要及时到医院就诊。

（四）负性情绪持续时间过长或泛化引发的困扰

一位大学生一次在课堂上回答老师提问时，由于一时的紧张，出现了口误，引起班上同学的哄笑，并被老师批评。从这以后，每次上这位老师的课，他都感到极度的紧张、焦虑，后来发展到恐惧。为此，每次上课他都坐在最后一排，但他还是恐惧老师注视他的目光，并逐渐严重到不敢进教室听课，后又发展到恐惧进教室和恐惧所有上课教师的目光……

上述事例是将当初偶然事件所引发的负性情绪的体验，逐渐泛化到了所有相似的情境之中，造成了学习和人际交往中的情绪障碍。前面我们曾经说过，负性情绪并非一定是不良情绪，但是如果负性情绪反应持续时间过长或者泛化，就会严重影响到人的正常的工作、学习和生活，而且给人的身心带来严重的负面影响。对此类问题的解决，可以采用系统脱敏、暴露治疗、认知改变等多种心理调节的方式。

（五）因不能接受或无法控制自己的情绪状态而引发情绪困扰

大学生的情绪困扰，有时还来自因为不能接受或无法控制自己的情绪现状而产生的不适感。例如，一名大学生在平时学习时，常为自己头脑中闪现一些毫无意义的杂念而烦恼不已。本想将其克服，但没想到越是绞尽脑汁想将其克服，杂念反而越来越多了。这位学生的情绪困扰，是来自他对自己的情绪反应不能接受而出现的。当我们对某一种情绪采取排斥和不接受的态度时，实际上却正在关注和强化它。

心理学家韦格纳曾做过这样一个有趣的实验，他让一些大学生作为被试者，事先规定，要求他们在做实验的5分钟时间内，谁也不能想到白熊，如果谁想到了，就必须按眼前的电铃按钮。结果在实验开始后的5分钟内，这些大学生被试者大多在不停地按电铃。因为这些大学生被试者在排斥自己的心理活动过程中，正在关注和强化着这些观念和感受。这个实验解释了为什么一些学生越是惧怕考试时紧张，结果在考试过程中反倒越紧张的原因，同时也是一些人感到自己的情绪难以控制的原因所在。对此类型的情绪困惑的解脱，一是要尝试接受自己的情绪状态；二是让自己学习不追求完美。

测一测，想一想

情绪健康自我测试

焦虑自评量表

	偶尔或无	有时	经常	持续
1. 我觉得比平常更容易紧张和着急	1	2	3	4
2. 我无缘无故地感到害怕	1	2	3	4

续表

	偶尔或无	有时	经常	持续
3. 我容易心里烦乱或觉得惊恐	1	2	3	4
4. 我觉得我可能将要发疯	1	2	3	4
5. 我觉得一切都很好，也不会发生什么不幸	4	3	2	1
6. 我手脚发抖打颤	1	2	3	4
7. 我因为头痛、头颈痛和背痛而苦恼	1	2	3	4
8. 我感觉容易衰弱和疲乏	1	2	3	4
9. 我觉得心烦意乱，不容易静坐	1	2	3	4
10. 我觉得心跳得很快	1	2	3	4
11. 我因为一阵阵头晕而苦恼	1	2	3	4
12. 我有晕倒的经历或觉得要晕倒似的	1	2	3	4
13. 我呼气吸气都感到很困难	1	2	3	4
14. 我手脚麻木和刺痛	1	2	3	4
15. 我因为胃痛和消化不良而苦恼	1	2	3	4
16. 我常常有小便感觉	1	2	3	4
17. 我的手常常是潮湿寒冷的	1	2	3	4
18. 我脸红发热	1	2	3	4
19. 我不容易入睡并且睡眠质量很差	1	2	3	4
20. 我做噩梦	1	2	3	4

总分：__________

填表注意事项：上面的 20 条，请仔细阅读每一条，然后根据您最近一星期的实际感觉，在适当的格内打“√”。您可将各项分数相加，得到粗分，再乘以 1.25，转换为标准分。50 分以上者有焦虑症的可能，分数越高则越严重。

第三节　大学生情绪自我管理与调节

情绪对一个人的心理成长和发展有着极大的影响。对于在校大学生来讲，管理情绪、调节情绪、驾驭情绪、做情绪的主人，不仅是维护身心健康的需要，而且也是自我发展和人格成熟的条件。

一、情绪的适应与控制

在一个夏令营的心理训练课堂，讲课的老师面对不同年龄的学生提出了一个问题："当你遇到不高兴的事而生气时，你会怎么办?"然后分别问了不同年龄的学生。一个刚上小学不久的女孩儿说："我会哭，还会回家告诉我妈妈!"一个小学三年级的男孩儿说："我会去睡觉，睡一觉就好了。"一个小学五年级的女生回答说："我会和我的猫讲，我有什么不高兴的事，都会和它讲。"一个初中生说："我会写日记，诉说我的苦恼。"另一个初中生说："我会找我的好朋友说，一吐为快。"一名高中的男生说："我会去运动，在球场上拼命地奔跑。"这时，一名大学生站了起来，说道："我想，当我生气时……我首先不会哭（男儿有泪不轻弹），更不会告诉我妈妈（她是不会理解的），我也不会去睡觉（对我来讲，睡觉摆脱不了烦恼），我不会去写日记（那都是过去的事了），我又是一个不爱运动的人，我也不会去和别人讲（万一要是他对别人说了，传了出去，那岂不是让我更痛苦了吗）……我想，我还是忍了吧，因为我碰到的不高兴的事太多了，我都是自己忍着。"如果你是他，你会怎样做?

情绪的适应与控制，会随着人的年龄的增长而发生变化。比如，一个小女孩遇到不高兴的事，回家向父母哭诉，这是很正常的情绪反应；而一个成年人，在工作中或学习上遇到不顺心的事，动不动就向家人哭诉，这就属于情绪失控了。所谓情绪适应（emotional adjustment），是指对情绪和发生情绪的环境之间的关系进行某种调整，使之相互适合，即对情绪进行积极地调节。一般来讲，在人的情绪发展不同的年龄阶段，其情绪适应的能力和水平会呈现出不同的特点。对于一名大学生来讲，当遇到使自己焦虑的情境发生时，要尽量让自己保持镇定；当感到自己的心情过于郁闷时，则主动参加一些使自己振奋的活动，让自己的心情变得好一些。这些就是我们所说的情绪适应。

情绪控制是指选择情绪反应的方式和内容，以及情绪反应的程度。例如，一名大学生发现有人动了她宿舍的东西，于是大吵大闹，搞得周围的同学都疏远了她，事后她对自己的情绪失控感到后悔。另一名学生，因为替人在教室占座位而与另一同学发生口角，而后开始互相谩骂和厮打，最后竟演变成班与班之间的学生聚众斗殴，导致严重的后果。一般而言，喜怒哀乐是人的情绪的正常反应，但是在什么时间、什么地点和场合、对什么人、采取什么样的方式反应，就有社会和道德的规范标准。也就是说，情绪的反应以及情绪所表现的行为要符合社会的规范。情绪的控制，还包括自我的情绪调节能力。例如，表达愤怒的情绪时，要控制在使他人能够接受的程度内；当情绪兴奋时，也要将自己的情绪控制在使自己不失态的状态下；在自己忧虑时，要尽量将其保持在不影响自己正常的学习和生活范围内等。

在情绪的自我调节中，一味地忍着、压抑并不是最好的方式，吸烟、借酒消愁等有害身体的方法也是不健康的；迁怒于周围的同学、亲友甚至互不相识的人，给别人带来伤害的做法更是不可取的。而采取找人倾诉、给朋友写信、拨打心理热线、直接找心理咨询求助等，是一种比较积极、主动的调节方式；用写日记、听音乐、打球、跑步等剧烈运动来宣泄一下，也是一种可取的方式。

你的情绪适应与控制力怎样呢？

做一做，想一想

情绪小测验

请在下面问题中选择你认为合适的方式，并说明为什么。

1. 当我对某人生气时，我会：
   a. 做出一些有关我的情绪暗示，让对方能感觉到；
   b. 把我的情绪感受直接告诉对方；
   c. 马上避开这个人，直到我气消了，平静下来为止；
   d. 对他发脾气，并且让他离开；
   e. 用讽刺的方式，挖苦对方；
   f. 其他。
2. 当某人对我生气时，我会：
   a. 不理睬他；
   b. 以生气的方式回应他；
   c. 要求对方说明生气的理由，并以坦率的方式面对；
   d. 不问理由地先向他道歉；
   e. 暂时避开他，待对方情绪平息后再问原因；
   f. 开个玩笑，尽量用幽默方式来缓和双方情绪；
   g. 从此尽量疏远他；
   h. 其他。

二、合理情绪理论

培养健康的情绪自我管理和调节能力，除了掌握适当、有效的方法外，树立积极、健康的认知理念，也是一种有效的能力和方法。

张琪是一个很文静的女生，她感到自己活得很累，很不开心。心理学课堂上，她讲述了自己的苦衷。“不知道为什么”，她说，“我总是在想，人活着是为了什么？我后来得出了结论，人活着是为了别人的快乐”。老师问道：“看来你的思想境界蛮高的，你能说说你是如何得出此结论的吗？”她说道：“人活着是为什么？我想，应该是为了快乐。那么，怎样才能快乐呢？当然就是没有痛苦和烦恼。如何才能没有痛苦和烦恼呢？死，人死了，才会真正没有了痛苦和烦恼。但是我不能死，如果我死了，我的父母家人、我的朋友，他们就会痛苦，所以为了他们的快乐，我不能死，只能活着。最后我终于明白，人活着是为了别人的快乐。”教室里一片哗然，并对此展开了热烈的讨论……这节课所讲的，正是合理情绪理论。

合理情绪理论又称为理性情绪理论，是由美国临床心理学家艾里斯提出的。

（一）什么是合理情绪理论

艾里斯认为，在人们情绪产生的过程中有三个重要的因素，这就是诱发情绪的事件（activating events）、人们对诱发事件所持的相应的信念、态度和解释（beliefs）以及由此引发的人们的情绪和行为的结果（consequences）。情绪并非由导致情绪发生的诱发事件直接引起，而是通过人们对这一诱发事件的解释和评价所引起的，即并不是事件引起了情绪，而是人们对事件的认识引起了情绪。

（二）合理情绪理论的原理及意义

合理情绪理论认为，对事件正确的认识一般会导致适当的行为和情绪的反应，而错误的认知往往是导致不良情绪产生的直接原因。

导致人们对事件发生错误认识的背后，往往是某些不合理的信念所致，艾里斯称其为非理性观念。非理性观念会使人陷入情绪的逆境中而不能自拔。例如上面所举事例，该学生提出了“人活着是为了快乐”并没错，但是后面提出“人怎样才能快乐？当然就是没有烦恼和痛苦”这本身就存在着不合理的观念，因为没有痛苦与烦恼并不等于快乐（有的人并不痛苦，但是也不快乐）；而且有了痛苦和烦恼，也不一定就没有快乐。

合理情绪理论认为，改变不合理的观念，建立合理的观念，就会产生出积极的情绪反应。该理论正是通过对引起不良情绪的非理性观念的纠正，来达到情绪改善的目的（见图3-4）。

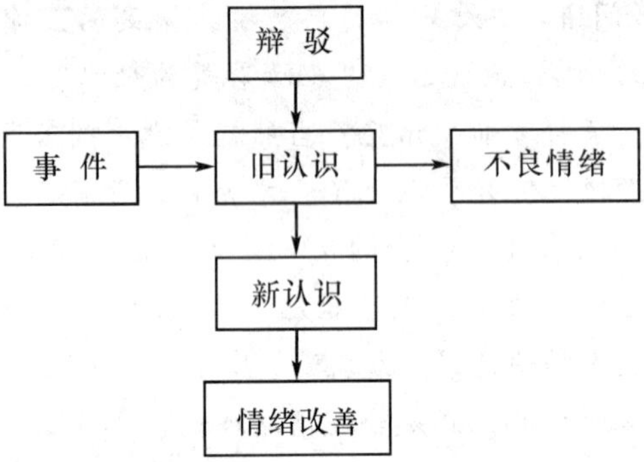

图3-4　合理情绪理论模型

（三）合理情绪理论的应用步骤

第一，将引发不良情绪的事件和认识一一列出。

第二，找出引发不良情绪的非理性观念。

非理性观念有以下几种主要特征：

绝对化的要求，即对什么事物都怀有认为必须或不会发生的信念，这种特征常常表现在日常生活中“应该”、“必须”、“一定”、“绝对”等用语上。具有绝对化非理性观念者，在生活和人际交往中刻板僵化，总是苛求完美，很容易陷入不良情绪的困扰。

过分概括化，即是以偏概全的思维方式。在这种非理性特征中，世界上的事物只有两类，要么正确，要么错误。一次的工作失误，就被认为是不可救药了；朋友的一次失约，就被认为是从来就不可信。

糟糕至极，常表现为“一旦出现了……天就要塌了”、“再没有比这更可怕的了”，等等。例如，有的大学生因一次考试失利，就认为自己已经彻底失败了。

第三，通过对非理性观念的认识和纠正，找出合理的观念。

第四，通过建立合理的信念，最后达到情绪感受的改变。

例如，一位大学生叙述了一次被朋友伤害的经历：“在我的朋友遇到困难时，我主动帮助他，而当我遇到困难时，他却视而不见，为此我感到被欺骗了，很愤怒。”通过对该学生认识的分析，找出其不合理观念是“我帮助了他，他就应该帮助我”。通过讨论，该学生将“应该”改成了“希望”，对事件的认识变成了：“我的朋友遇到困难时，我帮了他，是我主动而且愿意的，并且我也希望当我遇到困难时，他同样会帮助我；但后来，当我真的遇到困难时，他却没帮我，我为此感到遗憾，我虽然不高兴，但我不会感到生气。”

掌握合理情绪的理论和方法，不仅当我们遇到情绪困扰时，可以帮助我们认识和摆脱不良情绪的困扰，更重要的是，它能使我们保持一种客观、正确的认知心态，避免不良情绪的发生。

三、放松训练

放松训练又称为松弛反应训练，是一种通过肌体的主动放松来增强人对自我情绪控制能力的有效方法。它的基本原理是通过训练放松所产生的躯体反应，如减轻肌肉紧张、减慢呼吸节律和使心律减慢等，达到缓解焦虑情绪的目的。

具体的操作步骤如下（此方法最好是在老师的指导下进行）：

在一个较为安静的环境中，舒适地坐（或仰卧）在沙发上或躺在床上。

步骤一：让自己初步体验肌肉的紧张。操作要领：①伸直并绷紧双臂，握拳；②绷紧双臂肌肉，握紧双拳，用力，并保持数秒钟；③放松双臂，松拳，放松休息数分钟。

步骤二：在上一步骤的基础上进一步绷紧肌肉。操作要领：①伸直双臂，握拳；②伸直并绷紧双腿，双脚脚尖内勾，呈倒钩式；③上述各部位肌肉同时用力，并保持数秒钟；④放松上述各部位的肌肉，放松休息数分钟。

步骤三：在前两个步骤的基础上达到全身肌肉的紧张。操作要领：①伸直双臂，握拳；②伸直并绷紧双腿，双脚脚尖内勾，同时紧皱前额部肌肉，紧耸眉头，紧闭双眼，皱起鼻子和脸颊，咬紧牙关，紧收下颚，紧闭双唇，紧绷两腮，梗直脖子，胸部、腹部肌肉绷紧，躯干用力挺起；③全身各部分用力绷紧，并保持数秒钟；④放松上述各部位的肌肉，放松休息数分钟。

步骤四：在全身肌肉紧张的前提下，配合呼吸，加强对紧张的体验。操作要领：①深吸一口气（用腹式呼吸），憋住气；②伸直双臂，握拳，头向后梗，伸直并绷紧双腿，双脚脚尖内勾，胸部、腹部肌肉绷紧；③屏住呼吸，全身各部分用力绷紧并保持，直至身体和呼吸的最后极限；④放松呼吸，并放松上述各部的肌肉。

步骤五：紧接步骤四，指导语暗示全身的肌肉、呼吸乃至身心放松。操作要领：①肌肉放松指导语：头部肌肉放松，面部肌肉放松，脖子放松，双肩放松，双臂放松，双手放松，手指放松，胸部放松，腹部放松，双腿放松，双脚放松，脚趾放松；②呼吸放松指导语：呼吸在放慢，变得越来越慢、越来越深、越来越沉；③身心放松指导语：你会感到身体变得很沉、很重，全身感到越来越沉、越来越重，感到全身很累、很疲倦，好像有一种昏昏欲睡的感觉，自己什么都不去想、什么都不愿意想，感到心情很放松。

步骤六：让自己体验此时此地的放松感受。放松训练结束。

心灵读本：别用“放大镜”看苦恼

现代人常常觉得活得苦、活得累，其中很大的原因是我们自己常常用放大镜看苦恼，顾影自怜，最终难以自拔。

一位少妇多日焦躁不安，茶饭不思，夜里难眠，身体乏力，日渐消瘦。老中医为她把过脉，说：“你心中有太多的苦恼事，体有虚火，并无大病。”少妇听了如释重负，便向老中医倾诉心中的种种烦恼。老中医听罢问她：“丈夫对你感情如何?”少妇脸上有了笑容，说：“很疼爱我。”老中医又问：“有孩子吗?”少妇眼里闪出了光彩，说：“有一个女孩，很聪明，很懂事……”老中医边问边写，然后把写满字的两张纸放到少妇面前，一张写着她的苦恼事，一张写着她的快乐事。他对少妇说：“这两张纸就是给你治病的药方，你把苦恼事看得太重了，过于焦虑，忽视了身边的快乐。”说着，老中医让徒弟取来一盆水和一只猪苦胆，把胆汁滴入水盆中，只见那淡绿色的胆汁在水中散开，很快便不见了踪影，老中医说：“胆汁入水，味则变淡，人生何不如此?”

不是我们承受了太多的痛苦，而是我们不善于用快乐之水冲淡苦味。其实，在我们叹息、痛苦、焦虑，甚至流泪时，快乐就在身边朝我们微笑。心理学家为了研究人们常常忧虑的“烦恼”问题，做了下面这个很有意思的实验。心理学家要求实验者在一个周日的晚上把自己未来7天内所有忧虑的“烦恼”都写下来，然后投入一个指定的“烦恼箱”里。

过了三周之后，心理学家打开了这个“烦恼箱”，让所有实验者逐一核对自己写下的每项“烦恼”。结果发现，其中9成的“烦恼”并未真正发生。然后，心理学家要求实验者将记录了自己真正“烦恼”的字条重新投入“烦恼箱”。又过了三周之后，心理学家又打开了这个“烦恼箱”，让所有实验者再一次逐一核对自己写下的每项“烦恼”。结果发现，绝大多数曾经的“烦恼”已经不再是“烦恼”了。实验者切身地感到，烦恼这东西原来是预想得很多，出现得很少。

心理学家从对“烦恼”的深入研究中得出了这样的统计数据和结论：“一般人所忧虑的‘烦恼’，有40%是属于过去的，有50%是属于未来的，只有10%是属于现在的。其中92%的‘烦恼’未发生过，剩下的8%则多是可以轻易应付的。因此，烦恼多是自己找来的。这就是所谓的烦恼不寻人，人自寻烦恼。”

那么，对现代人而言，该如何走出放大苦恼的误区呢？第一，认识痛苦与焦虑的客观性。我们的情绪并不是主观意志能完全控制的，如在众人面前讲话时紧张，常常是越想控制紧张，则紧张越厉害，越想控制焦虑，则焦虑越甚。相反，如果对待痛苦与焦虑采取接纳的态度，痛苦产生后告诉自己：我痛苦了，这是一种难受的感受，但我自己控制不了，我只能接纳它。这样，虽然看来好像是一种消极的态度，然而，任何情绪的过程都有它发生、发展、高潮、下降及结束的过程，只要我们接纳它了，最终它也就消失了，正所谓“无为而无不为”。第二，试着寻找放大苦恼背后的心理原因，如是否自己太过追求完美、太看重事物的结果、太注重他人评价等。第三，正视现实的压力。苦恼的产生，常常有着一些我们不愿面对的现实压力、心理冲突，如婚姻的矛盾、工作的压力、人际的冲突等，我们要学会正视并及时解决它们，逃避只能使问题更为复杂和麻烦。第四，寻找多途径的愉快来源，我们的愉快来源越多，我们就越少惧怕失落，越少痛苦和焦虑。生活是多彩的，只要我们愿意，每时每刻我们都能享受到生活的愉快。第五，主动寻求心理医生的帮助。

摘自：《北京青年报》2005年11月8日，作者：章剑和

复习与思考题

1. 请表述自己的情绪特征。
2. 试用合理情绪理论对自己的一个负性事件进行分析。

阅读书目

1. 樊富珉：《大学生心理健康与发展》，清华大学出版社 2007 年版。
2. 王登峰等：《大学生心理卫生与咨询》，北京大学出版社 1999 年版。
3. 姜宪明：《大学生心理自我保健》，北京出版社 2001 年版。
4. 钱铭怡主编：《心理治疗》，吉林教育出版社 2002 年版。
5. 杨秀玲：《情绪管理》，安徽人民出版社 2001 年版。

第四章

挫折应对与心理健康

“人生逆境，十有八九。”在人的一生中，只要有追求、有欲望、有需求，就会有失败、有失望、有失落。每个人都享受过成功的喜悦，也都品尝过失败的沮丧。挫折与成功一样，是一个人成长与发展不可缺少的，是人一生的伴侣。大学生不仅要有迎接成功的准备，也要有面对挫折的勇气。当自己的奋斗目标遇到阻碍或重大挫折时，冷静地分析情况，及时调整应对策略和方式，设法摆脱困境，使自己避免心理和行为失常，对每个大学生的健康成长都是至关重要的。能够客观、理性地面对挫折和采取积极的方式应对挫折、化解挫折是大学生走向成熟的重要标志，也是维护大学生心理健康的重要保证。

求爱信被拒后

某大学女生张某，品学兼优，相貌端庄秀丽，一向对自己要求严格，具有积极进取、要强好胜的个性特点。中学时由于学习成绩优秀被保送上大学。男生李某是张某大学同班同学，担任系学生会宣传部部长，学习努力，成绩中等，性格活泼开朗，人缘好，口才好。上大学二年级后，张某逐渐对李某产生了好感，并产生了与李某谈恋爱的念头，但一直没有勇气向李某表达爱慕之情。2 个月后，张某鼓起勇气给李某写了一封信，表达了想交朋友的意思。3 天后，张某收到了李某明确而有礼貌的拒绝谈恋爱的回信。

看过回信后，张某简直不敢相信自己的眼睛，从未想到像自己这样优秀的人在第一次求爱时会被人拒绝。当时，张某感到如雷轰顶，脑子里空茫茫，不知身在何处，独自在校园里不知游荡了多久才回到宿舍。晚上，张某呆呆地躺在床上无法入睡，眼泪打湿了枕巾，懊悔和羞辱之心难以平复。从此，张某走路时低下了头，不敢正视同班的同学，更不敢正眼看李某。上课时，她看着李某的背影，根本听不到老师讲什么。晚上在教室自习时，也无法集中精力看书、做作业，常常忍不住悄悄挨个教室寻找李某，直到看见李某为止。一个学期下来，张某似乎变了一个人，沉默寡言，面容憔悴，学习成绩一落千丈，期终考试7门课不及格，按学校规定被退学回家。就这样，一个被保送上大学的优秀生因求爱受挫而葬送了自己来之不易的大学学习机会。

大学生初出茅庐，涉世不深，在以往的成长过程中，顺境多，逆境少，成就感强，挫折体验少，绝大多数人没有经历过人生大风大浪的洗礼，生活阅历浅，对可能遇到的挫折缺乏心理准备，对挫折的承受能力和应对能力都比较弱。上述女生张某的例子就说明了这一点。事实上，择偶求爱被拒绝是大学生经常会遇到的事情，由此在一段时间内感到痛苦、紧张、焦虑、情绪低落也是正常的情绪反应，但如果长期陷入情绪低沉状态而不能自拔，甚至一蹶不振，自暴自弃，就会对正常的生活、人际交往和学习产生不良影响，甚至可能导致情绪障碍和身心疾病。张某悲剧的发生在于她不知道自己遇到了什么问题，不知道自己处在什么状态之中，更不知道如何去理性地应对这些问题。这就是下面所要讨论的有关挫折的问题。

第一节 大学生挫折探源

“人生逆境，十有八九。”人类社会生活的实践表明，只要人存在着，就会产生种种需要，就会因需要得不到满足或目标无法实现而产生挫折。对于每个人来说，挫折的产生是必然的，也是普遍存在的，从某种意义上讲，挫折也是社会生活的组成部分，人们随时随地都可能遇到挫折。因此，挫折是人一生的伴侣，认识挫折、适应挫折、学会理性地面对挫折和积极地化解挫折，是每个人终生的课题。

一、什么是挫折

所谓挫折就是指人们在某种动机的推动下，在实现目标的活动过程中，遇到了无法克服或自以为无法克服的障碍和干扰，使其动机不能实现、需要不能满足时，所产生的紧张状态和情绪反应。如女大学生张某在求爱被拒绝后就产生了失眠、注意力不集中等紧张状态和懊悔、焦虑等情绪反应。

大学生自迈入大学校门之日起，便真正开始尝试从对父母和家庭的依赖中摆脱出来而独立生活，新的环境、新的起点、新的需要迫使他们必须靠自己去独立思考和独立解决问题，由此也就会越来越多地遇到人生发展过程中比较大的课题和由此可能带来的比较大的挫折，特别是越来越多地要靠自己独立地面对挫折、承受挫折和化解挫折。

二、大学生常见挫折

不同年龄段和不同类型的人群面对的挫折具有不同的特点。大学生遇到的挫折与大学生活环境和大学生自身特点密切相关，具有鲜明的特点。

（一）自我认识、自我定位、性心理、恋爱等方面的挫折

大学生正处于人生发展阶段的青年期中后期，这一时期是大学生自我意识形成的关键时期，也是性生理发育日趋成熟的时期。所以，大学生遇到的挫折常常与自我认识、自我定位、性心理、恋爱等方面有关。

某大学男生刘某入学时是一名天资聪颖的保送生。刘某对自己要求严格，学习勤奋刻苦，性格开朗自信，要强好胜，对自己期望很高，具有远大的抱负。一年级第一学期考试结束后，刘某学习成绩在全年级排在第一位，这使他感到非常荣耀。然而，在学生会布置寒假社会实践活动的会上，当他看到同班的几个学习成绩远不如自己而在学生会当干事的同学忙前跑后，备受同学们的关注时，心里很不是滋味，强烈感到自己已落后于人。他无法忍受这种受人指使的感觉，决定一定要超过他们，出人头地，保持“第一”的核心地位。于是，新学期开始后，刘某将大量的时间和精力投入到社会工作中，有时甚至利用上课时间准备各种学生活动。功夫不负有心人，天资聪颖的他

很快得到了同学的认可和老师的欣赏，一年级第二学期结束时，刘某被选为班长、系学生会副主席。然而，一个人的时间和精力是有限的，当他在社会工作方面“出人头地”的同时，他的学习成绩开始明显下降，尽管他学习非常刻苦，并且将大量的课余时间和休息时间也用在了学习上。第二学年开始了，刘某仍然在社会工作方面倍加努力，他将学习成绩的下降归结为自己还不够刻苦努力。于是，当他出现考试不及格时，就罚自己一天不吃饭或在大雨里被淋一小时，以警示自己更加刻苦学习。就这样，刘某的学习成绩一路下滑，他也一再惩罚自己，陷入了恶性循环之中。到了三年级第一学期结束时，刘某出现5门课不及格，面临着退学的结果。这时，刘某万念俱灰，感到无颜面对父母、老师和同学，感到自己的存在已毫无价值，最后走上跳楼自杀的不归之路。

刘某为自己制定了远超过自己能力的奋斗目标，这在大学生中是一种比较普遍的现象，出现挫折是必然的，也是正常的。可惜的是，他不具有客观理性地面对挫折的勇气和适应挫折、抵抗和应对挫折的能力，从而导致悲剧的发生。

（二）人际交往、个人发展方面的挫折

大学是一个集体生活环境，同时也是一个学习压力大和竞争激烈的环境。很多大学生都是第一次离开父母和家庭开始独立生活，所以，大学生在人际交往、个人发展过程中经常遇到挫折。

某大学一年级男生张某是班长，为人诚恳，学习努力，热心为同学服务。进入第二学期了，按规定，班长要重新选举产生。张某喜欢班长这份工作，很想继续担任班长，于是就对自己同宿舍的好友、团支部书记王某说了自己的想法。王某听后拍着胸脯对张某说：“这事包在我身上，我为你在班上拉选票。”一周后，选举开始了，可选举结果大出张某所料，自己的好友王某当选为班长。事后，张某得知，王某根本就没有为自己拉选票，反而说服大家选自己当班长。于是，张某感到自己被愚弄和欺骗了，非常气愤和恼怒，与王某断绝了朋友关系，并一直想伺机报复。一天，趁宿舍没人，张某将王某的录音机砸烂扔到了垃圾箱内。后来，此事被人发现，张某受到了校规、校纪的处分。

类似上述事件在大学生中屡见不鲜，姑且不论团支部书记王某为人和行为的是与非，单就张某选班长不成功便砸王某的录音机之事，我们可以感到，大学生在遇到挫折后常出现一些幼稚和非理性的反应，这表明大学生对积极的、富有建设性的挫折应对方式缺乏必要的了解和认识，结果可能招致更大的挫折。

（三）生活习惯、专业学习、人际关系、经济来源方面的挫折

大学是一个不同于中学的新的成长环境，大学生（特别是低年级学生）将面临大量的适应问题，在生活习惯、专业学习、人际关系、经济来源等方面经常会遇到各种各样的挫折。

某大学一年级女生杨某，在中学时学习成绩优异，备受同学的羡慕以及老师和家长的称赞。上大学后，她学习勤奋刻苦，决心保持一流的学习成绩。由于大学的学习与中学的学习相比，在学习内容和学习方法上都存在较大的差别，而杨某却一味地遵循曾经取得优异成绩的中学学习方法对待大学的学业，所以，尽管她非常努力，仍不能产生好的学习效果，致使在第一学期期终考试时就出现了一门课不及格。杨某万万没有想到，进入大学第一次考试就出现了不及格，这对从来没有考试不及格的她来说简直是不可想象的结果。得知考试结果后，杨某回到宿舍独自哭了许久。每当想到放假回家后面对同学异样的眼光和父母惊异的表情的场面，想到今后还有那么多的课程要考试，杨某感到非常紧张，也感到非常羞愧。于是，在强大的心理压力下，她不敢回家而独自出走。后来，经过家长和同学的多方寻找，才将杨某找回家。然而，杨某不敢再回学校上课，办理了休学手续。

像杨某这样，对大学的学习一时不能适应，出现考试不及格的情况，在大学生中是常有的事情，也很正常，对个人的发展一般不会造成太大的影响，也不会像杨某所想象的那样遭到同学和家长的鄙视。

（四）求职、择业、就业和生活适应方面的挫折

大学是为未来职业生涯打基础的阶段，大学生（特别是高年级的学生）越来越关注就业问题，在求职择业过程中也常常会遇到这样或那样的挫折。

某大学四年级男生蒋某，机械设计专业学生，学习成绩中上等，性格活泼开朗，人际关系良好，上进心强，具有远大抱负。进入四年级后，班上的同学都在积极寻找适合自己的职业。蒋某感到自身条件较好，所以，一心想找一个工作环境好、收入高、发展空间大的理想的就业单位。于是，蒋某精心准备了求职信，并在网络、报刊等媒体上积极寻找相关信息。半年过去了，蒋某寄发了200多份求职信，参加了5次大型人才招聘会，与几家自己满意的单位接洽后，都没有被录用。当得知同班几个同学已经与几个条件优越的单位签订了录用协议后，杨某更是心急如焚，寝食不安。到了临近毕业的时刻，同意录用杨某的几家单位都不如同班有些同学所找的单位条件好，不能满足他的愿望，因此，杨某心里很不平衡，心想："自己的学习成绩和综合素质都比他们好，凭什么找不到比他们好的单位？我非找一个最好的单位给他们看看！"结果原来想录用他的几家单位也与其他同学签了约，而杨某到了毕业时仍没有找到他所要找的"好"单位。此时，杨某已经筋疲力尽，情绪低落，茫然不知所措。

三、大学生的挫折反应特点

人们对挫折的反应有不同的情形，有的情绪反应强烈，有的则不明显；有的以各种偏激的行为表现出来，有的则以积极的方式来对待。一般来讲，人对挫折的反应主要表现在以下三个方面：

（一）情绪性反应

情绪性反应是指人们在受到挫折时伴随着强烈的紧张、愤怒、焦虑等情绪所做出的反应，可能表现为强烈的内心体验，也可能表现为特定的表情或行为反应。情绪性反应多为消极性反应，主要表现为焦虑、冷漠、退化、幻想、逃避、固执、攻击、自杀等。

1. 焦虑

焦虑是一种模糊的、紧张不安的综合性负性情绪，常常伴随焦急、忧虑、恐惧等感受，甚至可能会出现出冷汗、恶心、心悸、手颤、失眠等神经生理反应。当人们面临心理冲突、情境压力或遇到挫折，或者预感到某种不祥的事情或不良的后果将要发生，或者感到需要付出努力的情境将要来临而又感到没有把握预防和解决时，一般都会产生焦虑情绪。挫折是引起焦虑的重要方面，人们遇到挫折时一般都会表现出某种程度的焦虑情绪。

2. 冷漠

冷漠是指当一个人遇到挫折时，表现出的一种无动于衷和漠不关心的态度。这是一种复杂的挫折反应。表面上看，冷漠似乎是逆来顺受，毫无情绪反应，而事实上并不意味着当事人没有反应，而是对挫折更加痛苦的内心体验，只是被压抑或以间接的形式表现出来了。一般情况下，对挫折的冷漠反应是由于一个人长期遭受挫折或感到没有任何希望摆脱或消除困境时产生的。

3. 退化

退化是指当人们受到挫折时所表现出的与自己年龄和身份不相称的幼稚行为。一般来说，不同年龄阶段的人各有其不同的情绪和行为模式。随着年龄的增长，在社会生活方方面面的影响下，人们在情绪和行为方面会日益成熟起来，使自己逐渐学会控制自己，在适当的场合和适当的时候，做出与自己年龄相符的情绪反应和行为表现。当人们遇到挫折后，一些人在一定程度上会失去对自己的控制，以低于自己年龄的简单、幼稚的方式应对挫折，以求得别人（有时是自己）的同情和照顾。而这种情况常常是当事人自己不能清醒地意识到的。

4. 幻想

幻想是指一个人在遇到挫折时企图以自己想象的虚幻情境来应对挫折。任何人都有幻想，大学生又处在多幻想的年龄段，所以大学生的幻想特别多。通过幻想，人们可以暂时脱离现实，在自己想象的情境中满足一些自己的需要和欲望，使人产生一种愉快和满足的感觉。如有些学生在幻想中想象当自己在事业上获得了巨大成功，当自己处于很高的地位，当自己得到了意中人的青睐时，如何受到世人的敬仰，如何风流潇洒的情境。应该说，当人们遇到挫折时，暂时的幻想可以使人在一定程度上缓冲挫折情绪，偶尔为之，也是正常的。但如果用幻想来应对现实中的挫折，特别是长期处于幻想状态，或养成了从幻想中实现现实生活中实现不了的目标的习惯，就会使人降低对现实生活的适应能力，严重脱离现实生活，甚至可能导致精神疾病。

5. 逃避

逃避是指一个人在遇到挫折或感到可能面临挫折时，不能面对现实，正视挫折，而是以消极的态度躲开现实的一种挫折反应方式。如有些学生谈恋爱失败后就不敢再谈恋爱，有些学生当众演讲失败受别人嘲笑后再也不参加集体活动等。逃避虽然可以使人降低因挫折产生的紧张感，或者避免再次受到挫折的伤害，但当事人面对的现实问题并没有解决，而有些问题又是不能回避的，所以，逃避常常使人害怕困难，不求进取，长期下去将大大降低人们的适应能力和自信力，甚至可能会导致适应不良。人们逃避挫折的方式各种各样，幻想也可以看做是一种典型的、特殊的逃避方式。

6．固执

固执是指一个人在受到挫折后，采取刻板的方式盲目地反复进行某种单调、机械的无效动作，尽管知道这些动作对目标的达成、需要的满足并无帮助。通常，固执是在一个人反复遭受挫折而又一时无法克服或回避的情况下产生的，过多、过严的惩罚和指责，或者当人处于惊慌失措的状态时也容易产生固执行为。固执行为的特点是呆板、无弹性，具有很大的强制性，是在人们遇到挫折后感到无能为力和不知所措时产生的反应方式，所以，这种挫折反应方式并不是不可改变的，当人们一旦获得了更适当的反应方式时，就会取代固执行为。

7．攻击

攻击是指当一个人受到挫折时，为了将愤怒的情绪发泄出去，或者对构成挫折的对象进行报复而产生的攻击性行为。攻击性行为的对象可能是构成挫折的人或物，也可能是其他替代物，还有可能是受挫者自身。攻击性行为的表现形式多种多样，一般分直接攻击和转向攻击两种。直接攻击是指受挫者将愤怒的情绪直接指向构成挫折的人或物上，通过动作、表情、言语、文字等形式表现出来。转向攻击是指受挫者感到引起挫折的真正对象不能直接攻击或不便攻击，或者挫折的来源无法确定时，将愤怒的情绪发泄到其他人或物上的一种变相的攻击方式。例如，有些学生在比赛时没有获得期望中的名次，便乱砸乱摔东西等。

8．自杀

自杀是一个人遭受挫折后的一种极端反应方式，也可以看做是受挫后针对自身的一种典型的、特殊的攻击行为。当一个人受到突然而沉重的挫折打击，或者长期受到挫折的困扰和折磨，使受挫者感到万念俱灰不能自拔时，受挫者就可能产生自暴自弃、轻生厌世的想法，此时若得不到外力的帮助，受挫者就可能采取上吊、跳楼、投河、服毒等方式自杀。通常，自杀行为是在挫折的打击大大超出受挫折者对挫折的承受能力的情况下发生的，特别是当受挫折者将受挫的原因归结为自己，并对自己丧失信心，将自己作为迁怒的对象时，更易于导致自杀行为。大学生是同龄人中的佼佼者，成长过程一般都比较顺利，很少遇到大的挫折，他们对挫折的承受能力普遍较低。同时，大学生一般都自视较高、自尊心强，所以，当受到挫折的打击时，即使有时是很小的挫折，也会产生自杀行为。例如，某高校一名学习成绩十分优秀的女生，得知自己有一门课考试不及格时就跳楼自杀；还有些学生失恋后不能自拔而自杀，等等。

（二）理智性反应

理智性反应是指人们在受到挫折后采取积极进取的态度，在理智的控制下所做出的反应。通常，人们在遭受挫折后都会出现紧张状态，都会在某种程度上做出某种情绪性反应，其中，有些人始终被情绪所控制不能摆脱，而有些人则能够及时调整，保持冷静，面对现实，审时度势，采取积极的态度和方式对待挫折。所以，理智性反应是对挫折的积极反应方式，主要表现在以下两个方面：

1. 坚持目标，逆境奋起，矢志不渝

当人们遇到挫折后，经过客观冷静的分析，发现自己所追求的目标是现实的和正确的，当前的挫折只是暂时的，是在实现目标的道路上遇到的一些曲折，经过努力是可以克服和逾越的，所以，应设法排除障碍，克服困难，坚持不懈，朝着既定目标矢志不渝地迈进，直至最终实现自己的愿望和目标。人类社会发展的历史证明，许多科学发现和发明，都是在十分艰苦的条件下，有时还冒着被攻击、迫害甚至生命的危险，经过多次失败，几经努力才获得成功的。大学生大多有强烈的发展需求和对未来生活的美好愿望，同时，大学生又面临着一个竞争激烈的发展环境，科学技术的飞速发展对每个大学生都提出了更高的要求，所以，大学生在成长过程中不可避免地要遇到各种各样的困难的挑战和考验，这就需要大学生在实践中不断提高自己的意志力，培养顽强拼搏的精神和敢于面对困难、战胜困难的勇气。例如，有些学生为了得到一项实验数据，在实验室一待就是几天几夜；有些学生家庭贫困，但穷且志坚，不图虚荣，刻苦学习，奋发成才等。

2. 调整目标，循序渐进，不断努力

由于自身条件或社会因素的限制，人们的需要和目标并不是都能满足和实现的，或者在目前的条件下是不可能满足和实现的。因此，人们在实现目标的过程中，几经努力和尝试都失败后，就要冷静下来，认真客观地分析导致失败的真正原因，并根据实际情况对自己的奋斗目标进行适当的调整。一方面，可能自己定的目标太高，不符合目前自己的实际情况，或实现目标的条件尚不具备，这就需要适当降低目标，或将目标分成几个阶段性目标，并根据实际情况，适当变换实现目标的途径和方法，循序渐进，通过不断努力，逐步获得成功。比如，有些学习基础差的学生，就不能一厢情愿地将目标定为每门课都考优秀，而应考虑首先通过努力使每门课都及格，然后重点在一门或几门课上取得好成绩，最后再努力取得全面进步。另一方面，人们满足需要和实现愿望的途径和方式是多种多样的，一旦遇到挫折，发现原定的目标难以实现时，还可以改换目标，寻找新的能够实现的目标取而代之，同样可以达到满足自身需要的目的。比如，有些学生在集体活动中想引起同学们的关注，就苦练唱歌，但由于自己的嗓音不够圆润，音乐基础又不太好，怎么练都达不到理想效果，这时就可以考虑练跳舞或演讲等，或许能取得理想的效果，达到同样的目的。

（三）个性的变化

通常情况下，挫折对人的影响都是暂时的，随着具体挫折情境和条件的改变，随着时间的推移或受挫者认识上的变化，受挫者在受到挫折后所感受到的紧张状态会逐渐消失。但人们在受到挫折后，除了上述直接表现出的挫折反应外，还会出现间接的反应，并对受挫者产生久远的影响，甚至影响到个性的形成与发展。挫折对个性的影响，一般是在人们连续经历挫折，或者遭受特别重大挫折的情况下产生的。由于导致挫折的情境和条件相对稳定并长期持续，由此产生的紧张状态和挫折反应就会反复出现，长此以往，这些反应方式就会逐渐固定下来，使受挫者形成习惯和一些突出的个性特点。比如，有些学生在儿童时期长期受到父母过分严厉的管教，甚至责难和打骂，就易形成畏缩拘谨、胆小怕事、逆来顺受或者倔强执拗、偏执敌对等不良的个性特点；有些学生长期与同伴不能友好相处，长期处于紧张的人际关系状态之中，就易养成多疑、多虑、孤僻、狭隘、情绪不稳定等个性特点。另一方面，挫折对个性形成与发展也可能产生积极的影响，如经历重大挫折后，或者长期身处逆境之中，容易使人养成坚强、刚毅和不屈不挠的个性特点。总之，挫折对个性的影响在很大程度上取决于人们对挫折的适应情况，对挫折的消极反应如果得不到及时纠正，并在心理和行为上固定下来，就会形成对挫折的适应不良，对受挫者的个性形成与发展就会带来不利的影响。

做一做，想一想

挫折排排队

目的：了解挫折及其对自己的影响。

操作：请写出近 1 年来遇到的对自己影响最大的 10 次挫折，并标明当时的反应方式，然后按反应强度和持续时间长短排序，客观分析这些反应方式在应对挫折时的积极影响和消极影响，探讨个人应对挫折的最佳方式。

第二节　挫折的性质与产生原因

动机理论认为，需要产生动机，动机引导人的行为，指向一定的目标，并力求实现这一目标。但在动机指向目标和实现目标的行为过程中，并不是一帆风顺的，一旦受到阻碍和干扰，致使目标不能实现，就会产生挫折。

一、挫折产生机制及其性质

（一）挫折产生的机制

挫折的产生与以下 5 个方面有关：其一是需要和由此产生的动机；其二是在动机驱使下有目的的行为；其三是使需要不能获得满足或目标不能实现的内外障碍或干扰的情境状态、情境条件，称为挫折情境，挫折情境可以是实际存在的，也可能是当事人想象中存在的；其四是对挫折情境的知觉、认识和评价，称为挫折认知，挫折认知既可以是对实际遇到的挫折情境的认知，也可以是对想象中可能出现的挫折情境的认知；其五是因受到挫折而产生的情绪和行为反应，称为挫折反应。

在以上 5 个方面中，挫折认知是产生挫折最重要的因素，因为只有在挫折情境被知觉后人们才会产生挫折感；否则，即使挫折情境实际存在，只要不被知觉，人们也不会有挫折感。所以，挫折感的实质是当事人的一种主观感受，当事人是否有挫折感和挫折反应的强弱，主要取决于当事人对挫折情境以及对自己的动机、目标与结果之间关系的知觉、认识和评价。对不同的人来说，需要和动机的强度、对实现目标的评价标准、对自我的预期以及对挫折的归因等都不尽相同，所以，即使面对同样的挫折情境，不同的人便会产生不同的挫折反应。例如，同样是考试不及格，有的学生痛不欲生，有的学生懊悔不已，有的学生则不以为然，这就是因为他们对考试不及格这一挫折情境的认知不同所造成的。通过图 4-1，可以进一步认识挫折产生的机制。

由于当事人对挫折及其意义的认识和评价受其本人的信念、判断、价值观念等认知因素的影响，所以，当事人在以往社会生活中所形成的固有的认知结构对挫折的产生以及挫折反应的强度具有重要作用，特别是在人们的认知结构中常常存在一些不合理的信念，这些不合理信念将会导致不适当、不适度的情绪和行为反应。

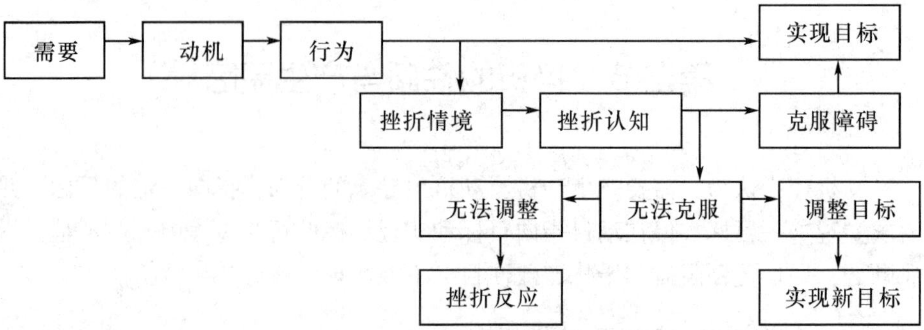

图 4-1 挫折产生过程

(二)挫折的性质及其转化

从挫折产生的基础和过程来看，挫折是不可避免的和随时随地都可能发生的，所以，挫折具有必然性和普遍性。同时，挫折还具有两面性：一方面挫折具有消极性，使人失望、痛苦、沮丧，或引起粗暴的消极对抗行为，甚至导致攻击侵犯行为，或失去对生活的追求，给自己和他人造成严重损失；另一方面挫折又具有积极性，给人以教益，使人认识错误，接受教训，磨炼意志，使人更加成熟、坚强，在逆境中奋起，从而获得进一步的发展。

挫折的消极性和积极性都是相对的，也是可以转化的。挫折的转化是指当人们遇到挫折时，以积极的态度向挫折学习，将挫折变为动力，以顽强的毅力继续奋斗，或重新调整目标，从而使需要或动机获得新的满足的心理过程和实践过程，即减少挫折的消极因素，积极寻找挫折积极的一面，促使挫折产生的消极因素向积极方面转化。

(三)挫折阈限

挫折阈限是指引起人们产生挫折感的最小刺激量。一个人挫折阈限的高低与挫折本身的刺激量有关，但更主要的是取决于当事人对挫折情境、挫折事件的主观认识与感受，即更多的是由当事人的主观因素所决定。所以，不同的人对具有相同刺激量的挫折情境和事件会产生不同的主观感受，因而也就产生不同的反应。一般情况下，挫折阈限与挫折感成反比关系，即挫折阈限越低，越容易感受挫折，挫折感就越强；挫折阈限越高，对挫折越不敏感，挫折感就越弱。

（四）挫折承受力

挫折承受力是指人们在遇到挫折时，能够忍受和排解挫折的程度，也就是人们适应挫折、抵抗和应对挫折的一种能力。挫折承受力包括挫折耐受力和挫折排解力两个方面。挫折耐受力是指人们受到挫折时经受得起挫折的打击和压力，保持心理和行为正常的能力。挫折排解力是指人们受到挫折后，对挫折进行直接的调整和转变，积极改善挫折情境，解脱挫折状态的能力。挫折的耐受力和排解力是两个既有联系又有区别的概念。两者的联系在于，它们都是对挫折的适应能力，共同组成挫折的承受力。耐受力是适应的前一阶段，是对挫折消极被动地适应，表现为对挫折的负荷能力，为排解力提供基础；排解力是适应的后一阶段，是对挫折的主动适应，表现为对挫折情境的改造能力，是对耐受力的进一步发展。耐受力是接受现实，能够减轻挫折情绪反应的强度；排解力是改变现状，促使需要的满足和目标的实现。

二、大学生产生挫折的原因

造成挫折的原因是多方面的和复杂的，挫折的形成与自然环境、社会环境、自身条件以及个人的动机冲突等多种因素有关。大学生处于人生发展的关键时期，一方面他们精力充沛，思想活跃，自我意识强，发展欲望强烈，需求广泛而执著，个人的理想抱负水平普遍较高；另一方面他们人格发展尚不够成熟，社会阅历浅，挫折经验不足，加上大学是一个竞争激烈的环境，因此，大学生遇到挫折是必然的，也是普遍的，甚至遭遇挫折的频度相对还会更高一些。

（一）构成挫折的外界因素

构成挫折的外界因素是指个人自身因素以外的自然因素和社会因素给人带来的限制与阻碍，使人的需要和目标不能满足和实现而产生挫折。

构成挫折的自然因素是指个人不能预料和控制的天灾人祸、时空限制、意外事件等，如地震、洪水、交通事故、疾病、死亡等。自然因素造成的挫折每个人随时都可能遇到，其后果可能很严重，对人的影响很大，如亲人去世、因交通事故致残等；也可能不严重，对人只产生暂时的影响，如有些学生刚入学时对当地的气候不适应、不习惯集体住宿等。

构成挫折的社会因素是指个人在社会生活中受到的各种人为因素的限制与阻碍，包括政治、经济、法律、道德、宗教、风俗习惯等方面。任何人都生活在一定的社会历史条件下，社会生活及其变化对人的影响和限制是无处不在的，因而人们因社会因素而产生的挫折是普遍存在的。当前，随着科学技术的飞速发展，社会生活节奏不断加快，生存竞争日益加剧，使人们的紧张感和心理压力大大增加，挫折感不断增强。大学生进入大学以后，面临着一个全新的环境，他们不仅受到自然环境的影响，更多的是受到大学社会环境的影响，如他们要面对繁重学业和考试的压力、人际关系的冲突等。

（二）构成挫折的个人因素

构成挫折的个人因素是指由于个人在生理、心理以及知识、能力等方面的阻碍和限制，使人的需要和目标不能满足和实现而产生挫折。如身高、体形、容貌、知识结构、健康状况、表达能力、自我期望、经济条件等都可能是挫折源。大学生普遍自视较高，有强烈的自尊心，争强好胜和追求完美的心理较强，所以，大学生的挫折很多都是来自个人的自身因素。

在构成挫折的个人因素中，大学生的自身条件和能力与自我期望之间的矛盾是造成挫折的重要因素。许多大学生往往过于自信，过高地估计自己的能力，对自我发展的预期和要求不是从客观实际情况出发，而是从主观愿望出发，常常对自己提出不切实际的要求，制定过高的甚至无法达到的目标和计划。一旦这些目标和计划因为能力不及无法实现，而自己又不能清醒地认识到这一点，就会产生强烈的挫折感。

（三）动机冲突

在现实生活中，人们的需要是多种多样的，常常会因多种需要而产生多个动机，并指向多个目标。当这些并存的动机相互排斥，或者由于种种条件的限制不可能全部实现而必须有所选择取舍时，就形成了动机冲突。动机冲突常常导致部分需要和目标不能满足和实现，于是就造成了挫折。动机冲突也是构成挫折的个人因素的一个方面。动机冲突在每个人的生活中是经常出现的，也是大学生的重要挫折源，其表现形式主要有双趋冲突、双避冲突、趋避冲突和双重趋避冲突。

1. 双趋冲突

它是指人们在有目的的活动中，同时有两个并存的具有同样吸引力的目标，而这两个目标因条件所限又无法同时实现，从而产生难以取舍的冲突情境。例如，有些学生在谈恋爱期间同时对两个异性有好感，但只能选择其中的一个，放弃另一个；有些学生想做好社会工作，又想不影响学习，取得好成绩等。

2. 双避冲突

它是指人们同时遇到两个具有相同威胁性的目标，两者都想躲避，但因条件所限而必须选择其一，从而产生左右为难的冲突情境。

3. 趋避冲突

它是指人们在面对同一目标时产生的互相矛盾的心态，即这一目标既具有吸引力，能够满足某些需要，同时又具有排斥力，构成某些威胁。例如，考试时，有些学生因平时没有认真学习和复习，害怕考试不及格，于是就产生了作弊的想法，但又怕被监考老师发现，受到校纪处分；有些学生想参加演讲比赛，但又怕失败，有损自尊心，等等。

4. 双重趋避冲突

它是指人们同时遇到两个或两个以上的目标，而每一个目标又同时存在趋避冲突。

做一做，想一想

逆境与成长

目的：通过榜样的力量鼓舞战胜挫折的信心。

操作：请举出一个你曾遇到的最令你敬佩的在逆境中战胜挫折取得成功的人，分析他或她产生挫折的主要原因，探讨挫折承受力对个人成长的意义。

第三节　挫折应对的策略与方式

当人遇到挫折时，作为应对方式，会有意无意地寻求摆脱由挫折产生的心理压力，减轻精神痛苦，恢复正常情绪和心理平衡的自我调节和自我保护的方式，称为挫折防卫机制。挫折防卫方式是多种多样的，常见的有升华、补偿、认同、抵消、幽默、文饰（合理化）、压抑、投射、反向、幻想、否定、退化、移位等。不同的应对方式对人产生的效果有积极和消极之分。

一、挫折防卫机制

（一）升　　华

升华是指一个人在受到挫折后，将自己不为社会所认同的动机或欲望转变为符合社会要求的动机或欲望，或将自己的情感和精力转移到有益的活动中去，使低层次的需要和行为上升到高层次的需要和行为，从而将不良情绪和不为社会所允许的动机导向比较崇高的方面，以保持情绪稳定和心理平衡。升华的作用不仅可以使原来的动机冲突和受挫后的不良情绪得到化解和宣泄，而且能够促使人获得成功。历史上很多著名的科学家、艺术家和领袖人物，都是通过对挫折的升华取得辉煌成就的。

（二）补　偿

补偿是指人们在实现目标过程中受到挫折，或由于自身的某种缺陷而达不到既定目标时，以其他可能达到成功的活动或自己的特长来代替，通过新的满足来弥补原有欲望得不到满足和目标达不到所带来的痛苦。例如，有些学生学习成绩不太好，但社会活动能力很强，同样得到一种心理上的平衡和满足感。

（三）认　同

认同是指一个人在受到挫折后，效仿他人获得成功的经验和方法，使自己的思想、目标和言行更适应环境的要求；或者是把别人具有的、使自己感到羡慕的品质加在自己身上；或者是将自己与所崇拜的人视为一体，以提高自己的信心、声望、地位，从而减轻挫折感。

（四）抵　消

抵消是指人们以某种象征性的活动或事情来抵消已经发生的不愉快的事情，以此取代心理上的不舒畅。

（五）幽　默

幽默是指当一个人受到挫折，处境困难或尴尬时，用幽默的方式来化解困境，维持自己的心理平衡。

（六）文　饰

文饰也称合理化，是指当人们的行为未达到目标，或不符合社会规范时，为了减少或免除因挫折而产生的焦虑和痛苦，寻找种种理由或值得原谅的借口替自己辩护。文饰作用是人们在日常生活中使用最多的一种挫折防卫机制，通常的表现方式是“找借口”、“酸葡萄心理”和“甜柠檬心理”。

（七）压　　抑

压抑是指人们在受到挫折后，把意识所不能接受的、使人感到困扰或痛苦的思想、欲望或体验压抑到潜意识中，不再想起，不去回忆，主动遗忘，以保持内心的安宁，使自己避免痛苦。

（八）投　　射

投射是指把自己的不当行为、失误或内心存在的不良动机和思想观念、欲望转移到别人身上，说别人也是如此，以此来减轻自己的内疚和焦虑，逃避心理上的不安。

（九）反　　向

反向是指为了防止自认为不好的动机外露，采取与动机方向相反的行为表现出来。

（十）幻　　想

幻想是指当一个人的动机或欲望受到阻碍、无法实现时，以想象的方式使自己从现实中脱离出来，在空想中获得内心动机或欲望的满足。

（十一）否　　定

否定是指对已发生的令人痛苦的事实加以“否定”，认为它根本没有发生过，以减轻或逃避心理上的痛苦。

（十二）退　　化

退化是指一个人在受到挫折后，采取倒退到童年或低于现实水平的行为来取得别人的同情和关怀，从而避免紧张和焦虑。

（十三）移　　位

移位是指将在一种情境下是危险的情感或行为，不自觉地转移到另一种较为安全的情境下释放出来。如在工作中受到领导的批评，心中恼怒又不敢对领导发作出来，于是回到家就冲着孩子发火。

二、挫折防卫机制的合理运用

挫折防卫机制是一种自发的心理调节机能，它具有两面性：一方面挫折防卫机制可以起到使人适应挫折、减轻精神痛苦、促进发展的作用；另一方面挫折防卫机制又会使人逃避现实，降低对生活的适应能力，从而导致更大的挫折，甚至产生心理疾病。

合理运用挫折防卫机制可以有效地缓解情绪上的痛苦，提高对挫折的承受能力，为人们最终战胜挫折提供条件，特别是积极的挫折防卫机制的运用，还可以促使人们面对现实，积极进取，战胜挫折，获得进一步的发展。在上述各种挫折防卫机制中，升华是最具有积极性和建设性的挫折防卫机制，补偿、认同、抵消、幽默等挫折防卫机制在很大程度上也具有积极意义。文饰、反向等具有掩饰性，压抑、幻想、否定、退化等具有逃避性，移位、投射等具有攻击性，在某种程度上都不利于提高人们对挫折的适应能力。因此，挫折防卫机制虽然在一定程度上能够帮助人们提高和保持个人自尊，躲避或减轻焦虑情绪，缓解心理压力，但如果挫折防卫机制使用过度，或使用不当，不仅减轻不了紧张和焦虑的程度，反而可能破坏心理活动的平衡，妨碍个人的社会适应，甚至还可能造成心理异常和行为偏差。

做一做，想一想

我的防卫机制

目的：了解自己常用的防卫机制以及可能给自己带来的影响。

操作：请举出几个你曾遇到的人在遇到挫折时运用挫折防卫机制的具体表现方式，探讨各种挫折防卫机制在人们应对挫折过程中所发挥的积极和消极作用。

第四节 意志力培养与提高挫折承受力

人们在实现自己所追求的目标过程中，不可能不遇到困难，也常常会遭受挫折。从某种意义上讲，人的一生就是不断战胜困难、化解挫折，从而获得发展的过程。困难和挫折对于人们来说，既是一种危机，也是一种挑战。

所谓把握机会，就是突破困境，战胜挫折，不断促使目标的实现。而人们要想抓住机遇和把握住机会，除了具有较强的挫折承受力，还必须具有坚强的意志力。如果没有意志力，人们不可能最终克服困难，战胜挫折，也不可能实现既定目标。

一、意志力概述

（一）什么是意志

意志是指人自觉地确定目标，并根据目标调节、支配自身的行动，克服困难，去实现预定目标的心理过程。意志是人的意识能动性的集中体现，是人类特有的心理现象。意志在人主动变革现实的行动中表现出来，对心理状态和外在行为有发动、坚持、制止和改变的控制、调节作用。

意志过程包括两个阶段：一是制订行动计划的阶段，这一阶段表现为动机的取舍和调整，克服动机冲突，确定行动目标，选择有效的方法和策略，制定切实可行的行动计划；二是执行决策计划阶段，这一阶段表现为克服内外困难，冲破重重阻力，执行决定，并根据失败的挫折不断总结经验教训，调整计划，坚持行动，最终实现计划，达到目标。

意志一定表现在动机冲突之中，以高级动机战胜低级动机是意志坚强的表现。意志主要表现在克服内部障碍上，能否克服内部障碍而实现目标乃意志是否坚强的表现。

（二）什么是意志力

意志力是指人们为达到既定目的而自觉努力的程度或坚强的意志品质。意志品质是一个人在生活中形成的比较稳定的意志特征，是个性的重要组成部分。人的意志力不是与生俱来的，而是在社会实践活动中逐渐培养和锻炼出来的。

（三）意志力与挫折承受力的关系

在遇到挫折时，意志力强的人能够自觉控制和调节自己的心理和行为，面对现实，找出失败的原因，施展所有的本领来对付困难，善始善终地将计划执行到底，直至目标实现。意志力强的人对挫折的适应能力、承受能力都较强，并能将挫折进一步转化为促进目标实现的积极因素，进一步增强自己的自信心。意志薄弱的人往往缺少信心和主见，对自我的控制和约束力较差，在遇到挫折时，容易改变行为的方向，容易回避现实，采取消极的应对方式，其结果不仅严重影响既定目标的实现，同时还会进一步降低自信心，降低对挫折的承受能力和适应能力，甚至出现意志消沉和精神障碍。

做一做，想一想

意志力测试

说明：试题共有 26 道。每道试题你可按下列情况做出判断。

1——很符合自己的情况；

2——比较符合自己的情况；

3——介于符合与不符合之间；

4——不大符合自己的情况；

5——很不符合自己的情况。

1. 我很喜爱长跑、远足、爬山等体育运动，但并不是因为我的身体条件适应这些项目，而是因为这些运动能够锻炼我的体质和毅力。
1　2　3　4　5

2. 我给自己定的计划，常常因为主观原因不能如期完成。
1　2　3　4　5

3. 如没有特殊原因，我每天都按时起床，从不睡懒觉。
1　2　3　4　5

4. 我的作息没有什么规律性，经常随自己的情绪和兴致而变化。
1　2　3　4　5

5. 我信奉“凡事不干则已，干则必成”的格言，并身体力行。
1　2　3　4　5

6. 我认为做事情不必太认真，做得成就做，做不成便罢。
1　2　3　4　5

7. 我做一件事情的积极性，主要取决于这件事情的重要性，即该不该做，而不在于对这件事情的兴趣，即不在于想不想做。1　2　3　4　5

8. 有时我躺在床上，下决心第二天要干一件事情，但到第二天这种劲头又消失了。
1　2　3　4　5

9. 在学习和娱乐发生冲突的时候，即使这种娱乐很有吸引力，我也会马上决定去学习。
1　2　3　4　5

10. 我常因读一本引人入胜的小说或看一个精彩的电视节目，而不能按时入睡。
1　2　3　4　5

11. 我下决心办成的事情（如练长跑），不论遇到什么困难（如腰酸腿疼），都能坚持下去。
1　2　3　4　5

12. 我在学习和工作中遇到了困难，首先想到的就是问问别人有什么办法。
1　2　3　4　5

13. 我能长时间做一件重要而枯燥无味的工作。　1　2　3　4　5

14. 我的兴趣多变，做事情常常是“这山望着那山高”。

1　2　3　4　5

15. 我决定做一件事时，常常说干就干，决不拖延或让它落空。

1　2　3　4　5

16. 我办事喜欢挑容易的先做，难的能拖则拖，实在不能拖时，就赶时间做完算数，所以别人不大放心让我干难度大的工作。

1　2　3　4　5

17. 对于别人的意见，我从不盲从，总喜欢分析、鉴别一下。

1　2　3　4　5

18. 凡是比我能干的人，我不大怀疑他们的看法。　1　2　3　4　5

19. 遇事我喜欢自己拿主意，当然也不排斥听取别人的建议。

1　2　3　4　5

20. 生活中遇到复杂情况时，我常常举棋不定，拿不定主意。

1　2　3　4　5

21. 我不怕做我从来没有做过的事情，也不怕一个人独立负责重要的工作，我认为这是对自己很好的锻炼。　1　2　3　4　5

22. 我生来胆怯，没有十二分把握的事情，我从来不敢去做。

1　2　3　4　5

23. 我和同事、朋友、家人相处，很有克制能力，从不无缘无故发脾气。　1　2　3　4　5

24. 在和别人争吵时，我有时虽明知自己不对，却忍不住要说一些过头话，甚至骂对方几句。　1　2　3　4　5

25. 我希望做一个坚强的、有毅力的人，因为我深信“有志者事竟成”。　1　2　3　4　5

26. 我相信机遇，很多事实证明，机遇的作用有时大大超过个人的努力。　1　2　3　4　5

评分原则：在上述26道试题中，凡题号为单数的试题评分标准为：1记5分；2记4分；3记3分；4记2分；5记1分；题号为双数的题目评分标准为：1记1分；2记2分；3记3分；4记4分；5记5分。

26道试题的总得分如果在：

110分以上，说明你意志很坚强；

91~110分，说明你意志较坚强；

71~90分，说明你意志只是一般；

51～70分，说明你意志比较薄弱；
50分以下，说明你意志很薄弱。

二、大学生提高意志力和挫折承受力的途径与方法

大学生大多数刚刚从父母的庇护下走出家门，社会实践少，经受的挫折不多，意志品质的锻炼和培养普遍不足，主要表现为意志品质的发展不充分，处理动机冲突的能力不强，目标调整能力差，缺乏韧性、恒心与毅力，容易受外界影响等。所以，大学生要想获得发展，实现自己的远大理想和奋斗目标，就必须在实践中不断磨炼自己，努力提高自己的挫折承受力和意志力。

（一）树立正确的挫折观

提高挫折承受力，首先要对挫折有一个正确的认识。挫折是普遍存在的，随时随地都可能发生，挫折是人们生活的组成部分，是客观存在的。因此，大学生应充分做好面对挫折的心理准备，一旦遇到挫折，就不会惊慌失措，痛苦绝望，而能够正视现实，敢于面对挫折的挑战。同时，也应该看到，挫折也并不总是发生的，生活中还有很多快乐、幸运和幸福的事情，所以，大学生在遇到挫折时，不应只看到挫折带来的损失和痛苦，还应看到自己的优点和已取得的成绩，不应始终停留在挫折产生的不良情绪之中，而应尽快从情感的痛苦中解脱出来，以理智面对挫折。

（二）积极投身实践活动，不断磨炼自己和积累经验

挫折具有两面性，既具有给人打击、使人痛苦的消极的一面，也具有使人奋进、成熟、从中得到锻炼的积极的一面。生活中的挫折和磨难并不都是坏事。平静、安逸、舒适的生活，往往使人安于现状和享受；挫折和磨难，却使人受到磨炼和考验，变得更加成熟和坚强。因此，大学生应积极投身实践活动，在实践中不断磨炼自己，提高自己的意志力，培养坚强的意志品质。在实践过程中，不要惧怕失败，要善于从失败中总结经验教训，化消极因素为积极因素，使挫折向积极方向转化，不断提高自己解决困难、战胜挫折的能力。在总结经验教训时，应着重考虑确定的奋斗目标是否恰当、实施的途径和方法是否正确、造成挫折的原因来自何处、转败为胜的办法在哪里。

（三）学习和掌握一些自我心理调适方法

学习和掌握一些自我心理调适方法可以有效地化解因挫折而产生的焦虑、

紧张等不良情绪，从而提高挫折承受力。常用的自我心理调适方法有自我暗示法、放松调节法、想象脱敏法、想象调节法和呼吸调节法等。

提高挫折的承受力，还应建立和谐的人际关系，营造自己的情感社会支持系统。当人遇到挫折时，一般都伴有强烈的情绪反应，处于焦虑和痛苦之中，这时，如果有几个好朋友或者亲友能够给予安慰、关心、支持、鼓励和信任，将有效地缓解心理压力和降低情绪反应，从而增强对挫折的承受力。所以，大学生在遇到挫折时，不应将自己封闭起来，而应尽快找自己的好朋友和家人进行沟通，寻求他们的支持和帮助。

当一个人受到挫折，陷入不良情绪中不能自拔时，还可以寻求心理咨询师的疏导和帮助。通过心理咨询，受挫者在心理咨询师的引导下，校正主观认识，发挥内在潜力，消除心理障碍，明确前进方向，化解不良情绪和行为反应，最终获得心理上的成长，提高挫折承受力。

心灵读本：人生没有放弃努力的借口

有一个人，一生遭受两次惨痛的意外事故，他就是米切尔，一位生活的强者，百万富翁、企业家、演说家。

第一次不幸发生在46岁，由于飞机意外事故，他全身65%以上的皮肤被烧坏，经过16次手术，脸变成彩色板，手指没了，双腿特别细，无法行动，只能瘫在轮椅上，然而6个月后他亲自驾驶飞机飞上了蓝天。

第二次不幸发生在50岁，他驾驶的飞机起飞时突然摔在跑道上，12块脊椎骨全部被压得粉碎，腰部以下永远瘫痪。但他没有将灾难当做消沉的理由。他说：瘫痪之前我可以做1万件事，现在我只能做9 000件，我还可以把注意力和目光放在能做9 000件事上。

摘自：《团结报》2004年10月23日，作者：黄小平

复习与思考题

1. 结合自身的成长历程，谈一谈挫折在人生发展中的积极意义；研讨如

何降低挫折的负面影响以及如何使挫折向积极方面转化的途径和方法。

2. 挫折防卫的方式有哪些？如何合理利用心理防卫机制？

3. 怎样提高自己的意志力，培养良好的意志品质？

阅读书目

1. 孔燕主编：《微笑成长：大学生心理健康教育案例集》，安徽人民出版社 2003 年版。

2. 冯江平：《挫折心理学》，山西教育出版社 1991 年版。

3. ［美］弗兰克·哈多克著，高潮译：《意志力训练手册》，中国发展出版社 2005 年版。

4. 拿破仑·希尔等著，刘津译：《积极心态的力量》，四川人民出版社 2001 年版。

第五章

人格培养与心理健康

伟大的科学家爱因斯坦曾经说过，优秀的性格与钢铁般的意志，比智慧和博学更重要。人格指一个人整体的精神面貌，即具有一定倾向性的心理特征的总和，包括气质、性格、能力等。人格的面貌必然会影响一个人的心理健康、潜能的开发、活动效率和对社会的适应状况。良好的人格是大学生成才的基础。良好的人格特征表现为乐观、自尊、自信、开朗、热情、宽容、认真、独立、主动、积极。大学生的人格相对比较定型，但仍有可塑性。了解人格的真谛，塑造人格的魅力，表现人格的力量，展示人格的风采，你的人生将绚丽多姿。

学术新秀的成长

2005年5月清华大学第十届“航天海鹰杯”学术新秀评选结果揭晓。经过激烈的竞争，最后10名学术新秀脱颖而出，个个杰出。热能系热力学及流体热物性研究生，喜欢足球、K歌、郊游，常常面带笑容且谦和的土家族小伙子林鸿榜上有名。林鸿1997年考入清华大学，本科毕业免试攻读硕士学位，硕士学习期间成绩优异，在导师带领下对科研产生了浓厚的兴趣，2003年开始博士生阶段的学习，从事国际上前沿课题的研究。林鸿在科研方面具有很强的探索精神和创新能力，踏实肯干，对于学术研究严谨勤奋、精益求精，取得了许多科研成果。林鸿具有很好的团队精神和组织能力，善于团结同学，在指导低年级同学进行相关的科学研究中，充分发挥了作用。作为一名中共党员，林鸿能在同学中起到表率作用，积极参加学校、院系和研究所组织的各类社会活动、公益活动。林鸿的成就证明，全面发展需要良好的心理素质，人格是人生成功的基础。林鸿这样描述自己："我热爱科研工作，但我深知除了认真地做好科研工作以外，身体健康和心理健康对于个人的成长也有着举足轻重的意义。我积极锻炼身体，还是系研究生联合足球队的成员，经常组织和参与比赛；选修了"成功心理训练"课程，进一步发展自我，完善自我，对成功和人生的目标有了更新的认识，也自信能达到我所认知的成功。我坚持乐观向上的生活态度，并用这样的态度感染周围的人，积极面对每一天的科研、学习和工作，性格开朗，敬业乐群。在生活和工作中找到自己的位置，不断进取，踏踏实实地为振兴中国科技的发展作出自己的一份贡献。"

人格是一个人素质的重要组成部分，也是一个人精神面貌的集中反映。心理健康学认为，作为认识社会、改造社会主体的人，其人格发展状况、人格所呈现的面貌不仅直接影响着人的社会生活质量，而且也间接地关系到整个人类社会是否能得到健康、和谐的发展。因此，创造良好的社会心理条件，培养、增进、塑造健全的人格就成为大学生心理健康教育的一项重要任务。

第一节 人格面面观

马丁·路德说过，一个国家的前途，不取决于它的国库之殷实，不取决于它的城堡之坚固，也不取决于它的公共设施之华丽，而在于它的公民的文明素养，即在于人们接受的教育，人们的远见卓识和品格的高下，这才是利害攸关的力量所在。当代大学生正处在人生发展的重要阶段，面临着学习、交友、恋爱、就业、成长等种种发展课题。当代大学生更是渴望成才，追求卓越。良好的人格品质是成才的基础。

一、人格的内涵与特征

（一）人格的内涵

"人格"（Personality）一词源于拉丁文"Persona"，其意指面具、脸谱。据说在公元前一百多年前，古罗马的一名戏剧演员为了遮掩他的斜眼而戴上面具，然后就出现了这个词。由于面具与戏剧、演员和角色等关系密切，面具这个词的含义很快扩充，被人们用来指其他一些东西。例如，在古罗马著名学者西赛罗的著作中，“人格”一词就有许多不同的含义：一个人在别人眼中的印象，或外表的自我，即向社会他人所展示的自我，而不一定是自己的真实自我；某人在生活中扮演的角色，或真实的自我，而不是假面具；与自己工作生活相适应的个人品质的总和；表示一个人的重要性、声望、尊严和优越的社会地位。

在《简明不列颠百科全书》中“人格”一词的解释是：“每个人所特有的心理–生理性状（或特征）的有机结合，包括遗传的和后天获得的成分，人格使一个人区别于他人，并可通过他与环境和社会群体的关系表现出来。”人格指一个人的整体精神面貌，即具有一定倾向性的心理品质或心理特征的总和。

（二）不同角度说人格

对人格可以从不同角度理解和使用。比如，在日常生活中常常从伦理道德观点出发，使用“人格”概念对人们的行为进行评价，说某人的人格高尚或卑鄙；或从法律含义上使用“人格”概念，说某人的言行损害了他人的人格等。这里包含心理学中关于人格的部分含义，但它不是从人的全部行为的心理方面来说明人格的特点，因此，它不是心理学的概念。心理学意义的人格概念内涵广阔而丰富，指一个人一切特性和行为方式的总和。美国著名心理学家、人格心理学的创始人奥尔波特归纳总结了前人对人格概念的探讨，提出了自己对人格的较为全面的定义。他认为，人格简单地说就是“一个人真正是什么”，更具体地说，“人格是在个体内在心理物理系统中的动力组织，它决定人对环境适应的独特性”。可见，人格是人的心理倾向、心理特征、心理状态以及心理过程的特点等多层次有机结合所构成的整体。心理活动的特征，如气质、性格、能力，以及活动倾向方面的特征，如动机、兴趣、信念、世界观等，不是孤立存在，而是错综复杂、交互联系，有机地结合为一个整体，对人的行为进行调节和控制的。如果各种特征之间关系协调，人的行为就是正常的，人格就是健全的；反之，就会产生不正常行为，乃至出现各种人格障碍。

二、人格的特点与构成

（一）人格的特点

从心理学的角度看，人格是个体在遗传素质的基础上，通过与后天环境的相互作用而形成的相对稳定和独特的心理行为模式。人格具有层次性、独特性、稳定性和可塑性。

1. 人格是一个人的心理行为模式

人格是由内在的心理特征与外部行为方式构成的，它不仅仅是一个个单一的心理特征或行为方式，而是这些一个个心理特征和行为方式相互联系形成的一定组织和层次结构的模式。

2. 这种心理行为模式是独特的

它是指每个人的人格都是独特的，这种独特性不仅仅表现在某些个别的心理或行为特征上，而更主要是表现在整个模式上，从而使得人与人之间相互区别开来。当然，我们并不否认人与人之间在某些心理或行为特征上有共同性，但从整体上来讲，每个人的人格都是独一无二的。

3. 这种心理行为模式是相对稳定的

它是指一个人的人格及其特征在时间上具有前后一贯性，在空间上具有一定的普遍性。例如，某个人性情比较急躁，他昨天是这样，今天是这样，明天很可能也是这样。同样，这个人在学习上比较急躁，工作中也是这样，甚至在日常生活和人际交往中也表现出急躁。这并不排除这个人有时在某种场合偶尔也会表现得比较沉稳。这时我们会说，他的举止不像他本人。人格的相对稳定性并不意味着一成不变，在人的一生中，人格仍具有可塑性和可变性。

4. 人格是先天素质和后天环境的“合金”

人格不是生下来就有的，而是在先天遗传素质的基础上，通过与后天环境相互作用而形成的。遗传素质是人格形成发展的重要基础，但它不是人格的唯一决定因素。后天环境教育对一个人的人格形成起着十分重要的作用。两者相互制约、相互作用，共同影响着人格的形成、发展。

（二）人格结构五因素

人格的内涵丰富，结构复杂，视角多样。探讨人格的构成对于人格评价和人格优化有重要的意义。经过几十年持续不断的研究，国际心理学领域越来越认同五因素人格结构（big five personality model）是人格研究最新的结论。20世纪90年代五因素人格结构被广泛应用。五因素人格结构也称“大五人格”，包括神经质、外向性、开放性、随和性、谨慎性，具有普遍性和广泛应用的价值（见表5-1）。

有学者提出，根据我国国情和时代发展特征，结合社会进步对大学生人格发展的要求，可以将五因素人格结构的核心内涵加以把握，为大学生人格发展

表 5-1　　**西方人格结构五因素**

人格因素	有代表的人格特质	两极表现
神经质 N neuroticism	焦虑、敌对、压抑、自我意识、冲动、脆弱、自我防卫等	平静-烦恼；坚韧-脆弱；安全-危险
外向性 E extraversion	热情、社交、健谈、果断、活跃、冒险、乐观、激动、好动、表现等	孤独-交际；寡言-多语；克制-冲动
开放性 O openness to experience	想象、思考、审美、情感丰富、求异、智能、创造、兴趣等	守旧-创新；胆怯-勇敢；保守-开明
随和性 A agreeableness	信任、直率、利他、依从、谦虚、同情、体贴、友好等	暴躁-温和；粗鲁-文静；自私-无私
谨慎性 C conscientiousness	胜任、条理、尽职、自律、谨慎、可靠、能力、责任、效率等	粗心-细心；独立-依赖；冷漠-热忱

提供参照。例如，外向性即具有社会适应能力的意向和性格表现；开发性即不断获得新知和探索未知，创造性地面对社会；随和性即有爱心和同情心，尊重他人，不以自我为中心；谨慎性即社会责任心强，人格特质与人品统一；神经质即用理性调控情绪，提高心理成熟度。

三、人格的心理特征

人格的心理特征是指在心理活动过程中表现出来的比较稳定的因素，它包括能力、气质和性格。每个人的心理特征是不同的，因此人格表现也是千差万别的。人们在与外界事物的接触中，总是通过感觉、知觉、表象、判断、推理、思维等认识活动来反映客观事物，在这种认识活动中必然伴随着情感体验，如愉快、兴奋、愤怒、平和等。由于人们认识事物的水平不同，有人细心、深刻，有人粗心、浮浅等。在意志活动中表现也不一样，比如，有人在工作、学习中独立性很强，有人则依赖性很强；有人遇到困难勇于面对，具有百折不挠的精神，有人则知难而退，畏首缩尾。所以在认识、改造外部事物的活动中，所表现出来的心理特征也不同。人格的心理特征可分为能力、气质和性格三个方面。这三方面特征的不同结合，就形成一个人比较稳定的人格特征。

（一）气质及其测验

1. 气质及其生理基础

现代心理学一般认为，气质是个体不以活动的目的和内容为转移的典型的、稳定的心理活动特征。在日常生活、工作、学习中，我们会发现有人性情急躁，喜怒形之于色；有人说话、做事总是慢条斯理，难得发火；有人活泼好动，善交朋友；有人则喜欢独处，安静且少言寡语等，这些心理活动的差别正是个体所具有的气质不同的缘故。

气质是一个古老的概念。最早提出气质学说的是古希腊的医生兼学者希波克利特。他认为，人体内有四种液体，即血液、黏液、黑胆汁、黄胆汁，血液生于心脏，黏液生于脑，黑胆汁生于胃，黄胆汁生于肝。由于它们不同的比例配合而形成了人们的气质差异，哪种体液占主导成分，便形成哪种气质，因而就有了多血、黏液、胆汁、抑郁四种气质。每种气质都有其相应的行为风格。虽然仅根据四种体液说明气质的差别不合乎现代医学的认识，但这种象征性的分类有其合理性，因而一直被沿用至今。

俄国生理学家巴甫洛夫用神经系统活动过程的特性来解释四种气质的机制是比较科学的。巴甫洛夫通过动物实验研究发现，不同动物高级神经活动的兴奋和抑制过程独特的、稳定的结合，构成了动物的高级神经活动类型。动物的神经类型有三种特性，即兴奋和抑制的强度，兴奋和抑制的平衡性，兴奋和抑制的灵活性。巴甫洛夫根据这三种特性的独特结合，把动物高级神经活动划分为四种类型：

第一，强而不平衡的类型。这种类型的特点是：兴奋过程强于抑制过程，阳性条件反射比阴性条件反射易于形成。这是一种易兴奋、奔放不羁的类型，所以称为“不可遏制型”。

第二，平衡、灵活的类型。这种类型的特点是反应灵敏，外表活泼，能较快地适应迅速变化了的外界环境。也可称为“活泼型”。

第三，弱、平衡、不灵活的类型。其特点是较易形成条件反射，但不容易改造，是一种性格坚毅而行动迟缓的类型。也可称为“安静型”。

第四，弱型。兴奋和抑制都很弱，不论是阳性条件反射还是阴性条件反射的形成都很慢，表现得胆小怕事，在艰巨的工作任务面前，正常的高级神经活动易受破坏而产生神经症。也可称为“抑制型”。

巴甫洛夫认为，动物的这四种神经类型，原则上也适用于人类。因此，四种神经类型就构成了人类四种气质的生理基础（见表5-2）。

表5-2　**气质的生理基础**

高级神经活动类型		气质类型
强型	不平衡型（不可抑制型）	胆汁质
	灵活性高（活泼型）	多血质
	灵活性低（安静型）	黏液质
弱型（抑制型）		抑郁质

2. 四种气质类型及其特征

气质类型是指在一类人身上共有的或相似的心理活动特征的结合。这些特征有：

（1）感受性，即人对外界刺激的感受能力。一个人感受性的大小，可以根据他的感觉能力与刺激强度的关系来判断。例如，一个人对引起感觉所需要的刺激量小，说明这个人的绝对感受性大；反之，他所需要的刺激量大，他的绝对感受性就小。

（2）耐受性，指人在经受外界刺激作用时表现在时间和强度上的耐受程度。耐受性强的人，对已形成的条件反射经受多次强化时，条件反射并不消退，且有所增加；耐受性差的人，在多次强化的刺激下则会出现条件反射的消退。

（3）反应的敏捷性，指心理反应和心理过程进行的速度等。

（4）行为的可塑性，指人依据外界事物变化情况而改变自己适应性行为的可塑程度。

（5）情绪兴奋性，包括情绪兴奋强弱和情绪外现的强烈程度。

（6）内外倾向性，语言、动作、情绪反应倾向于外，为外倾性；内倾性的表现正好相反。

以上各种特点的不同结合构成多样性的气质类型（见表5-3）。

表5-3 **气质类型及其特征表**

气质类型	主要特征
胆汁质	精力旺盛、直率、热情、刚强、动作迅速、情绪体验强烈、智力活动具有极大灵活性、解决问题有不求甚解倾向、易感情用事等，具有外倾性。
多血质	活泼、好动、反应迅速、动作敏捷、思维灵活，但往往不求甚解、注意力易转移、情绪不稳定且易表露、易适应环境、喜欢交往、做事粗枝大叶，具有外倾性。
黏液质	安静、沉稳、喜欢沉思、情绪不易外露、灵活性不足、比较刻板、注意力稳定、不容易习惯新的工作、反应缓慢、善于忍耐，具有内倾性。
抑郁质	行动缓慢、敏感、情感体验深刻、容易感觉到别人不易觉察的细小事物、易疲倦、孤僻，具有内倾性。

人的气质特征千差万别，上述四种气质类型分类的意义只是相对的，实际上纯属于某类典型气质的人很少见。大多数人是不同类型的混合，或近似于某种类型，或介于某些类型之间。

3. 怎样看待气质类型

气质无好坏之分，每一种气质都有它的积极方面和消极方面。气质只是给人的个性、行为涂上某种色彩，而不决定一个人的发展方向。一个人做什么、如何做，是由动机、愿望和信念决定的，从这个意义上说，气质不决定人的社会价值。因此，我们不能单凭气质类型去评判人的行为的社会价值。事实表明，任何一种气质类型的人，既可以成为品德高尚、有成就、有益于社会的人，也可能一事无成。每一种气质都有一些特征有利于开发智力，并获取成功，另一些特征则是不利的。从这个意义上说，气质的调节会影响一个人成就的大小。虽然每种气质都有有利于心理健康或有害于心理健康的一面，但比较而言，在环境不良的情况下，那些典型或较典型的胆汁质或抑郁质，尤其是胆汁—抑郁质混合型的人，较容易产生心理问题，进而影响学习、生活和成功。所以，属于这种类型气质的学生应积极地改善自己的气质，扬长避短，促进自身心理健康。

4. 了解气质特征的意义

通过气质问卷可以测量出每个人的气质。了解到自己和他人的气质特征，对自己的心理健康、职业选择、学业进步以及人际交往都有一定意义。比如，气质不同的人，在说话、走路、与别人交往、学习、工作、休息以及怎样表现自己的痛苦和欢乐、怎样对不同的事件作出反应等方面都会有不同的特点。了解这一点，对于同学间加深理解、融洽相处，很有好处。大学生大多有这样的体会，彼此摸透了脾气，自然就增加了谅解，于是不再为别人说话急躁、不爱与人打交道、表现不那么热情之类的小事感到不快，减少了在人际关系问题上的苦恼。

（1）气质特征对活动效率的影响。

要求速度的活动，多血质和胆汁质特征的人更适合；要求稳定、持久性的活动，黏液质特征的人更适应；要求精细、敏锐的活动，抑郁质特征的人更能胜任等。所以，了解气质特征可对选择活动起参考作用。但是，在一般的学习和工作中，这种影响并不显著。这是由于气质的积极方面对其消极方面有补偿的作用。多血质的人注意力转移灵活，可弥补其情绪不稳定的弱点；粘液质的人细致、耐心，可适当补偿其速度慢的不足。不过，一些特殊职业的岗位，如飞行员、消防员、大型企业调度员、某些项目的运动员等，对气质有特殊的要求，选择这类职业时需进行气质测定，这样可大幅度减少淘汰率。

（2）气质对某些性格特点形成的影响。

由于气质对某些性格特点形成的难易有一定的影响，也使个人的性格表现带有独特的色彩。例如，在环境和教育影响大致相同的条件下，胆汁质的人比抑郁质的人更容易形成勇敢、大胆的性格特点；而抑郁质的人则更容易形成精细、多思的特征。因此，大学生在优化自己的性格时，要考虑自身的气质特点，采取适合自己的方式，扬长补短，这样才能充分发挥自己的优势，取得实效。

（3）气质与健康和疾病的联系。

气质与一个人的健康和疾病有联系。对神经系统弱型的人来说，承受外界刺激的能力较低，所以容易在不良因素的刺激下产生心理障碍或心身疾病，如神经衰弱、抑郁症或胃溃疡；而对于神经系统强而不均衡型的人来说，经常处在兴奋、紧张和压力之下，容易患心血管疾病等。了解自己的气质就可以加强自我锻炼，消除不良特征。

做一做，想一想

气质六十问（陈会昌编制）

下面60道题可以帮助你大致确定自己的气质类型。请认真阅读下列各题，对于每一题，你认为非常符合自己情况的记 2 分；比较符合的记 1 分；说不准的记 0 分。比较不符合的记–1 分；完全不符合的记–2 分。

1. 做事力求稳定，不做无把握的事。
2. 遇到可气的事就怒不可遏，想把心里话全说出来才痛快。
3. 宁肯一个人干事，不愿很多人在一起。
4. 到一个新环境很快就能适应。
5. 厌恶那些强烈的刺激如尖叫、噪音、危险的镜头等。
6. 和人争吵时，总是先发制人，喜欢挑衅。
7. 喜欢安静的环境。
8. 善于和人交往。
9. 羡慕那种能克制自己感情的人。
10. 生活有规律，很少违反作息制度。
11. 在多数情况下情绪是乐观的。
12. 碰到陌生人觉得很拘束。
13. 遇到令人气愤的事，能很好地自我克制。
14. 做事总是有旺盛的精力。
15. 遇到困难常常举棋不定，优柔寡断。
16. 在人群中从不觉得过分拘束。
17. 情绪高昂时，觉得干什么都有趣；情绪低落时，又觉得什么都没有意思。
18. 当注意力集中于一事物时，别的事物很难使我分心。
19. 理解问题总比别人快。
20. 碰到危险情境常有一种极度恐怖感。
21. 对学习、工作、事业怀有很高的热情。
22. 能够长时间做枯燥、单调的工作。
23. 符合兴趣的事情，做起来劲头十足，否则就不想做。
24. 一点小事就能引起情绪波动。
25. 讨厌做那种需要耐心、细致的工作。
26. 与人交往不卑不亢。
27. 喜欢参加热烈的活动。
28. 爱看感情细腻、描写人物内心活动的文学作品。
29. 工作学习时间长了，常感到厌倦。
30. 不喜欢长时间谈论一个问题，愿意实际动手做。
31. 宁愿侃侃而谈，不愿窃窃私语。

32. 别人说我总是闷闷不乐。
33. 理解问题常比别人慢些。
34. 疲倦时只要短暂的休息就能精神抖擞，重新投入工作。
35. 心里有话宁愿自己想，不愿说出来。
36. 认准一个目标就希望尽快实现，不达目的，誓不罢休。
37. 学习、工作同样一段时间后，常比别人更疲倦。
38. 做事有些莽撞，常常不考虑后果。
39. 老师讲新知识时，总希望他讲慢些，多重复几遍。
40. 能够很快地忘记那些不愉快的事情。
41. 做作业或完成一种工作总比别人花的时间多。
42. 喜欢运动量大的剧烈体育活动，或参加各种文娱活动。
43. 不能很快地将注意力从一件事转移到另一件事上去。
44. 接受一个任务后，希望把它迅速完成。
45. 认为墨守成规比冒风险强些。
46. 能够同时注意几件事物。
47. 当我烦闷的时候，别人很难使我高兴起来。
48. 爱看情绪起伏跌宕、激动人心的小说。
49. 对工作抱认真严谨、始终一贯的态度。
50. 和周围人们的关系总是相处不好。
51. 喜欢复习学习过的知识，重视做已经掌握的工作。
52. 希望做变化大、花样多的工作。
53. 小时候会背的诗歌，我似乎比别人记得清楚。
54. 别人说我“出语伤人”，可我并不觉得这样。
55. 在体育活动中，常因反应慢而落后。
56. 反应敏捷，头脑机智。
57. 喜欢有条理而不甚麻烦的工作。
58. 兴奋的事常使人失眠。
59. 老师讲的概念，常常听不懂，但是弄懂以后就很难忘记。
60. 假如工作枯燥无味，马上就会情绪低落。

确定气质类型的方法如下：

1. 将每题得分填入下表相应“得分”栏内。
2. 计算每种气质类型的总得分数。
3. 气质的确定：

(1) 如果某一类气质的得分明显高出其他三种（均高出 4 分以上）则可定为该类气质。此外，如果该类气质得分超过 20 分，则为典型型；如果该类得分在 10～20 分，则为一般型。

(2) 如果两种气质类型得分接近，其差异低于 3 分，而且又明显高于其他两种，高出 4 分以上，则可定为这两种气质的混合型。

(3) 如果三种气质得分均高于第四种，而且接近，则为三种气质的混合型。

可能有 13 种气质类型：①胆汁；②多血；③黏液；④抑郁；⑤胆汁—多血；⑥多血—黏液；⑦黏液—抑郁；⑧胆汁—抑郁；⑨胆汁—多血—黏液；⑩多血—黏液—抑郁；⑪胆汁—多血—抑郁；⑫胆汁—黏液—抑郁；⑬胆汁—多血—黏液—抑郁。

气质调查得分栏

胆汁质	题号	2、6、9、14、17、21、27、31、36、38、42、48、50、54、58　　总分
	得分	
多血型	题号	4、8、11、16、19、23、25、29、34、40、44、46、52、56、60
	得分	
黏液质	题号	1、7、10、13、18、22、26、30、33、39、43、45、49、55、57
	得分	
抑郁质	题号	3、5、12、15、20、24、28、32、35、37、41、47、51、53、59
	得分	

(二) 性格及其类型

性格是指人对现实的态度和行为方式的比较稳定、独特的心理特征的总和。

1. 性格的结构

性格的结构很复杂，它是由多成分、多侧面交织在一起构成的，并形成了多种多样的特征。通常把这些特征分为四种：①性格的态度特征：态度的对象多种多样，包括对个人的、集体的、社会的、思想的以及个人的内心世界等对象。这些对象的性格特征主要有：谦虚或自负、自信或自满、自豪或自卑、自尊或羞怯、同情或冷漠。②性格的意志特征：如目的性或盲目性、独立性或依赖性、自制或放纵、勇敢或怯懦、果断或犹豫、坚韧或软弱。③性格的情绪特征：如乐观或悲观、热情或低沉、高涨或消沉。④性格的理智特征：如主动观察或被动观察、主动记忆或被动记忆、想象大胆或想象受阻抑、理想型或空想型等。

2. 性格结构的动力特征

一方面，性格的各种特征并不是孤立静止地存在着，也不是各种性格特征的机械结合，而是相互联系、相互制约，构成一个整体。随着环境的多变性、人的活动的多样化，人的性格特征也以不同的方式结合而具有了动力性。因此，可以根据某人的一种性格特征来推知他的其他性格特征，例如，急躁多与冲动、粗心、好激动等特征有关。另一方面，性格会随着人的活动多样化而表现出多样性。也就是说，一个人的性格会随着个人角色的转变、环境和情境的变化以及自我要求的不同而呈现出不同的特征，因此，人的性格具有丰富性和复杂性。认识到这一点，对于完整地把握人的性格具有重要意义。虽然在不同的场合下一个人可能表现出不同的性格特征，但总的说来有些是经常的，有些是暂时的；有些是整体的，有些是局部的；有些是稳固的，有些是可变的。只有那些比较稳定的、习惯化了的态度和行为方式才是性格的主要方面，才称得上是性格。

3. 性格分类

性格分类方法很多，而且可以从不同角度来反映一个人性格的某一侧面。

（1）理智—情绪型。按情绪的控制程度可划分为理智型与情绪型。理智型性格是指人的性格中理智特征特别鲜明，这种人善于控制自己的情绪，使自己的行为具有明显的理智导向，自制力强，处事谨慎，但容易畏首缩尾，缺少应有的冲劲。如果理智型被不健康的意识控制，就可能表现为虚伪、自私、见风使舵、冷漠等。情绪型性格指情绪体验深刻，举止言行易受情绪左右。这种人待人热情，做事大胆，情绪反应敏感，但情绪容易起伏，有时会出现冲动，注意力不够稳定，兴趣易转移。

（2）独立—服从型。按个体独立程度可划分为独立型与顺从型。独立型的人意志较坚强，不仅善于独立地发现问题、解决问题，而且敢于坚持自己正确的意见，自主自立、自强不息。但是独立性过强的人，喜欢把自己的思想和意志强加于人，固执己见、独来独往、不易合群。顺从型的人服从性好，易与人合作，随和、谦恭，但独立性差，依赖性强，易受暗示，在紧急情况下容易惊慌失措。

（3）外向—内向型。按个性倾向性分类，可把性格分为外向型和内向型。外向型的人心理活动倾向于外部，活泼开朗，善交际，感情易外露，关心外部事物，处世不拘小节，独立性强，能适应环境，但容易轻信，自制力和坚持性不足，有时表现出粗心、不谨慎、情感动荡多变等；内向型的人心理活动倾向于内部，感情较内蕴、含蓄，处世谨慎，自制力较强，善于忍耐克制，富有想象，情绪体验深刻，但不善社交，应变能力较弱，反应缓慢，易优柔寡断，显得有些沉郁、孤僻、拘谨、胆怯等。

（4）A、B、C 型。按人的行为方式，即人的言行和情感的表现方式可分为 A 型性格、B 型性格和 C 型性格。A 型性格指性格外向，主动、紧张、快节奏、敏感，主要特征表现为个性强、过高的抱负、固执、急躁、紧张、好冲动、行为匆忙、好胜心强、时间观念强等；B 型性格指情绪心理倾向较稳定，社会适应性强，为人处世比较温和，生活有节奏，做事讲究方式，表现为想得开、放得下，与他人关系协调，能正视现实，不气馁、不妄求，抱负较少等；C 型性格指那种情绪受压抑的忧郁性格，表现为害怕竞争、逆来顺受、有气往肚子里咽、爱生闷气等。

一般来说，典型性格类型的人并不多见，多数人处于两极之间，或偏向某一类型而已。事实上任何人都有某些好的性格特征，也有某些不好的性格特征，所以每个人都应以积极的态度对待自己的性格，对自己的性格进行优化、改造。

从心理健康的角度看，有些性格特征有助于人的心理发展和身心健康，有些则不仅无助而且有害；即使是好的性格品质，也要把握好“度”，一旦表现过度或与环境不协调，就可能引起心理卫生问题。比如，过于直率而不顾场合或对象，就可能伤害对方或引起适应不良。此外，各种性格特征之间的相互协调很重要，当一种好的性格特征与某些不良动机或性格特征结合时，也会表现出相反的价值。

做一做，想一想

我是一个独特的人

目的：了解自己的长处和限制，为扬长避短、优化人格找到努力的方向。

操作：5 ~6 人一组。每人拿一张白纸对折，左边列出你的长处，右边列出你的局限，尽可能列出你所想到的。写完后想一想，当你再一次清楚地看到自己的长处和局限时，将你觉察到、感受到的内容与其他同学交流分享。

第二节 人格与心理健康的关系

人格是人类心理行为的基础，人类的心理行为则是人格与环境相互作用的结果。因此，人格的面貌会影响一个人的心理健康、潜能的开发、活动效率和对社会的适应状况。并且，人格对心理疾病、心身疾病的患病概率、患病种类、病程长短、愈后效果等均有明显的影响。比如，抑郁质和胆汁质的人在不良环境作用下，容易出现神经症一类的心理障碍；还有些人格类型的人容易引起紧张、焦虑、抑郁、暴躁等情绪障碍。而严重的人格缺陷本身就是一种心理疾病，即人格障碍。

一、心身疾病与人格特征的关系

（一）人格特征在疾病的发生发展中的作用

心身医学的研究发现，许多心身疾病都与相应的人格特征有关，这些人格特征在疾病的发生、发展过程中起到了生成、促进、催化的作用。例如，哮喘病的患者多与过分依赖、幼稚、暗示性高的人格特征有关；偏头痛患者多表现出刻板、好竞争、好嫉妒、追求完美的人格特征；而具有矛盾性、强迫性、吝啬、抑郁特征的人容易得结肠炎、胃溃疡等疾病。

（二）A 型性格与冠心病

我国学者在人格与疾病关系的研究中，通过大量实验及调查表明，A 型性格是发生冠心病、高血压的重要因素。A 型性格中对外界的敌意态度和高度生气、发怒的特征联合作用，成为冠心病与高血压的诱因。因为人体在激动、紧张、气愤的状态下，肾上腺素分泌增加，一方面引起呼吸加深、加快，心搏加快、加强，外周血管阻力增加，舒张压升高；另一方面引起血黏度和血小板聚集性增加，促发冠脉痉挛或血栓形成，成为高血压与冠心病的病理基础。国内外的研究还发现，C 型性格的人易患癌症。北京医科大学王效道认为“抑郁是癌症的激化剂。癌症病人有 78% 爱生闷气”。由此可见，不良的人格因素会危及人体健康。

测一测，想一想

A 型性格问卷

按各题所问事项在“是”、“否”处填答。如果半数以上题目答“是”，希望你改变习惯，放慢生活的节奏。

问　题	是	否
1. 你说话时会刻意加重关键字的语气吗？	____	____
2. 你吃饭和走路时都很急促吗？	____	____
3. 你认为孩子自幼就该养成与人竞争的习惯吗？	____	____
4. 当别人慢条斯理做事时你会感到不耐烦吗？	____	____
5. 当别人向你解说事情时你会催他赶快说完吗？	____	____
6. 在路上挤车、餐馆排队时你会感到着急吗？	____	____
7. 聆听别人谈话时你会一直想你自己的问题吗？	____	____
8. 你会一边吃饭一边写笔记或一边开车一边刮胡子吗？	____	____
9. 你会在休假之前先赶完预定的一切工作吗？	____	____
10. 与别人闲谈时你总是提到自己关心的事吗？	____	____
11. 让你停下工作休息一会时你会觉得浪费了时间吗？	____	____
12. 你是否觉得全心投入工作而无暇欣赏周围的美景？	____	____
13. 你是否觉得宁可务实而不愿从事创新或改革的事？	____	____
14. 你是否尝试在时间限制内做出更多的事？	____	____
15. 与别人有约时你是否绝对遵守时间？	____	____
16. 表达意见时你是否握紧拳头以加强语气？	____	____
17. 你是否有信心再提升你的工作绩效？	____	____
18. 你是否觉得有些事等着你立刻去完成？	____	____
19. 你是否觉得对自己的工作效率一直不满意？	____	____
20. 你是否觉得与人竞争时非赢不可？	____	____
21. 你是否经常打断别人的话？	____	____
22. 看见别人迟到时你是否会生气？	____	____
23. 用餐时你是否一吃完就立刻离席？	____	____
24. 你是否经常有匆匆忙忙的感觉？	____	____
25. 你是否对自己近来的表现不满意？	____	____

（引自 Rathus & Nevid，1989）

（三）人格健康可减少和避免疾病

讲究人格心理健康不仅是为了避免疾病，更重要的是为了发挥积极人格的作用，以增进人的社会适应能力，促进人的健康和完善，进而促进社会的文明和发展。比如，一个性情开朗、热情、善于交际、为人诚恳的人，往往容易得到群体和他人的接纳和帮助、欢迎和喜爱，容易建立起和谐的人际关系，不仅自己过得心情愉快、情绪欢畅，也给周围的人带来欢乐，并使自己的才华得以施展。新入学的大学生和走上社会的毕业生，其对学校及社会的适应状态往往是他的人格素质的综合反应。

大学生的人格状况与成才直接相关。作为在校大学生，都是考场上的高手，其智商总的来说都比较高，经过几年的学习，多数学生能顺利地完成学业。但也确实有一些人中途退学、留级以至被淘汰等，这固然有智力因素的影响，但据我们了解的情况看，更主要的是非智力因素，尤其是人格因素造成的，如在独立性、自信心、勤奋、踏实、坚韧、耐挫、性格等方面不适应，则不利于成才。另外，还有一些天资聪明、才华横溢者，最终却一事无成，其主要原因多与人格缺陷有关。因此，重视人格的培养是大学生自身成才的需要，也是社会发展的需要。

二、大学生中常见的人格障碍

（一）人格障碍的一般特征

人格障碍也称病态人格、变态人格，是指偏离常态的人格。人格障碍和人格缺陷在大学生中有一定数量。一般认为，紊乱不定的心理特征和难以相处的人际关系是各类人格障碍的突出特征。

（1）有紊乱不定的心理特点和与人难以相处的人际关系，如偏执怀疑、自我爱恋、被动性、侵犯等。

（2）把自己遇到的一切困难都归咎于命运和别人的错误，把社会和外界对自己不利的条件都看做是不应该的，对自己的缺点却无所觉察，也不改正。

（3）自我中心，认为自己对别人不负任何责任，对不道德的行为没有罪恶感，对伤害别人的行为不后悔，对自己的一切行为都执意偏袒与辩护。以自己的利益为中心，而不能设身处地体谅他人。

（4）在任何环境中都表现出猜疑、仇视和偏颇的看法，难以改变病态观念。

（5）缺乏自知，当行为后果伤害他人时，自己却泰然自若，毫无感觉。

（6）一般意识清醒，无智力障碍。

（7）幼年开始，一旦形成，则难以改变。

（二）大学生常见人格障碍类型

根据人格障碍的不同表现，可将人格障碍分为不同类型。世界卫生组织的《国际疾病分类》第9版，将人格障碍分为偏执型、情感型、分裂型、爆发型、强迫型、癔症型、无力型、反社会型或不合群型。大学生中常见的各种人格障碍有如下具体表现：

（1）偏执型人格：敏感多疑，主观固执，心胸狭隘，好嫉妒，自我评价高，易冲动和诡辩，常怀疑别人的用心，报复心强。

（2）情感型人格：情绪波动大，兴奋时情绪高涨，热情善感，内心充满了希望和喜悦；抑郁时一言不发，悲观失望。

（3）分裂型人格：极端内向、孤僻，回避社交，言行怪异，情感冷漠，退缩，敏感，羞怯，易沉溺于白日梦。

（4）爆发型人格：平日表现正常，但偶有因细小的精神刺激而突然爆发强烈的愤怒情绪和冲动行为，且自己不能控制。

（5）强迫型人格：过分认真和自我控制，十分注意细节和追求完美，做事反复检查仍放心不下，常感紧张、苦恼和焦虑，常有不安全感，易发生强迫型神经症。

（6）癔症型人格：好表现，喜欢引人注目，人格不成熟，情绪不稳定，往往由细微刺激引起爆发性情绪，反应过强，表现具有戏剧性。

（7）无力型人格：也称依赖型人格，缺乏自主、自信和独立意识，过多依赖他人，总想求助于他人，有被动服从他人的愿望。

（8）反社会型和不合群型人格：也称反社会型和悖德型人格，表现为情绪不稳定，常为一时的冲动所左右，以自我为中心，不顾别人的痛苦和社会的损失，易发生违纪行为和不正当的意向活动。

以上的人格障碍表现有男女性别的差异，依赖型、癔症型多见于女性；偏执型、强迫型、悖德型多见于男性。

（三）人格障碍的病因

一般认为，人格障碍可能是生物、心理和社会文化等因素共同作用下形成的。在人格的发展过程中，儿童早期的环境和家庭教育是非常重要的因素。儿童人格的发展与父母的态度和教育方法有很大关系，父母过于严厉，儿童往往形成焦虑、胆怯的性格；反之，则往往形成被动、依赖、脆弱的性格。对儿童的不合理教养和不良生活环境的影响以及童年的某些创伤都可以对儿童人格的发展产生严重的影响。此外，某种特殊的社会、文化环境的潜移默化的影响，也是形成人格障碍的因素。

（四）人格障碍的矫治

人格障碍一般地形成于童年或少年时期，并且由于具有人格障碍的人其内心体验背离生活常情，所以矫治比较困难。目前在我国主要的对策是实行“综合治理”，即通过家庭、社会、学校的共同努力，尤其是使本人有所认识，并积极配合、不懈地努力改造，同时配合心理治疗，如认知疗法、行为疗法、集体疗法等，达到一定的疗效。

第三节　大学生常见人格问题及矫正

在人格的形成、发展过程中，由于内外、主客观不良因素的作用，会不同程度地影响人格的健康发展，从而导致人格发展缺陷，严重的还会引起人格障碍。

人格缺陷是介于正常人格与人格障碍之间的一种人格状态，也可以说是一种人格发展的不良倾向，或者说是某种轻度的人格障碍。常见的人格缺陷有自卑、抑郁、怯懦、孤僻、冷漠、悲观、依赖、敏感、多疑、焦虑或对人敌视、暴躁冲动、破坏等。这些都是不健康的心理因素，它们不仅影响活动效率，妨碍正常的人际关系，同时还会给人蒙上一层消极、阴暗的色彩。下面介绍一些常见人格缺陷的特征及矫正方法：

一、悲观及其改变

有些人遇到不如意、失败的情况时便垂头丧气、怨天尤人，面临重任、挑战便自认无能为力，甘愿失败，对前途失去信心，心灰意懒……这些都是悲观的表现。引起悲观的既有人生态度、意志品质方面的原因，也有认知错误、人格不成熟的因素。有些人则是因为理想破灭、道路坎坷而灰心丧气。

大学生中有的人常从消极的角度去看问题，总把眼睛盯着伤心、弱点和困难的方面，或认为失败无法改变。这实际上是用悲观来对待挫折，结果是“帮助”挫折来打击自己，在已有的失败感中又增添新的失败感，就像在伤口上又撒了一把盐。这种悲观心理的发展，会使人浑浑噩噩、毫无生气，甚至厌世轻生。

悲观心理是一种严重的不健康心理，对人身心的危害极大。怎样才能改变悲观，走出情绪低谷，培养乐观的人生态度呢？德国心理学家皮特·劳斯特提出了一些有价值的建议。

(1) 越担惊受怕就越遭灾祸。因此，一定要懂得积极态度所带来的力量，要坚信希望和乐观能引导你走向胜利。

(2) 即使处境危难，也要寻找积极因素。这样，你就不会放弃争取微小胜利转机的努力。你越乐观，你克服困难的勇气就越会倍增。

(3) 以幽默的态度来接受现实中的失败。有幽默感的人，才有能力轻松地克服厄运，排除随之而来的倒霉念头。

(4) 既不要被逆境困扰，也不要幻想出现奇迹，要脚踏实地、坚持不懈，全力以赴去争取胜利。

(5) 不管多么严峻的形势向你逼来，你也要去发现有利的条件。不久，你就会发现，你到处都有一些小的成功。这样，自信心自然也就增大了。

(6) 不要把悲观作为保护你失望情绪的缓冲器。乐观是希望之花，能赐给人力量。

(7) 你失败了，但你要想到，你曾经多次获得过成功，这才是值得庆幸的。如果 10 个问题你做对了 5 个，做错了 5 个，那么你还是完全有理由庆祝一番，因为你已经成功地解决了 5 个问题。

(8) 在你的闲暇时间努力接近乐观的人，观察他们的行为。通过观察培养起你的乐观态度，乐观的火种会慢慢地在你内心点燃。

(9) 要知道，悲观不是天生的。像人类的其他态度一样，悲观不但可以减轻，而且通过努力还能转变成一种新的态度，这就是乐观。

(10) 如果乐观态度使你成功了，那么你就应该相信这样的结论：乐观是成功之源。

此外，培养多方面的兴趣与爱好，多参加集体活动，多加强体育锻炼，多看幽默剧、相声等能给人带来笑声的节目，都有助于培养乐观的性格。

二、羞怯及其改变

羞怯在大学生中并不少见，例如，不敢在大众场合发表意见，害怕与陌生人打交道，路上见到异性同学会手足无措，见到老师便难为情，说话感到紧张等。一般而言，害羞之心人皆有之，但过分地害羞就不正常了，它会阻碍人际交往，影响一个人正常地发挥才能，还会导致压抑、孤独、焦虑等不良心态。

羞怯是一个人自我防御心理过强的结果，其特点表现为：

(1) 过于胆小被动，过于谨小慎微。羞怯者说话时，意思往往表达不清楚，说话、做事总怕有错，担心被人议论、讥笑。因此，每想说一句话，总要在喉咙口反复多次；每做一件事，总要思前想后，为此把自己搞得神经紧张、坐立不安，而且往往为错过说话、做事的时机而后悔、沮丧、自责。

(2) 过于关注自己。羞怯者特别注意自己在别人心目中的形象，总觉得自己时时处处在众目睽睽之下，于是敏感、拘束。

(3) 自信心不足。羞怯者对自己的社交能力、表达能力、做事能力乃至自我形象缺乏信心，因而使本来可以做到、做好的事难以如愿。

虽然羞怯的人格特征与神经类型有一定的联系，但更多的还是后天因素所致，所以，通过有意识的调节可以改变。

第一，要对自己做一个具体分析，找到自己的所长和所短，发扬所长可增强信心，并补偿不足。特别是要多看到自己的长处，以增强信心。

第二，放下思想包袱。事实上每个人都有怕羞心理，只是有些人善于调节，注意锻炼罢了。金无足赤，人无完人。一个人说错话、办错事没什么可怕，也不必难为情，错了改正就是了。

第三，不要太在意别人的议论。所谓“人多口杂，金子也会融化”，总把别人说的话放在心上便寸步难行，什么也不敢做、不敢说了。只要自己看准的就大胆去做。无论你做得多好，也不可能人人称赞。

第四，有意识地锻炼自己。胆量和能力都是锻炼的结果，要敢于说第一句话，敢于迈第一步。一旦这样做了，会发现自己不仅有能力把事情干好，而且有潜力把事情干得更好。20 世纪 70 年代的日本首相田中角荣在学生时代是一个严重的口吃患者，他发现自己越是在众人面前说话就越口吃，这非但没使他退却，反而促使他下决心克服口吃的毛病。于是他索性参加了学校的话剧团，迫使自己背台词，并要求自己背得烂熟，否则无法登台演出。就这样，他百折不挠地锻炼，终于战胜口吃，不但话剧演得很成功，后来还参加竞选演讲，出任一届日本首相。由此可见，锻炼是克服人格缺陷的一个好办法。

三、猜疑及其改变

所谓猜疑，一猜二疑，疑是建立在猜的基础上，因而往往缺乏事实根据，有时也缺乏合理的思维逻辑。好猜疑的人往往对人、对事敏感多疑，看到同学背着自己说话，便疑心是在说自己的坏话；某同学没和自己打招呼，便猜他对自己有意见等。

猜疑是很有害的人格缺陷，它会导致人际关系紧张、伤害他人感情、无事生非等；自己则会陷入庸人自扰、苦闷、惶惑的不良心境中。培根在《论猜疑》一文中指出，疑心“是迷惑人的，又是乱人心智的。它能使你陷入迷惘，混淆敌友，破坏人的事业”。有这种不健康人格品质的人应积极寻求矫治。

克服猜疑的办法包括：

（1）当产生猜疑时，先不要外露，可留心体察所疑的人和事，若猜疑被证实，不会因此感到震惊；当猜疑不成立时，应打消疑心。由于不曾外露，当然不会伤害他人。

（2）加强沟通。猜疑常常是由于误会或他人搬弄口舌引起的，因此碰到这种情况应主动地和被猜疑者沟通、交流，这样有助于消除误会，改善、增进彼此的信任感。

（3）抛弃成见和克服自我暗示，学会全面、发展地看问题，改变封闭式思维方式。

（4）“心底无私天地宽”，无私就无畏，坦坦荡荡地做人，和同学、朋友坦诚相处，别人如何看自己，不必过分在意，相信“日久天长见人心”。

总之，要克服摆脱猜疑的心理主要是自己做人要正，“人正不怕影子斜”；对他人宽厚为怀，即使被别人误会也不必去计较；充分驾驭好“语言”这个工具，出现了误会或彼此不信任、猜疑时，通过沟通思想、说明情况，达到彼此谅解。只有这样，你才会生活得愉快。

四、急躁及其改变

急躁是大学生中常见的不良人格品质。表现为碰到不称心的事情马上激动不安；做事缺乏充分准备，没准备好就盲目行动，急于达到目的；缺乏耐心、细心和恒心。性情急躁的人说话、办事快，竞争意识强，容易冲动，心情常常处于紧张状态。日常生活中急躁者常会忙中生乱，祸及自己与他人。大学生中在学习上表现出急躁特点的人为数不少，他们常常什么都想学，而且想短时间内学会，生怕比别人落后，急于求成，但实际效果常常达不到期望的目标，从而生气、发怒，既影响自己的身体健康和学习效率，又妨碍人际关系。

怎样克服急躁的缺点呢？

（1）思先于行。首先要加强自我修养，自觉地养成冷静、沉着的习惯。在学习、生活中，对非原则性问题尽量避免与人发生矛盾，把精力用到积极思考之中。

（2）改变行为，细心、认真行事，吃饭时间不得少于 20 分钟，细嚼慢咽；说话控制语速，想好了再说，不随意打断别人的谈话；看书要一字一句细读，边读边想；走路、骑车有意不超过别人；工作中改掉冲锋陷阵式的习惯，不着急，有条不紊地干。

（3）控制发怒。性格急躁的人容易发怒，应把制怒格言“能忍则自安，退一步则海阔天空”铭记在心，时时提醒自己遇事冷静。如果输了，甘拜下风。

（4）松弛疗法。坚持静养训练，在工作、学习之余，常听轻松、优美、恬静的音乐，赏花悦心，书画静神，打太极拳，练练气功，闭目养神，使肌肉、神经都处于完全放松状态。

第四节　培养良好人格品质的方法

大学生健康人格的塑造不仅关系到大学生本身的健康和成才，也关系到社会的发展和进步，关系到我国现代化建设的进程和质量。美国社会学家英格尔斯指出：“一个国家，只有当它的人民是现代人，它的国民从心理和行为转变为现代的人格，它的现代政治、经济和文化管理机构中的工作人员都获得了某种与现代化发展相适应的现代性，这样的国家才可真正称之为现代化国家。”可见，人格的现代化是社会现代化发展和成功的先决条件。

一、人格的可塑性

良好人格的培养、塑造是指在一定社会环境条件下，个体通过吸收一定的社会文化，经过自身主观努力和社会、学校教育的影响，使人格逐步健康化的过程。

人格的形成是一个动态的变化发展的过程。人格的发展经历幼儿期、少年期、青年期、中年期和老年期几个阶段，总的发展趋向是不断走向成熟。因此，人格健康化的历程也是一个变化发展、由量变到质变的过程。但是，在错综复杂的社会环境中，由于种种主观因素影响，人格发展遇到障碍，会出现人格失调和人格变态。

人格的改变不仅可能而且可行。从人格的内涵来看，人的心理素质、道德素质、社会化程度主要是受后天环境的影响。因此，良好的育人环境有助于大学生人格的健康发展。从人格的发展来看，随着年龄的增长、知识的积累、经验的丰富、实践的参与，人格将不断走向成熟；从变态人格的矫正来看，在异常人格的重整、矫治方面，西方人格理论家提出了各种理论，并发展了许多行之有效的技术和方法，取得了积极的效果。

青年期是人格的再造期。抓住这个有利时机，发挥人的主观能动性，不断完善自我，提高人的心理素质、文化素质和道德修养，必将使当代大学生的人格层次不断提高。

二、良好的人格品质培养方法

对于大学生自身来讲，保持心理健康一个重要的途径是注意培养、锻炼自己良好的人格品质。因为在整个环境中，致病因素大量存在，预防心理疾病的关键是增强自身的“免疫”能力。以往的教育中常常存在重知识技能和身体素质的培养而忽视对心理素质的培养，使许多学生的人格缺陷未能及时发现及改善，成了出现心理障碍的内在因素。对于进入青年期的大学生来说，发挥自己的主观能动性，自觉主动地优化自己的人格品质不仅必要而且可能。

（一）树立正确的人生观与世界观

人之所以为万物之灵，是因为人所独有的极其复杂、丰富的主观内心世界，而它的核心就是一个人的人生观和价值观。如果有了正确的人生观和价值观，就能对社会、人生持正确的认识，并采取适当的态度和行为反应；就能使人站得高，看得远，并正确地体察和分析客观事物，做到冷静而稳妥地处理事情；同时，胸怀开阔，保持乐观主义的态度，提高对心理冲突和遭受挫折的耐受能力，有利于保持心理健康。大学阶段是一个人的人生观、价值观的定型阶段，大学生应该自觉学习，努力提高，确立科学的人生观和价值观。

（二）正确认识自我，培养悦纳自我的态度

人格的核心是自我意识。心理学研究表明，凡是对自己的认识和评价与本人实际情况越接近，表现自我防御行为就越少，社会适应能力就越强。相反，

自卑感过重的人或自我过于夸大的人，常会感到紧张焦虑而导致心理问题产生。因此，大学生应该深入了解自己，正确评价自己，要充满自信，不苛求自己，不追求十全十美的形象，不为自己存在的缺点和不足而沮丧，不以己之长来比人之短，也不以己之短来比人之长。制定目标要尽可能符合自己的实际情况，通过努力可以达成。如果目标过高，难以实现，就会倍感压力；目标过低，轻易取胜，则易滋长自负心理。因此，客观地自我评价，接纳自我的态度对于促进心理健康至关重要。

（三）提高受挫能力

人生逆境，十有八九，无论是谁，在人生的道路上都会遇到大大小小的挫折。就像巴尔扎克所说的，挫折就像一块石头，对于害怕他的人是一块绊脚石，对于健康的人是一块垫脚石，让人看得更高、更远，不为眼前的困难所吓倒。大学生活中学习上的困难、与同学间的摩擦、爱情上的失意等都可能带来挫折感。有了对挫折的心理准备，就可能在挫折面前应付自如，保持心理平衡。挫折承受能力的高低与一个人的思想境界，对挫折的主观判断，过去的挫折体验，有无支持系统等因素有关。培养挫折承受能力就应该努力提高自己的思想境界，凡事从大局出发，建立和谐的人际关系，保持良好的社会支持系统。

（四）自觉地调控情绪

情绪对人的心理健康影响很大。情绪可分为积极的情绪与不良的情绪。要保持积极的、健康的情绪，必须学会疏导不良情绪。情绪调节的方法有多种，包括合理宣泄、转移、升华等。大学生应该做情绪的主人，根据不同的情境，采取不同的调节方法疏导和宣泄，克服不良情绪，使消极的情绪对身心的伤害减低到最低程度。

（五）培养健康的生活方式

生活方式对心理健康的影响已经越来越为人们所关注。一头扎在学习中，置其他于不顾，或者生活没有规律，随心所欲，都不是健康的生活方式。为了完成艰巨的学习任务，为了将来健康地为祖国贡献几十年，大学生应该自觉地养成良好的生活习惯，劳逸结合，科学用脑，坚持体育锻炼，少饮酒，不吸烟。

心灵读本：性格就是命运

古希腊哲人赫拉克利特说："一个人的性格就是他的命运。"这句话包含两层意思：一是，对于每一个人来说，性格是与生俱来、伴随终身的，永远不可摆脱，如同不可摆脱命运一样；二是，性格决定了一个人在此生此世的命运。

那么，能否由此得出结论，说一个人命运的好坏是由天赋性格的好坏决定的呢？我认为不能，因为天性无所谓好坏，因此由之决定的命运也无所谓好坏。明确了这一点，可知赫拉克利特的名言的真正含义是：一个人应该认清自己的天性，过最适合于他的天性的生活，而对他而言这就是最好的生活。

一个灵魂在天外游荡，有一天通过某一对男女的交合而投进一个凡胎。他从懵懂无知开始，似乎完全忘记了自己的本来面目。但是，随着年岁和经历的增加，那天赋的性质渐渐显露，使他不自觉地对生活有了一种基本的态度。在一定意义上，"认识你自己"就是要认识附着在凡胎上的这个灵魂，一旦认识了，过去的一切都有了解释，未来的一切都有了方向。

赫拉克利特的名言也常被翻译成："一个人的性格就是他的守护神。"的确，一个人一旦认清了自己的天性，知道自己究竟是什么人，他也就知道自己究竟要什么了，如同有神守护一样，不会在喧闹的人世间迷失方向。

摘自：《读者》2005年第22期，作者：周国平

复习与思考题

1. 人格对人的成长与发展有哪些影响？
2. 分析你自己的人格特点并说明形成过程。
3. 通过练习与思考，你对自己的气质和性格有哪些新认识？
4. 你打算怎样优化自己的人格？

阅读书目

1. 樊富珉、刘丹编著：《尽展你人格的风采》，高等教育出版社 2004 年版。

2. 许燕编著：《人格——人生绚丽的画卷》，北京师范大学出版社 2000 年版。

3. 郑雪主编：《人格心理学》，暨南大学出版社 2007 年版。

4. 贺淑曼等编著：《个性优化与人才发展》，世界图书出版公司 2001 年版。

第二单元

心理健康表现领域

第六章

适应发展与心理健康

适应与发展是心理健康的重要标志，是大学生适应现代社会的必备素质。适应是一个人通过不断调整自身，使其个人需要能够在环境中得到满足的过程，适应也是自我与环境和谐统一的一种良好的生存状态。积极的适应就是发展。学习、了解适应和发展的心理学理论，了解大学阶段人生发展的任务，认识和掌握人生发展的规律，将有助于大学生自身的发展更为完善。

尝试让我学会了适应

“由于生病，我的高考成绩不是很理想，是以第二志愿考进来的。压抑、烦恼充满了我的大一生活。刚入学的时候，我很不适应大学的生活，觉得自己和周围的一切都格格不入。在那段时间，每天早上醒来，出现在我脑海里的第一句话，就是鲁迅先生曾经说过的‘我不知道这样的世界何时是个尽头’。但我很幸运，在大一下学期的时候，我选修了“大学生心理健康”课程，学习了自我意识、人际交往、适应和发展等一些相关知识，我尝试着去接纳自我，尝试着与同学沟通，尝试着参加班级和学校组织的活动。慢慢地我发现我变了，从一个自卑、沮丧的小女孩变成了现在的一名自信、乐观的大学生。”

面临从中学到大学的转变，许多大学生都经历了一个像这位同学那样从不适应到适应的过程。适应是心理健康的一项最基本的标志，是大学生必备的心理素质。人生是一个不断使自己适应环境的过程。其实，每一个人从中学步入大学，从大学步入社会，从一种生活环境再进入另一种生活环境，都是一种适应，都需要人们学会适应。一位哲人曾经说过："生活的成功与否，要看适应能力与其内外机遇调剂融合的难度是否相对应。"积极的适应就是发展。面对当今我国剧烈变革的社会，面对无数的挑战和机遇，谁拥有良好的适应能力，谁就能够获取成功。

第一节　认识适应和发展

由于我们生活的环境在不断地变化，因此人们的适应就是一个连续不断的过程。人在社会中生存、发展，就需要有良好的适应能力。心理学家珍妮特认为，人的整个一生是一系列的适应阶段，而每一阶段都会对个人的长期调节产生影响。

一、什么是适应和发展

（一）适应的含义

适应是一个人通过不断调整自身，使其个人需要能够在环境中得到满足的过程，适应也是自我与环境和谐统一的一种良好的生存状态。

人在环境中生活，总要与环境相适应，保持一种相互平衡的状态。这样，人才能使自己生存的需要、安全的需要、归属的需要得到满足，从而实现自我的成功发展。从总体上来说，人与环境的适应通过两种途径来实现：一种是人自身做出改变，另一种是环境改变。通常的情况下，人们选择环境、改变环境是有一定限度的。大多数的时候，人与环境的适应，要求人自身做出调节，适应既定的环境。例如，一名大学生，他最初的理想大学是某名牌大学，但由于受招生名额和个人高考成绩的限制，没有达到个人理想，进入了一所自己并不太喜欢的大学。在这种情况下，要使环境做出改变是很困难的。个人要在大学期间获得发展，最有效的办法就是调整自己，适应现实的环境。

做一做，想一想

换位子的思考

目的：感受变化带来的不适应，认识适应的必然性和必要性。

操作：请同学离开自己现在的座位，换到另一个远离这个位置的座位上去，再请大家谈谈换位后的感受与思考。

（二）发展的含义

人的发展是指人生的发展，是人的身心随着时间的推进不断变化的过程。人的心理发展是伴随着人的身体发育成熟，人的认识、情感、能力和社会性等方面获得完善成长的过程，它是一个人整个一生中行为和心理的发展过程。

从胚胎到身体死亡，人的发展是获得和丧失的结合，生命任何时候的发展都是成长和丧失的结合。任何发展都是新适应能力的获得，同时也包含着以前存在的部分能力的丧失。发展要经历若干个阶段，每一个阶段都面临着心理发展的任务。人就是在成功地完成每一个阶段的人生发展任务中不断地走向完善，度过自己完美的生命历程。与此同时，人们充分地发挥每一阶段的潜力，实现自己的人生价值，为国家、为社会、为人类作出自己应有的贡献。一个人的发展水平决定着一个人的生命质量。

人的发展与他所生存的环境和人自身的主动是分不开的。人是社会的人，人在社会中生存、生活和发展。社会环境在一定程度上影响、塑造着人的个性，对人的发展有着巨大的影响。但是，人不同于动物，人的发展不都被动地取决于环境，人的心理活动，人对自我的认识，人的个性特点，人的积极主动精神，对人的发展具有重要的作用。

实现个人的更好发展，是当代大学生的共同愿望。学习和了解发展的心理理论，了解大学阶段人生发展的任务，认识和掌握人生发展的规律，将有助于大学生自身的发展更为完善。

（三）适应与发展的关系

适应和发展是密切相关的，它们是同一过程的两个方面。发展是积极的适应。在现实生活中，人们对环境的适应，从适应的方向上看大体有两种：消极的适应与积极的适应。

1．消极的适应

这种适应是人与环境的消极互动过程。在这一过程中，个体认同、顺应了环境中的消极因素，压抑了自身的积极因素及自身的潜能，违背了人的心理发展方向。其结果是环境改造了人，而人未发挥自己对于环境的能动作用。例如，在大学中，因为自己的某几次考试成绩不理想，就悲观失望，觉得前途渺茫，以至不思进取。这样的人是以压抑自己的潜能、牺牲个人心理机能和品质为代价的，这种对环境的适应是退化，不是发展。

2．积极的适应

积极的心理适应是个体在客观环境中积极主动地调整自己与环境的不适应行为，增强个体在环境中的主动性、积极性，使自身得到发展。任何环境中都存在着有利于个人成长的积极因素和不利于个人成长的消极因素。积极的适应是要正确地分析自身的特点及环境的特点，从对这两者的分析中找到自己的生长点。心理学家马斯洛在谈到成长与环境的关系时说："环境的作用最终只是允许他和帮助他，使他自己的潜能现实化，而不是实现环境的潜能。环境并不赋予人潜能，是人自身以萌芽或胚胎的形态具有这些潜能，正如他的胚胎形成的胳膊和腿一样。创造性、自发性、个性、真诚、关心别人、爱的能力、向往真理全都是胚胎形成的潜能，属于人类全体成员，正如他的胳膊、腿、脑、眼睛一样。"这段话给我们的启示是：每个人都存在着潜能，环境只是才能发展的条件，而不是"种子"。我们认为：潜能发挥的重要条件是个人的实践，个人在具体环境条件下能动的活动。将环境中的有利因素和个性中的积极因素统一在自己能动的实践活动中，人就获得了一种积极的适应。例如，同样都是从偏僻的山村来到北京上学的大学生，有的认为自己是小地方来的，处处感到自卑，觉得生活无望，止步不前；而有的则汲取自己在艰苦生活中的经验，不怕吃苦，积极肯干，后来成长为著名的作家、医生等。这些人对环境适应的结果是个人得到了发展。

测一测，想一想

心理适应性自测

为了帮助你了解心理适应能力，我们选用了陈会昌编制的心理适应性测量表，它包括20个题目，每个题目后有5种供选择的答案。具体做法为：在阅读完每题后，从答案中选择符合你实际情况的一个答案。

(1) 把每次考试的试卷拿到一个安安静静、无人监考的房间去做，我的成绩一定会好一些。

(很对　对　无所谓　不对　很不对)

(2) 夜间走路，我能比别人看得更清楚。

（是　好像是　不知道　好像不是　不是）

（3）每次离开家到一个新地方去，我总爱闹点毛病，如失眠、拉肚子、皮肤过敏等。

（完全对　有些对　不知道　不太对　不对）

（4）我在正式运动会上取得的成绩比体育课或平时练习成绩好些。

（是　似乎是　说不准　似乎不是　正相反）

（5）我每次明明把课文背得滚瓜烂熟了，可在课堂上背的时候，却总要出点差错。

（经常如此　有时如此　说不准　很少这样　没有这种情况）

（6）到我发言时，我似乎比别人更镇定，发言也显得很自然。

（对　有些对　不知道　不太对　正相反）

（7）我冬天比别人更怕冷，夏天比别人更怕热。

（是　好像是　不知道　好像不是　不是）

（8）在嘈杂、混乱的环境里，我仍能集中精力地学习、工作，效率并不大幅度降低。

（对　略对　说不准　有些不对　不对）

（9）每次体检时，医生都说我“心跳过速”，其实平时我脉搏很正常。

（是　有时是　时有时无　很少　根本没有）

（10）如果需要的话，我可以熬一个通宵，精力充沛地学习或工作。

（完全同意　有些同意　无所谓　略有不同　不同意）

（11）当父母或兄弟姐妹的朋友来家做客时，我尽量回避他们。

（是　有时是　时有时无　很少有　根本没有）

（12）出门在外，虽然吃饭、睡觉、环境等变化很大，可是我很快就能习惯了。

（是　有时是　是与否之间　很少是　完全不是）

（13）参加各种比赛时，赛场上越热烈，观众越加油，我的成绩反而越上不上去。

（是　有时是　是与否之间　很少是　不是）

（14）上课回答问题或开会发言时，我能镇定自若地把事先想好的一切都完全说出来。

（对　略对　对与不对之间　略不对　不对）

（15）我觉得一个人做事比大家一起做效率高些，所以我愿意一个人做事。

（是　好像是　是与否之间　好像不是　不是）

(16) 为了求得和睦相处，我常常放弃自己的意见，附和大家。
(是　有时是　是与否之间　很少是　不是)

(17) 当着众人和生人的面，我感到窘迫。
(是　有时是　是与否之间　很少是　不是)

(18) 无论情况多么紧迫，我都能注意到该注意的细节，不爱丢三落四。
(对　略对　对与不对之间　略不对　不对)

(19) 和别人争吵起来时，我常常哑口无言，事后才想起怎样反驳对方，可是已经晚了。
(是　有时是　是与否之间　很少是　不是)

(20) 我每次参加正式考核或考试的成绩，常常比平时更好些。
(是　有时是　是与否之间　很少是　不是)

记分方法：凡单号题（1、3、5……），从第一到第五处回答依次记1、2、3、4、5分；凡双号题（2、4、6……），从第一到第五处回答依次记5、4、3、2、1分。

得分之和与心理适应能力的关系是：81～100分，适应能力很强；61～80分；适应性强；41～60分，适应性一般；21～40分，适应性较差；0～20分，适应性很弱。

二、适应与发展的基本理论

（一）适应与发展的心理学说

1. 发展心理学观点

艾里克森的人生发展理论认为，人出生后与社会环境接触，并在与环境的互动中成长。一方面由于个体的自我成长需要，希望从环境中（特别是在人际关系上）获得满足；另一方面又受到社会的限制，使他在社会适应上产生一种心理上的困难。艾里克森称其为发展危机。他认为，人一生随年龄发展经历不同的发展阶段，每个年龄阶段都产生不同的心理危机，即遇到不同的社会适应问题。这就需要人们不断地学习，在经验中调适自我，使自己不断地完成每一个阶段的适应任务，走向人生的不断发展。

艾里克森采取两极对立的观念来表示不同时期的发展危机，即个体在社会要求下的两难处境。处理得好，危机向正极发展，成为发展的转机；处理不好，危机向负极发展，成为发展的障碍。由于个人的适应调节能力不同，个人的发展趋向也不同。表 6-1 是艾里克森关于人生 8 个阶段的适应与发展过程表。

表 6-1 **艾里克森的心理发展理论**

阶段	年龄	发展危机	发展顺利者的心理特征	发展障碍者的心理特征
1	0～1 岁	信任对不信任	对人信任，有安全感	面对新环境时会焦虑不安
2	1～3 岁	自主行动对羞怯怀疑	能按社会要求表现目的性行为	缺乏信心，行动畏首缩尾
3	3～6 岁	自动自发对退缩愧疚	主动好奇，行动有方向，开始有责任感	畏惧退缩，缺少自我价值感
4	6 岁～青春期	勤奋进取对自贬自卑	具有求学、做事、待人的基本能力	缺乏生活基本能力，充满失败感
5	青年期	自我统合对角色混乱	有了明确的自我观念与自我追寻的方向	生活无目的、无方向，时而感到彷徨迷失
6	成年期	友爱亲密对孤僻疏离	与人相处有亲密感	与社会疏离，常感寂寞孤独
7	中年期	精力充沛对颓废迟滞	热爱家庭，关怀社会，有责任心，有义务感	不关心别人与社会，缺少生活意义
8	老年期	完美无缺对悲观绝望	随心所欲，安享余年	悔恨旧事，消极失望

（本表转引自：张春兴《教育心理学》）

大学生处于人生发展的青年后期和成年早期阶段。大学生在这一时期适应和发展的主要任务是确立一个正确的自我概念，即能够独立地做决断，并能够承担起社会的责任；能够与别人建立亲密的关系，或在其中获得相互的认同。艾里克森认为，发展亲密感，建立良好的社会关系对于个人能否进入社会具有重要的作用。这一阶段还要体会爱情的亲密感，体验爱情的实现。

2. 人本主义心理学观点

以比勒、马斯洛、罗杰斯等人为代表的人本主义关于人的发展理论认为，人天生存在着一种发展潜能，人的发展潜能的逐渐现实化和整合的过程，形成了自我不断完善、成熟的各个阶段。

人本主义认为，人的发展有三个阶段，每个阶段的基础都取决于自我的形成和发展，一个人在任何阶段停留多长时间，甚至毕生停留在某个阶段都是可能的。这三个阶段是：

（1）外在化自我阶段。这一阶段主要发生在出生前一年和出生后的最初三四年内。在这一阶段，婴儿发展的主动和决定力量在父母身上。因此父母规定了婴儿的特性，赋予他意义，使他局限在某种作用的范围内，不成熟的人有可能终生停留在这一阶段。

（2）内在化自我阶段。人本主义认为，人要打破周围那些决定个人的外在力量，强调个人应有自己的自省、自我体验和发挥个人重要作用的机会。人们通常称之为成熟与成长。认识与情感的变化，社会心理发展与生物心理发展的变化都在这一阶段发生。人本主义认为，第二阶段的过渡可能发生在一个人一生中的任何时期，也可能根本不发生变化。

（3）整合化与现实化的自我阶段，这一阶段的特征是放弃和解放内在化自我，最终实现质上的整合化和现实化。这就是如马斯洛和罗杰斯所说的，成为一个自由和谐的、充分发挥自我潜能的人。

3. 行为主义心理学观点

关于行为主义的适应与发展理论，先让我们看看行为主义心理学家桑代克的一个经典实验（迷箱实验）：

桑代克首先用铁丝或木板条制作一个迷箱（或称迷笼），箱外放有某种食物，然后将一只活泼好动而又饥饿的猫关进迷箱里。箱门上装有门闩，猫必须能够操作与门闩相连的绳子或把手等装置，箱门才能打开。实验开始时，猫受饥饿驱力的刺激，先是用爪抓取箱外的食物，取不到，便在箱子里表现出极度不安的状态，然后乱抓、乱跳，用鼻子或爪子乱撞箱门，或时坐、时咬箱壁。在这一系列的反应活动中，猫偶然地碰到了门闩装置，于是门被打开了，猫脱门而出，吃到了食物，然后平静了下来。

这个实验形象地告诉我们，对于不能满足需要的环境情况进行适应，这是动物生存的本领。动物有机体为了满足自己的动机需要，它可以使用一系列的反应方式进行尝试，一直到能够达到需要满足、重新适应为止。

人的适应与发展过程与动物有相似之处。当人产生了某种需要的欲望时，个体原有的问题解决模式不能使自己的需要达到满足，就产生了“阻挠”。这种阻挠可能来自于客观的环境，个人能力的欠缺或个体需要的内在矛盾，面对这种对新环境适应困难的“阻挠”，人们会产生不同程度的紧张和焦虑。为了解决这种紧张和焦虑，人就尝试着寻求新的解决问题的反应方式。在一次次的尝试中，人们找到了成功的适应方式，缓解了心理的紧张，满足了个体的需要。在这个过程中，人们学会了适应，得到了发展。

4. 社会角色理论的观点

社会角色理论是关于人的态度与行为怎样为其在社会中的角色地位及社会

角色期望所影响的理论。社会角色理论认为，每个人在社会关系系统中处于一定的角色地位，周围的人也总要按照社会角色的一般模式，对其态度、行为提出种种合乎身份的要求，并寄予期望，这就叫做“角色期望”。一个人的态度、行为如果偏离了角色期望，就可能引起周围人的异议或反对。在这种情况下人们就会通过观察或想象依据别人对自己的表情、态度等出现“镜像自我”，即把别人对自己的态度当做镜子来认识自己的形象，从而形成“自我概念”。

人会按照别人的期望不断调节自己的行为与塑造自己，这就叫做“角色采择”。每个人都处在一定的社会关系和环境中，周围的这些社会关系和他人都会根据人们的职位、个性、家庭背景等不断地提出一定的“角色期望”，而每个人都会通过“角色采择”塑造自己的自我形象，并不断向这个方向靠近。如果“角色采择”的自我形象和“角色期望”中的一样，这个人就能和谐地发展；如果不一致，个人就可能出现一定的不适应，可能会出现心理失衡等问题。

由于每个个体往往都处于社会中的几种地位，具有不同的身份和扮演着多种角色。如作为一名大学生，在学校的时候可能是一名学生的角色，在班级集体里可能是一名班长的角色，在家里可能是一个女儿或儿子的角色，在商场里可能是一名顾客的角色，在汽车上可能是一名乘客的角色……社会对每一种角色都会有不同的要求，有时候这些角色之间可能互不相容，这就会出现“角色间冲突”。这种冲突常常会使人感到左右为难。为了摆脱这种困境，需要依据个人当时所处的境况明确自己当时主要的角色地位及其行为界限，同时还要考虑社会对自己的角色期望。一个人作为一种角色，也常常由于不能同时实现两个或更多的自我期望而产生矛盾，这就叫做“角色内冲突”。解决这种冲突就必须分清轻重缓急，采取先后兼顾或舍末求本的角色和行为。当人们能够正确地了解自己的角色期待，能够正确地进行“角色采择”，并能够正确地处理角色冲突时，这个人就能够很好地适应与发展，反之就会出现许多适应不良的心理，阻碍个人的发展。

（二）适应与发展的中国儒家学说

1. 人的发展目标说

我国儒家认为人性分为生理型和道德型。人的道德特征是人的高级属性，它与动物所不同的是有四心，即恻隐之心、羞恶之心、辞让之心和是非之心。

孟子认为，环境对人性的保持和发展具有重要的意义，但人并不一定是生活环境的牺牲品。个体只有在整个人生中不断进行修养，才能保住德性，并使之获得发展。人可以从不利的环境中获益，通过与逆境的抗争增强力量。孟子曾说："故天将降大任于是人也，必先苦其心志，劳其筋骨，饿其体肤，空乏其身，行拂乱其所为，所以动心忍性，曾益其所不能。"

总之，人性人人都有，但随着他们的成长，人们的特性出现了差异。这取决于他们如何培养自己。人的坏行为是个人放纵自己以致失去了德。人心的内在力量仍存于心中，人如果想寻找回来德，他就可以重新发现。儒家认为，人的发展目标在于保持和增进"仁"。仁是"仁爱"的意思。仁的主要特征是真诚、正直、孝顺和相互尊重。人首先要爱父母，其次是爱邻居，再后是爱一切人。"仁"是通过"己欲立而立人，己欲达而达人"而实现的，即人首先通过认识自身本性的意义和价值，通过承担生活责任来发展自己，然后再根据他们对自己的判断方式对他人做出判断。人在与他人的积极互动中发展自己。

2. 儒家发展七阶段说

对于人的发展，儒家提出了七个阶段。（1）格物，观察研究事物本身。（2）致知，不断地扩充知识。（3）诚意，人对自己真诚，然后把这种真诚扩展到他人。（4）正心修身，人的内心都有愤怒、恐惧、喜欢、担心或忧虑之情。当这些情感保持平衡状态时，人就控制了它们，但当这些情绪过分时，情绪就会控制人。修身是说人可以借助于诚控制自己的情感，避免行为失当。（5）齐家，如果一个人完成上述四个阶段的任务，就能够承担家庭的责任，并学会管理家庭。（6）治国，人们在家庭中获得的诚信、知识和能力使人拥有了治理国家的能力。（7）平天下，如果一个人拥有了治理国家的诚信、知识和能力，就可以实现天下太平。

从以上人的发展过程可以看到，我国儒家认为人的发展目标不仅仅是个体的美好发展，而且是通过个体的发展达到整个社会的美好发展。对于个人的道德如何获得，儒家认为要通过个人的"学"与"思"及努力才能获得。

（三）适应与发展的马克思学说

马克思讲过，人的发展是人的本质力量的发展。马克思关于人的全面、自由、和谐发展的内涵包括：（1）人的能力的充分发展。马克思认为，人的能力包括了人的体力和智力，自然能力和社会能力，潜在能力和现实能力，等等。这些能力是人的本质力量的体现。（2）人的社会关系的全面丰富。马克思认为，人是在社会关系中生活的，人在社会交往中交流着心理情感、信息，从而丰富自己、充实自己、发展自己。他认为，社会关系实际上决定着一个人能够发展到什么程度。人的社会关系要“丰富”和全面，即协调、和谐；否则，必然导致人的发展的畸形。（3）人的个性的充分发展。马克思在这里指的人的个性，是指人的独立性和自主性。他指出个人不是孤立的个人，而是社会的个人；而且他讲的个人不是某一个人，而是全社会的每一个人。让社会的每一个人都得到全面、自由、和谐的发展，是马克思区别于其他西方发展理论的根本点。他认为，只有在共产主义社会里才能做到，每个人的自由发展是一切人自由发展的条件，而私有制生产关系的存在，是束缚人自由、全面发展的最深刻的社会根源，无产阶级奋斗的目标是解放全人类，真正使每一个人都能得到自由、和谐、全面发展。

马克思认为，要实现人的发展，其根本动力在于发挥人的自觉能动性，积极参加社会实践。人的实践是人性的发展确证和体验，也是人的发展的根本动力和途径。为了实现使每一个人自由、和谐、全面发展的共产主义，人们需要参与社会实践。为了大多数人的发展，个人有时要做出必要的牺牲。马克思关于人的发展理论揭示了人的发展的本质、人发展的动力及实现人的发展的根本途径，它克服了其他西方学者脱离人的社会关系孤立地研究人的发展的理论缺陷。

第二节　大学生适应与发展中的问题

大学生在面对生活中的改变时，常常由于准备不足、经验不足、能力不足，而出现各种适应问题。常见的适应问题有理想与现实的冲突、角色错位的困扰、学习适应不良的焦虑、人际交往的心理孤独、生活应对的烦恼等。大学新生生活不适应的问题比较多，毕业生经过 4 年的大学生活，理应可以独立了，但是有些大学毕业生在求职应聘时还要依赖父母，请父母陪同，不敢独立去面对复杂的社会生活，缺乏勇气渡过人生的一道道难关。

一、理想与现实的冲突

每个年轻人都有自己远大的理想，都对未来充满希望与幻想。大学生们常常按照自己的理想来规划自己的学习、择业、恋爱和婚姻。然而，现实生活的复杂性常常使他们生活理想的实现受到限制。例如，许多学生心目中的大学是绿阴遮盖的校园，宽敞明亮的教室，现代化的教学设备，学识渊博的教授……而进入大学之后，看到的现实并非如自己想象的那样完美，于是感到很失望。

在恋爱方面，只由于自己喜欢对方，就认为对方一定会喜欢自己，一旦求爱遭到拒绝，就对自己的一切失去了信心。在职业选择上，一些大学生不顾自己的主观条件，一心想去收入高、待遇好的单位，结果使自己一次次在应聘场上受挫。

对于未来的工作，许多人向往着初到岗位就大显身手，幻想马上受到重用、得到提拔。当现实不如己愿时，就怨天尤人。这一切都反映了青年成长过程中理想与现实的心理冲突，这些冲突是正常的，年轻人正是在解决这些冲突中走向人生的成熟。

二、角色错位的困扰

环境的变化引起大学生对自我的重新定位。由中学到大学，再到结束大学生活走上工作岗位等变化，人们都会经历一个对自己的角色进行再定位的过程。这一过程能否顺利通过，反映了人们的心理适应能力。

每个步入大学校门的学生在原有的群体中都可以说是较为优秀者。大学新生带着“过去的辉煌”来到大学，各方优秀的人才汇聚成为一个新的集体，人人有奇才，个个是高手，重新组合以后，只有少数人能保持原来的中心地位，多数同学要从中心角色向普通角色转化。这一转变引发了大学生对自己定位的困惑，自卑、抑郁、退缩等心理问题常常因此发生。一位大学生这样描述她进入大学后的角色困惑：“我是被鲜花掌声和荣誉簇拥着长大的女孩。我的学习成绩优异，多次在比赛中获奖，在学习生活中我连任9年班长，做过学生会的文艺部长、团委会的宣传委员，在无数的光环照耀下，我就像一个骄傲的公主。这使我形成了自傲的性格，或者说我从来没有时间思考自己的期望值是否太高，但这里人才济济，我只是这个环境里的小角色，我努力过，但并没有获得更大的收获。我内心感到的失落和压抑，这种苦闷比其他人更强烈。我对自己失望了，开始自我放纵，成了享乐主义者，但这却与我的性格发生着强烈的冲突。我选择逃避，隐藏了自己的才华，成了一个封闭的人，我再也找不到曾经的光彩，在一个狭隘、孤独的空间，我不断发现自身的缺点，与这个环境格格不入，最终产生了恶性循环，使我产生了自卑心理。这种自卑像一块阴云一直笼罩着我，更加影响了我的生活……”许多大学新生在步入大学后都经历过像这位同学这样的角色转换的心理困惑。

从学校到社会的变化是人生中较为重要的变化。在学校里，青年人的主要角色是学生，主要任务是为走向社会做准备，要接受师长的教导。师长、父母对他的期望是努力学习和健康成长。而走向社会便大不相同了，个人要扮演的角色一下子复杂了起来。每个人都以独立的个体面对社会，独立地担负起社会所赋予的责任，担当下属、领导、竞争对手等新角色。自己和他人的期望同时多样化起来，要满足这些期望，非常困难。在学校中，学生接受老师灌输的单纯的价值观念，一旦投入社会，便接触到一系列相互矛盾的价值观，相当多的人感到混乱和无所适从。在学校里，人际关系比较简单，主要是师生之间、同学之间的关系。到了社会上，人际关系复杂得多，再加上社会竞争比在学校里要激烈得多、复杂得多，如果你总是认为英雄无用武之地，总是抱着原来的自我不放，而不重新给自己一个恰当的定位的话，就会陷入个人对角色理解的迷茫和对角色期待的困惑。

三、学习适应不良的焦虑

学生从一种学习环境进入另一种学习环境时常常对新的学习环境感到很不适应。上高中时，学习目标非常实际、具体，就是为了考大学，学生的学习处于一种被老师、家长严格控制的被动状态。进入大学后，学习主要是为走向社会做准备。许多学生由于已经习惯于高中时外在的严格控制，为一个具体的目标而学习，不适应在自己内在因素控制下为一个长远的目标而学习，不会在这一长期目标指导下建立具体的学习目标，因此陷入了目标迷失带来的心理困惑。从学习内容上，大学所学的专业课程比起中学的基础课程，在深度和广度上都有一个很大的变化。从学习方法上，大学学习的特点是以学生自学为主、老师指导为辅的高自觉、高主动、高强度、高效率的学习。那些已经习惯了中学时老师满堂灌、“学生跟着老师转”的学习方式的同学，对大学学习很难适应。

四、人际交往中的心理孤独

人际交往能力是当代青年社会生活适应不可缺少的方面，也是个体完善的重要组成部分，更是事业成败的关键因素。大学生们一方面要求建立一种和谐、融洽的人际氛围，建立真诚、理解、宽容的友谊；另一方面，他们又封闭自己不愿向别人敞开心扉，他们也不了解新型人际关系的建立需要一定的时间，需要经历一定的过程，如人际定向、情感探索、感情交流和稳定交往几个阶段。他们对人际关系的追求过于急切，也过于追求最终的和谐，因此，一些大学生常常因个人愿望未能实现体验到了人际交往中的挫折感，造成了一定的心理冲突。大学生们面对大学新的陌生环境往往怀念往日的友情和亲情，他们往往在人际中感到孤独，甚至出现严重的人际交往障碍。在心理咨询中，因人际冲突而产生情绪困扰寻求帮助的比例非常高。

五、生活应对的烦恼

现代家庭舒适的生活条件，独生子女的特殊身份，父母过分的关爱，使许多学生欠缺独立生活的能力以及独立判断和独立处理问题的能力。他们一旦离开父母，便失去了依靠，心理也便失去了平衡。一位上高中时每天被父母接送上学的大学生，无法忍受需要自我独立的大学生活，她每天晚上要给父母打很长时间的长途电话，请父母为自己在学校中发生的事情做决定，甚至要求父母前来陪读。其父母说："在家里时，只是让她专心读书，生活的事情我们全包下来，遇到外界发生了什么矛盾，从来都是我们帮她摆平。"一位考到外地高校的男生，由于无法面对离开父母照顾的生活，产生了严重的厌学情绪，他宁愿选择退学，也不愿选择独立面对生活。其母亲说："在家时，我总是牛奶煮得不冷不热后摆在他的面前，苹果削好片再递给他吃。"

做一做，想一想

当我刚入大学时

目的：压力的释放与分担。

操作：分成若干个小组，每组 8 人。请组员谈谈刚上大学后的不适应情绪，然后全班分享。同时用"脑力激荡"讨论法，找出尽快适应大学生活的途径与方法。时间 15 分钟，看哪个小组办法最多，评选优胜。并邀请每组选派 1 名代表，向全体同学报告小组讨论的意见。

第三节　学会适应积极发展

改革开放的深入和社会主义市场经济的建立，使我国社会迅速地向现代化发展。现代化带来了生产力的高速发展，带来了人民生活水平的提高，带来了人们观念上的巨大变化。与此同时，也给人们带来了众多的心理压力，使当代人的适应和发展面临着严峻的考验。大学生也不例外，在变化迅速、竞争激烈、价值多元、选择多样、人际冲突的环境中，当代大学生面临前所未有的压力，学会适应、积极发展成为每个大学生必须正视的任务。

一、压力、挑战和适应发展

（一）社会竞争激烈

我们生存在一个信息时代，一个由新技术革命所引发的新经济革命的时代，一个充满发展机遇与激烈竞争的时代。国际上，各个国家为了赢得自己的发展机遇，都在拼命地争夺资源，争夺科技信息，争夺人才，争夺市场。中国要在21世纪进入中等发达国家，必将参与这场激烈的国际竞争。从国内来说，中国人多地少，有限的土地，有限的资源，有限的发展空间，谁要想获得好的发展，也必将面临激烈的社会竞争，这些竞争具体表现为升学的竞争，择业的竞争，职务、职称的竞争。竞争给人们带来了许多压力。

（二）社会变化太快

现在的社会变化太快，有时快得让你来不及观察、来不及思考。这种变化从这几年社会热点的流动就可以看出，如“当兵热”、“从政热”、“出国热”、“经商热”、“金融热”、“文凭热”、“考研热”等。其实，每一个“热点”都反映了社会政治经济的变化，每一个“热点”都包含着人们的价值追求，每一个“热点”都引导着人们的思维方式和行为方式，每一个“热点”都刺激着人们的心理。其他方面的变化也是如此。你看，昔日大学本科毕业生还能拥有一些“时代骄子”的优越感，今朝的硕士研究生在社会的选择面前，已经有了一定程度的危机感；去年有的专业还“热”得灼人，今年已经在悄悄降温；昨天你可能还会觉得学了一种专业就能支持你一生的职业，今天激烈的社会竞争会促使你再去攻读第二专业、第三专业……社会的这些迅速变化使人们越来越感到，适应的相对平衡期越来越短，动态调整期越来越长。人们只有不断地学习新的社会经验、新的知识，不断地完善自己的个性，提高自己的能力，才会建立起新的适应模式，迎接新的挑战。

（三）选择焦虑

市场经济注重人的主体性，给予个人生存与发展更大的自由选择度。在传统的计划经济社会中，“服从”成为人们思维和行为的习惯模式，学什么课程，读什么专业，从事什么职业，都是别人规定好的，你用不着选择，只有服从。这种模式限制了人的主体性的发挥，但也使人们的心理稳定。如今，社会给你创造了无数的选择机会。在学校里，课程可以自己挑选，毕业就业采取个人和工作单位双向选择，对已从事的工作不满意，可以“跳槽”重新选择……选择给人们带来了更多的发展机遇，选择也给人们带来了许多痛苦，因为你选择了某种生活方式，就意味着你必须放弃其他一些生活方式；你选择了你想要得到的，就意味着你要失去你已经得到的，而且当你由于羡慕别人而盲目做出选择时，你还要承担选择后由自己酿就的苦酒。这样不仅给你带来了自由，也带来了许多困惑与烦恼。怎样才能知己知彼，有效地运用自己的选择权利，是现代社会带给你的思考。

（四）价值观冲突

在中国社会过去相当长的时间内，群体为本的道德价值观压倒一切，忽视主体的权利，个体只能消极地适应社会和群体。在这种观念的束缚下，个体的利益和人格被贬低甚至淹没。市场经济的建立，唤醒了人们的自我意识和个体价值意识，人们开始用责、权、利相统一的原则来处理个人与群体、个人与社会的关系。但是在这新、旧体制交替之际，人们又很容易把个体为本的道德价值观推到极端，过分强调个人利益，忽视群体与社会的利益。在这一过程中，原有的心理上的稳定结构被打破，道德评价易产生错位与失当，再加上西方个人主义价值观的影响，人们的价值观心理产生了混乱与失衡。

（五）人际矛盾

中国是一个有几千年封建历史的农业大国。中国的历史与文化，形成了中国人以人缘、人情和人伦为特征的人际交往模式。现代化的推进、改革开放的深入、社会主义市场经济的建立，大大扩展了人们的生活空间，拓宽了人际交往的范围。个体独立意识的增强、对自身利益的关注与追求，使得人与人之间的竞争加剧，人际关系的冲突增加。加之现代生产生活节奏的紧张，使得人们在客观上也没有太多的时间进行直接的个人交往，交往的内容也多是社会问题，人们普遍感到人情冷漠。传统的人际交往模式被打破，适应于中国现代经济生活的新的人际交往模式尚未形成，很多人产生了人际交往上的心理困惑。

二、大学生适应与发展的任务和要求

（一）戚加宁提出的大学生发展七项任务

西方学者戚加宁提出大学生应有七项发展任务：

1. 发展能力

在大学学习期间，大学生可以增进和发展多方面的能力，使他们更有信心来表现这些能力，包括智力、体力及人际交往能力等。

2. 管理情绪

大学生们每天面对许多挑战，有些来自学习，如选修课目、考试、写论文，也有些来自人际关系、家庭、生活等方面，从而产生种种不同的情绪，有积极的，也有消极的，大学生们要充分了解、认识自己的情绪，并以恰当的方式来处理情绪。这对整个人生都有着深远的意义。

3. 通过自主迈向互相帮助

作为大学生，学习独立，学习自己独立承担责任是十分重要的。在学习独立的同时也要学习如何互相帮助，如何互相包容，因为每一个行动都会影响自己和他人，在有些情况下个人需要做出牺牲、让步，以达成共识。

4. 发展成熟的人际关系

与别人建立关系对大学生的生活有很大的影响，建立成熟的人际关系十分重要：一是要容忍和欣赏别人与自己的不同；二是要有能力与别人发展亲密关系。维持这样一种亲切的关系需要自我认识、自信心、支持及沟通等。

5. 确立自己的角色地位

这一点对于大学生来说十分重要，它既影响自尊心、自信心的建立，同时也影响他人对自己的满意及接纳程度，还会影响对自己的评价等。

6. 发展目的

包括不断增强能力，定出计划、方向和目标，根据目标在以下三方面定出主次：一是职业上的计划及期望，二是个人兴趣，三是对人际关系及家庭的承担。人生目标的制定往往与大学生自己的价值观及信念有关。

7. 发展整合

大学生的价值信念是引导他们行为的方向，也是他们为人处世的原则。整合的意思指的是包括行为与价值的一致、顾及别人的利益、尊重别人的意见，同时能够肯定自己的价值观及信念。

（二）我国学者提出的“四个学会”

我国学者根据联合国教科文组织对于21世纪青少年教育的要求，结合我国的实际情况，对大学生的适应与发展提出以下任务和要求：

1. 学会做人

大学生首先要学会做人，适应与发展的目的在于使人日臻完善，使人格成熟，不断增强自主性、判断力和个人的责任感，使人拥有正确的人生观、价值观，拥有明确的伦理道德观念和是非观念，能够遵守社会公德，使自己的各项行为符合新时期大学生的行为规范。

2. 学会做事

大学生要有敬业精神和社会责任感，要有独立的生活管理能力，独立选择、独立决断、独立处理问题的能力以及应付各种情况和各种环境的工作能力，能够不断积累做事的相关经验，工作富有成效。

3. 学会与人相处

在现代社会中，与人和谐相处，既是一种人际交往的能力，也是人生成功的一种人际资源。大学生对他人应当有尊重、真诚的态度，能够接纳他人的长处与不足，能够与他人进行良好的沟通，在沟通中建立亲密的合作关系，在相互交流与分享中促进自我和他人的成长与发展。

4. 学会学习

学习是一个终身的任务。大学生应当热爱学习，不断用新的知识充实自己，不但学好本专业的知识，而且学习与之相关的各种人文和自然科学知识，拥有跨学科的交融能力，拥有综合分析问题、解决问题和在复杂信息环境下检索、判断的能力，拥有不断创新的能力。学会学习，不仅仅是为了获得知识本身，更重要的是获得一种认识世界的手段和能力。

做一做，想一想

我的一次适应成功经历

目的：学习适应的经验，提升适应能力。

操作：分成若干个小组，请组员谈一次适应成功经历，然后小组总结，归纳本组同学适应成功的经验、方法；请每组代表汇报，全班总结归纳适应成功的经验、方法，将其写出，供大家学习。

三、学会适应积极发展

（一）自我调整

首先，要建立理性的认知方式。正确的认知是人适应与发展的前提和基础。人对生活的不适应，大部分来源于人们对现实的不合理认知方式。例如，对自己、对别人的绝对化要求，对自己、对别人的以偏概全的过分概括化，对自己行为“糟糕至极”的悲观预期等。因此，大学生要培养自己的辩证思维方式，改变自己对自我、对他人、对环境不恰当的认识。

其次，要适应角色要求。大学生们来到了新的环境中，面临着多方面的变化，如何使自己健康地适应环境，快乐地发展呢？要了解客观的自己，了解自己的长处和缺点；要了解现在的社会和环境对自己的要求；只有使他人的“角色期望”和自己的“角色采择”一致，才能有助于他们去控制或改变自己的态度与行为，以达到改善人际关系和提高工作或学习效率的目的，使现在的自己不断向理想的自己靠近。

再次，要正确控制情绪。情感和情绪，不仅影响人的认知活动，而且对人的意志、行为、个性和心理等起着积极或消极的作用，同时它还主宰人的健康，影响人的人际关系，影响学习和工作，以至决定个人的成功与发展。大学生们面临着社会的巨大变革、环境和角色的改变，难免会产生不良情绪，若不及时疏导、控制和调试，轻者会陷入情绪低落或淡漠之中，重者则会产生恐惧、焦虑、烦躁等情感障碍，会影响个人的适应与发展。大学生应当使自己有积极、乐观、稳定的情绪。

（二）确立目标

目标对于大学生的适应与发展具有重要的作用。当人们没有目标时，会感到迷茫和空虚；目标过低时，就会缺乏动力；目标过高时，又会因为达不到理想而失望。很多适应困难都与目标确定不当有关。要使自己能够成功地发展，必须为自己确立一个合乎实际的目标。首先，应当根据社会发展和自我发展的需要，为自己制定一个远期目标。其次，要制定一个为实现远期目标所设立的近期目标，即短期内立即要做的事。目标的确立应当从你自身的实际和客观的实际出发，比如你的个性特点、能力以及客观所提供的条件，盲目地追随别人或社会时尚，不但不会获得成功，还会影响心理的平衡。最后，还应该随时根据已经变化了的情况，及时做出调整，以免因为目标脱离实际而不能实现目标。只要我们确立一个合适的目标，就会有行动的方向和动力，人生就会充满信心与活力。

（三）自强自立

生活的实质就在于独立，世界上大凡有成就的人，没有一个人是不自立的。在现代社会里，这一点尤为重要。每个人都有一个独立的头脑，应该具有独立思考和独立处理问题的能力。日常生活的自我管理，社会生活中的各种矛盾，复杂的人际关系，都需要每个人独立面对，人不可能永远依赖于父母和他人。而这种独立处理问题和矛盾的能力不是天生的，主要靠在生活的实践中去培养和锻炼。有的人害怕失败，遇到问题不是躲避就是依靠能力比自己强的人，于是总独立不了。其实，只要尝试着独立去解决，无论结果是成功还是失败，个人都会得到锻炼。成功了你取得了经验，能力自然会提高；失败了，你并不是百分之百的失败，仔细分析一下，只要纠正行动中的某些不足，你就会获得成功。失败更能发展你的能力。只要你勇敢地一次次去尝试、去实践，你就会拥有应对各种环境和社会变化的能力。这种能力使你拥有自信和勇气。

做一做，想一想

榜样的力量

目的：从成功者的经验中学习增强适应的信心。

操作：请你访问一位你周围被你认为是成功的人士，听听他是怎样适应环境，调整目标，获得发展的，总结出几条你可以学习和参考的经验。

（四）主动交往

人生的美好，是人际关系的美好。人对环境的适应，主要是对人际关系的适应。有了良好的人际关系，人才有了支持力量，有了归属感和安全感，心情才能愉快。人际关系的建立既有认识问题也有技巧问题。每个人都不能只是埋怨别人，埋怨周围环境，而应该首先主动关心别人，主动为别人做一些事情。人总是会“投之以桃，报之以李”的，主动关心别人的人总会得到别人的喜欢。人应当主动开放自己。如果关闭自己的心门，又担心别人不向你吐露心声，是永远没有朋友的。感情的交流是相互的，你对别人开放得越多，别人从你那儿获得的安全感越多，也才会向你开放得越多。只有付出真诚，才会得到真诚。人际交往要心理相容。每个人的长处、短处各不相同，本着“求大同、存小异”的原则，学习别人的优点，包容别人的缺点，你就会得到很多的朋友。尽管现在社会竞争激烈，利益冲突增多，然而，无论什么时候，那些不过分计较自己，多为别人着想的人，总会受到大家的尊重。

要建立良好的人际关系，既要拥有自尊、自信的自我认识，又要有正确的认知方式，还要学会必要的人际沟通技巧和方法。

（五）积极行动

戴尔·卡耐基曾经说过：如果想要快乐，就为自己立一个目标，使它支配自己的思想，放出自己的活力，并鼓舞自己的希望。快乐就在你心里，它源于去做具体而明确的事，把自己全部心思和活力都放在其中，即要积极地去行动。

积极行动可以摆脱由于环境不适应带来的孤独、苦闷、烦躁、恐惧和空虚。当你对环境不熟悉、不满意时，只要你积极行动，为集体、为他人做些事情，你就会逐渐熟悉了解环境，别人也从你的行动中了解你，你就会逐渐融入新的环境当中。行动会使你获得充实和愉快。当你全身心地投入到工作中去的时候，你就不会像往日那样去琢磨自己的心境。要知道，很多烦恼都来自于自己的“冥思”。那些专心于自己事业的人，那些辛勤劳动着的人，是没有时间去“空虚”和“烦恼”的。为“活着太累”而烦恼的人，赶快积极行动起来，行动会带给你价值，行动会带给你心理的健康与欢乐。

积极行动，意味着你要积极投入到学习和学校各项社会活动中去，积极投入到社会的各项实践活动去。在这些活动中，可以提高自我选择、自我决断、自我管理的能力，也会提高处理各种复杂事物的能力。同时，还会提升自己的自信，完善人格。

心灵读本：偶然的成功

哈姆威是西班牙大马士革城的一个制作糕点的小商贩。在北美狂热的移民中，他也怀着掘金的心态来到了美国。

但美国并非他想象中的遍地是金，他的糕点在西班牙出售和在美国出售，根本没有多大的区别。

1904年夏天，哈姆威知道美国即将举行世界博览会，他把自己的糕点工具搬到了会展地点路易斯安那州。庆幸的是，他被政府允许在会场的外面出售他的薄饼。

他的薄饼生意实在糟糕，而和他相邻的一位卖冰淇淋的商贩的生意却很好，一会儿就售出了许多冰淇淋，很快他把带来的用来装冰淇淋的小碟子用完了。

心胸宽广的哈姆威见状，就把自己的薄饼卷成锥形，让它来盛放冰淇淋。

卖冰淇淋的商贩见这个方法可行，便要了哈姆威的薄饼，大量的锥形冰淇淋便进入客商们的手中。但令哈姆威意料不到的是，这种锥形的冰淇淋被客商们看好，而且被评为“世界博览会的真正明星”。从此，这种锥形冰淇淋开始大行其道，这就是现在的蛋卷冰淇淋。它的发明被人们称为“神来之笔”，有人这样假设，如果两个商铺不靠在一起，那么今天我们能不能吃上蛋卷冰淇淋也很难说。

在现在知名的食物中，炸薯条的发明也是这样的“神来之笔”。美国印第安人克鲁姆是餐厅中的厨师，有一天来了几个法国客人，他们嫌他制作出来的油炸食物太厚太硬。克鲁姆知道后很生气，他随手拿过一个马铃薯，切成很薄的片，扔到了油锅里。起锅后就送到法国客人的桌上。谁知客人一吃，大呼好吃。从此这种炸薯片风行开来，最后成为肯德基、麦当劳首推的主食。

别忽略你生活中的偶然，也许它就是你成功的开始。

摘自：《涉世之初》，2004 年第 1 期，作者：流沙

复习与思考题

1．为什么说人的一生都是适应和发展的过程？
2．你个人在适应与发展上遇到过哪些问题？
3．你是怎样解决自己在适应与发展中的问题的？

阅读书目

1．贺淑曼等编著：《健康心理与人才发展》，世界图书出版公司 1999 年版。

2．辛治华：《心理卫生——日常生活和工作中的适应心理学》，山西教育出版社 1990 年版。

3．张春兴：《教育心理学——三化取向的理论与实践》，浙江教育出版社 1998 年版。

4．袁贵仁：《对人的哲学理解》，东方出版中心 2008 年版。

5．联合国教科文组织国际教育发展委员会编著：《学会生存——教育世界的今天和明天》，教育科学出版社 1996 年版。

第七章

人际交往与心理健康

我国已故著名心理卫生家丁瓒先生曾指出：人类的心理适应，最主要的就是对于人际关系的适应，所以，人类的心理病态主要是由于人际关系的失调而来的。人际交往是人健康成长的基本条件。沟通更是网络时代人际交往中重要的技能。了解人际交往的基本理论，结合大学生交往的特点和实际，学习有效的沟通技巧，在集体中积极、愉快地生活，是每一个大学生成长的期盼。

友谊的力量

来自农村的大二男生小志，在其幼年时母亲病逝，父亲靠种田把他抚养成人，家庭经济非常困难。考上大学后，小志常常因为无钱交学费和生活费不足而烦恼，可经济上的困难并没有压垮他，反而养成他自强不息、不怕吃苦的精神，学费靠贷款、亲戚的资助来解决，生活费主要靠自己勤工助学解决。每天清晨，当同学们还在甜蜜的梦乡时，他已骑上自行车，为牛奶公司挨家挨户送牛奶；每周有两个晚上去做家教；双休日则可看到他在大街上卖报的身影，最多一天能卖200多份报纸，挣20多元钱。通过自己的努力，基本解决了生活上的困难。由于在社会上勤工助学的经历，增加了他的社会阅历，也使他对友谊更珍重，培养了他较强的人际交往能力，使他能够平等、真诚地与同学相处，热心助人，经常为同学排忧解难，与同学形成了良好的人际关系。虽然小志平时学习勤奋刻苦，专业课成绩较好，但英语基础较差，尤其是英语听力，以至英语四级考试没有通过。班级同学知道后，都向他伸出援助之手，有的借资料给他，有的为他义务辅导，想方设法帮他提高英语水平。同学之间纯洁的友谊令系里老师感动不已。后来，小志在大家的帮助下，终于通过了国家英语四级考试。

从你走进大学的那一天起，就将面临着许多新的人际关系：新的同学、新的室友、新的老师、新的朋友、新的班级、新的学校等。可以说，上大学之前，新生都对大学中的人际关系有过一个美好的想象：纯洁、友爱、真诚、无私、互助、和谐、融洽……然而，在新的环境中，人际关系的种种问题都活生生地摆在每个人面前。人际关系紧张、敏感已经成为困扰大学生的一个不容忽视的问题。很多大学生常感叹：人际关系怎么这样难处？

第一节　人际交往纵横谈

从健康心理学的角度讲，大学生积极开展人际交往，处理好人际关系，有着十分重要的现实意义。和谐的人际关系，适当的交往能力以及观察能力、表达能力是人的心理素质的展示。在社会转型时期，在紧张激烈的社会竞争中，与他人的合作能力、协调能力都提到前所未有的高度。开放的社会，要以开放的心态面对人际关系。为此，学习人际交往、提高交往中的心理素质，已成为大学生的人生必修课。

一、人际交往与人际关系

美国心理学家戴尔·卡耐基曾说："一个人事业的成功，只有15%是由于他的专业技术，另外85%要靠人际关系和处世的技巧。"

（一）交往的含义

交往指人们运用语言或非语言符号交换意见、传达思想、表达感情和需要等交流过程，包括物质交往和精神交往，它是人类的特定社会现象，对于社会的发展和个性的成长有着十分重要的作用。交流是群体的黏合剂，能使群体内部个体之间和群体之间在认知、情感和行为上彼此协调、相互统一。交往是人类特有的需求，人只有在不断地与他人交往中才能促进个性发展。从信息交流角度看，交往是发信者将信息编码后输入信息通道，受信者将信息译码后接收，并将反应反馈给发信息者的过程。信息沟通的过程与要素见图 7-1：

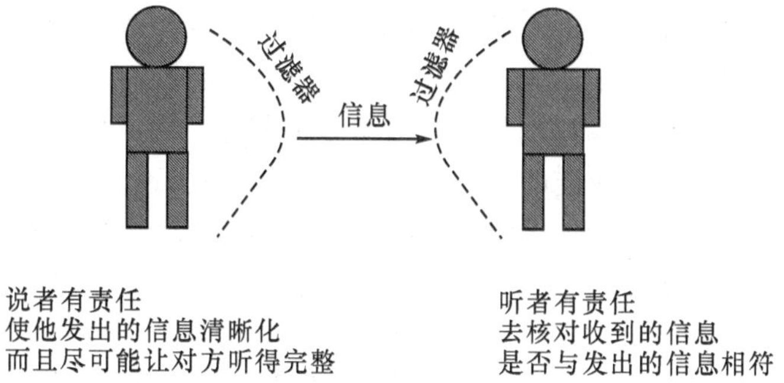

图 7-1 信息沟通模式

（二）人际交往和人际关系

人际交往和人际关系是两个既有联系又有区别的概念。人际交往是人际关系实现的根本前提和基础，也是人际关系形成的途径；而人际关系则是人际交往的表现和结果。两者的区别是人际交往侧重于人与人之间的联系与接触的过程，以及行为方式的程度等；人际关系侧重于在交往基础上所形成的心理状态和结果。从时间上看，人际交往在前，人际关系在后，人际交往是一个动态的过程，而人际关系则具有相对的稳定性。

（三）人际交往的意义

交往是人们健康成长的基本条件。马斯洛认为，人人都具有这样一种基本需要：需要归属于一定的社会团体，需要得到他人的爱与尊重，这些社会需要是与吃饭、穿衣等生理需要同等重要的不可或缺的需要，否则，将使人丧失安全感，进而影响心理健康。社会学与人类学的研究更是肯定群体合作具有生物保存与适应的功能。如果没有群体的合作，不仅是人类，许多生物都会灭绝。马克思曾指出，人的本质是各种社会关系的总和。没有了社会关系，人的本质也无从规定。

1. 人际交往有助于增进交流，协调关系，促进健康，完善个性人际交往对人的发展还有更深的意义。著名心理学家罗杰斯提出的人际关系哲学十分强调人际交往对个体成长的意义。罗杰斯是基于自己的成长经验得出这一结论的。罗杰斯出生于一个虔诚的宗教家庭，因为周围的邻居都是异教徒，从小罗杰斯就被父母关在家里，不能与邻居家的孩子一起游戏，他感到非常孤独。离群索居的童年生活使罗杰斯非常渴望友谊，在别人看来十分普通的人际交往，在他看来都非常珍贵。后来他创立了自己的人际关系理论，将人际关系上升为一种哲学。他认为，人与人的交往是可能的，人们不仅可以交流思想，而且可以分享许多隐秘的情感：对未来的梦想、内心的感受、隐秘的冲动……人际交往不仅是可能的，而且是有益的。通过沟通，相互启迪、丰富彼此的人生；在友谊关系中，人们相互接纳及彼此探索，可以促进个人的成长，满足其自我实现的需求。

人生是在交往中度过的，人生的每一个阶段必然与一定的人际关系相联系。从这个意义上讲，良好的人际关系是集体和个人生存与发展的有利环境，它可以产生合力，使人团结协作，充分发挥群体的效能；形成互补和激励，使人们互相学习，取长补短，产生激励向上的积极情绪；促进信息交流，使人们增长知识和能力，不断完善和发展自身，从而促进社会安定，推动精神文明建设。不良的人际关系则阻碍人的自身发展。

2. 人际关系不仅是健康成长的基本条件，也是治疗心理障碍的重要资源

对于各种严重的精神障碍及心理危机的干预，虽然方法不同，技术各异，但有一个共同点，都需要配合以支持性心理治疗。所谓支持性治疗，最重要的是来自周围亲人与朋友的关心与理解。当一个人感到悲观失望、抑郁不快时，有亲人、朋友的安慰与关怀，会感到精神的慰藉与支持，从而获得战胜困难的勇气。因此，亲情、友情和爱情都是大学生生命中重要的社会支持系统，要倍加珍惜，也要设法开拓！

（四）人际关系是一把双刃剑

一个人的痛苦和不幸也常常与人际交往的不成功有关。当人际关系和谐、融洽时，它会给人以愉快、充实、幸福、成功、欢乐，并能充分调动起人的积极性；而当人际关系紧张、失调时，它又会给人带来烦恼、痛苦、失望、忧伤和阴影。在心理咨询的实践中，人际交往常常在大学生来访者所提问题中占第一位。大学生的一些其他心理问题也直接或间接地与人际关系不适有关。比如，部分大学生情绪低落，注意力不集中，学习成绩明显下降，原因之一是令人烦恼的人际关系造成的；有的大学生不愿参加集体活动，其真实原因可能是

他感到自己缺乏影响力，或者是社交经验缺乏，或者是对集体中某些人不满的缘故；有的大学生对别人不信任，认为周围的人都爱议论他、嫉妒他，其原因可能是与同学发生了矛盾造成的；有的大学生失恋是因为不懂得与异性交往的尺度，等等。人际交往不当会给大学生带来不良的心境，有的影响彼此的关系，有的甚至影响到学业的完成；有的人孤独、空虚、抑郁、自卑，甚至产生自杀的念头。

二、大学生人际交往特点

人际交往能力是现代人不可缺少的素质，主要包括：语言表达能力、倾听能力、自我觉察能力、观察能力以及处理生活中突发事件的应变与协调能力，等等。与人交往和相处的问题不是大学生独有的，但这一问题在大学生中的表现却有特殊性。大学生的主要任务是为走向社会做职业前阶段的专业基础准备，而人际交往能力的培养也是必要的准备。随着社会的发展，交往能力与人际关系已经受到越来越多的大学生的重视，他们对人际交往有了更积极的看法和更迫切的需求。

（一）人际关系和谐

人际关系和谐作为大学生心理健康的标准之一是从优秀的大学生心理品质中总结概括出来的，具体表现为乐于交往、主动交往、善用技巧、协调冲突、拥有朋友。

总结成功交往的大学生的经验，在他们身上你常常会发现以下的特点：有亲和力的人格特质，如诚实、热情、正直；克服各种障碍，勇敢实践；讲究交往行为的规范性；正确运用交往的艺术；积极主动投身交往的实践。

（二）大学生交往类型

大学生交往类型大致可以分为三种：一是积极型。他们对交往认识深刻，行动积极，表现出较大的兴趣和热情。他们大多热心参加学生社团活动，主动承担社会工作。二是被动型。他们对过去封闭的交往形式不满意，渴望真诚及深厚的友谊，但感到缺少知心朋友。有的因怕耽误学习，较少主动交往，大多是被动卷入。三是沉静型。这种类型人数少，他们习惯过平静的生活，性格一般比较孤僻，平日少言寡语，不善交往，只和少数人保持交往。

从健康心理学的角度讲，大学生积极开展人际交往，处理好人际关系，有着十分重要的现实意义。和谐的人际关系、适当的交往能力以及观察能力、表达能力是人的心理素质的展示。在社会转型时期，在紧张激烈的社会竞争中，与他人的合作能力、协调能力都提到前所未有的高度。开放的社会，要以开放的心态面对人际关系。为此，大学生学习人际交往，提高交往中的心理素质，已成为大学生的人生必修课。

值得注意的是，大学生与相同或相近知识水平的人交往较多，与其他阶层的人交往较少。从大学生自身成长的需要来讲，需要多接触社会各阶层人士，如接触工人、农民等，这样才能在社会发展中找到自己的位置。尽管有的大学生出生在工人、农民家庭，但大多较少从事家庭生产劳动，缺少真正了解大众的真实生活体验。大学生在交往中的一些问题，如本科生、研究生轻易被拐骗，交往中的偏执人格、妄自尊大等都与他们社交面过窄、对自我缺乏正确认识有关。

三、大学生人际交往问题类型及影响因素

(一) 大学生人际交往存在的问题

1. 不敢交往

在人际交往的实践活动中，人们都存在不同程度的恐惧心理，只是每个人的反应程度不同。有一部分大学生在这方面反应特别强烈，由于害羞、自卑等心理的作用，在与人交往时显得特别紧张，心跳气喘，面红耳赤，两眼不敢正视别人；在与人交谈时显得语无伦次，词不达意，尤其在人多的场合或者在集体活动中更感到恐惧，不敢和人打交道，不敢表现自己，严重的可导致社交恐惧症。

2. 不愿交往

有的大学生在经历了“千军万马过独木桥”的高考之后，发现自己不如在中学时那么出类拔萃了，进而形成因嫉妒与自卑心理造成的人际障碍，认为自己不如别人，怕别人瞧不起自己，缺少人际间必要的信任与理解，人际交往平淡，缺乏与同学基本的合作精神，甚至视同学为敌人。有的同学自高自大，瞧不起别人。有的同学群体意识淡薄，以自我为中心，对周围的人与事漠不关心。有的同学“我”高兴、“我”开心就愿意理你，否则就拒人于千里之外。同学之间缺乏必要的宽容，甚至会为一些鸡毛蒜皮的小事大打出手。有的人遇事总是回避、退让，整日郁郁寡欢，缺乏交往的愿望和兴趣，他们自我封闭、孤芳自赏，但又特别敏感，心理承受能力差，独往独来，不愿抛头露面，不愿与人交往。

3. 不善交往

有的大学生不善于了解和掌握交往的知识与技巧，在交谈的过程中显得过于生硬，书生气太足，木讷，心存感激不会讲出。有的是认知偏见产生的理解障碍，不注意交往中的“第一印象”，不注意沟通方式，在劝说他人、批评他人、拒绝他人时不讲究艺术。有些大学生在与人交往的过程中，不注意交往的原则，开玩笑不注意场合，不懂得给人留面子，或出言粗鲁伤了对方的自尊心，或不懂得尊重对方的风俗习惯，或不懂装懂、夸夸其谈等。这些表现都有损于自身形象的塑造，影响了同学之间进一步的交往。

4. 不懂交往

进入高校之后，新生大多有强烈的人际交往的欲望，但又常常感到人际交往很困难，究其原因是许多大学生对人际交往的追求往往带有较浓的理想色彩，以友谊的理想模式为标准来衡量生活中的人际关系，导致高期望值与高挫折感并存，进而表现为部分大学生经常津津乐道于过去的事情，而对于现实生活中的人际交往却表现出强烈的不满。有的大学生不懂得交往在于平时的交往积累，总希望别人主动关心自己，主动与自己交往，而自己总是处于被动地位，或仅仅是一旦自己有事求人时才去“临时抱佛脚”，使对方感到无论在物质上还是在精神上都不能受益，有时甚至感到是累赘，这种交往理所当然会终止。

5. 缺乏技巧

或许是上面几种因素的综合反映，有的人在交往中表现为羞怯、自卑、孤独、猜疑、嫉妒、恐惧等，或缺乏人际交往的基本技能，他们一般都渴望交往，但由于交往方法欠妥，交往能力有限，个性缺陷或交往心理障碍等原因，在交往过程中既不了解自己，也不了解别人，导致交往失败。长期的交往失败，使得一些学生把交往看成是一种负担，渐渐地变得自我封闭。

某学院本科二年级学生小A，来自南方的山村，父母均是农民，家境差。他排行最小，全家人都很疼爱他。小A自幼性格十分内向、孤僻，不善言谈，不会处世，很少与人交往。他聪明，踏实用功，成绩一向很好，从小学到高中毕业期间的十几年成长还算顺利。然而，自上大学之后，小A开始感到许多事情总不顺心，尤其是如何与人交往、怎样处理人际关系的问题使他伤透了脑筋，吃尽了苦头。一年多来，小A与班上同学很不融洽，与同宿舍学友曾发生过几次不小的冲突，关系相当紧张。后来他竟擅自搬出宿舍，与外班的同学住到一起。从此，小A基本上不和班上同学来往，集体活动也很少参加，与同学的感情淡漠，隔阂加重。他觉得自己没有一个能相互了解、相互信任、谈得来的知心朋友，常常感到特别孤独和自卑，情绪烦躁，痛苦之极，而且无处倾诉。长期的苦恼和焦虑使小A患上了神经衰弱症。经常的失眠和头痛使他精神疲惫，体质下降。他曾想尽力克制自己，强打精神，力图用埋头学习的方法来减轻痛苦，冲淡烦恼。然而，事与愿违，由于他学习时精力很难集中，效果很差，成绩急剧下降，后来竟出现考试不及格的现象。小A感到震惊和恐慌，心境和体质也越来越坏，深感自己已陷入病困交加的境地而无力自拔，失去了坚持学习的信心。他开始厌倦学习，厌恶同学和班级，一天也不愿再在学校待下去了。于是，他听不进老师的劝告，也不顾家长的来信劝阻，坚持要求休学。

（二）影响大学生人际交往的主要因素

影响大学生人际交往的主要因素有环境因素、空间距离、交往频率、背景相似、需要互补、交往态度、人格特征等。从心理咨询和大学生的日常生活中不难发现，有的大学生因缺乏人际交往技巧和人际交往经验，有的大学生因性格内向或对人际交往的认知偏差等原因，导致人际关系紧张。大学生人际交往常见的问题表现在师生关系、同学关系、亲子关系、异性关系等方面。

第二节　人际交往的相关理论

在大学生中，有的同学很有人缘，在他们周围好像有一个“磁场”，能亲和多种人，让人好生羡慕。这种能力是天生的吗？有的人气质特点更外向一些，但是人们会发现，有些外向气质特点的人，常常因为太直率而得罪人。人际“磁场”的秘密是什么呢？这就涉及人际关系的结构了。

一、人际关系的结构

（一）人际关系构成

人际关系包含着认知、情感和行为三个相互联系与相互制约的成分，其中以感情相悦和价值观相似为核心（见图 7-2）。

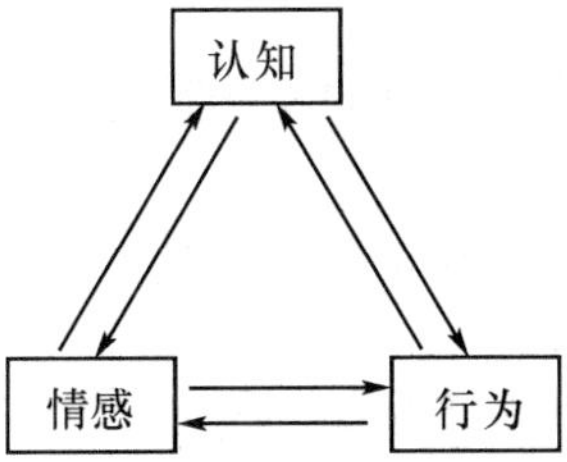

图 7-2 人际关系构成图

1. 两情相悦

这就是说你喜欢别人的同时也必须是别人也喜欢你。两情相悦，互相接纳，可以避免或减少人际间的摩擦与冲突，使交往得以良性循环。反之，你喜欢别人而别人不喜欢你，或者说别人喜欢你而你不喜欢别人，甚至格格不入，就交往不起来，即使勉强交往，最终也还是要分道扬镳的。

2. 价值观相似

这就是说能吸引自己的人，必然是在价值观念、态度、信念等方面与自己有某些相似之处的人。越相似，意见越一致，就越喜欢。因为在交往中，彼此价值观相似，不仅容易获得相互支持与共鸣，而且容易预测彼此的反应倾向，相互适应就比较容易。价值观相似的发现，会促进交往频率的增加，循环往复，彼此关系便趋向稳定和密切。

两情相悦和价值观相似，是人际吸引的两大心理机制，其功能的差异是前者作用于交往的前期，后者则常作用于交往的后期。理想的人际关系是两大心理机制同时发生作用，既两情相悦又价值观相似。异性交往中的相互了解、两情相悦和价值观相似，常常会在年轻的大学生中碰撞出爱情的火花。异性交往有助于异性大学生相互了解和信任，进而获得异性的信赖和友谊，促进情感的健康发展。个别同学间的交往是这样，集体中的交往也是如此。

（二）集体中的人际关系

集体是什么？集体不是简单的个体相加，集体是群体发展的高级形式。

1. 集体的社会心理特点

第一，具有与社会目标一致的、成为集体成员行动指南的目标，并由此而产生正确的、统一的舆论；

第二，集体是通过具有社会价值的个人意义的协同活动为中介把人们联系在一起，因此，集体成员的人际关系是团结的、民主平等的，是一种从集体利益出发的责任依从关系；

第三，集体具有较完善的管理与自我管理机构，因此，它具有较高水平的整合功能；

第四，个人的才能和个性在集体中得到充分的发展。

2. 集体中的人际关系结构

集体中的人际关系是一个多层次的复杂结构，它包括表层、深层和核心层三个层次：

表层：个人间的关系是建立在直接接触、感情联系基础上的比较表面的关系，如好感和反感、群体的相容、接触的难易、趣味是否相投等。

深层：个人间的关系是以群体共同活动的内容、价值观为中介的，人与人的关系表现为把他人看成群体活动的参加者、学业上的同学、工作中的同道。

核心层：在这一层次，所有成员都接受群体共同活动的统一目的，并在此基础上发挥群体内部关系的能量，这是群体内人际关系发展的最高水平。至此，群体才变成集体。

社会越是现代化，人与人之间的合作越来越多，社会将成为一个关系的社会、网络的社会。人际关系几乎就是一种取之不尽、用之不竭的资源。

二、需求关系是人际关系的核心

有的大学生看到人与人之间有相互支持、相互帮助的一面，就片面地认为人际关系是一种相互利用的关系，认为人会相互利用，就是搞好人际关系。他们把庸俗的关系学与健康的人际关系学简单地画上了等号。

在日常生活、学习和工作中，每一个人都需要和别人建立一定的人际关系，这就是人际关系的需求，需求关系是人际关系的核心。人际需求关系可以分为三类。

(一) 包容关系

包容关系的基本行为特征是求助，一方有所求，一方有所予，如果彼此双方无所欲求，就无法建立包容关系。出于这种动机产生的待人行为特征是沟通、融合、协调、参与、随同等。与此动机相反的人际反应特征是排斥、对立、疏远、退缩等。

（二）控制关系

控制关系的基本行为特征是支配与依赖。每一个人都有支配他人的欲望，同样，每一个人都有一种依赖于他人的心理，只不过由于环境和能力的差异造成支配和依赖心理的强弱不同而已。在交往过程中，只有一方力图支配对方，而对方恰好企图依赖另一方时，才能建立起较为稳定的控制关系；否则，就会发生冲突或者疏远。而支配过强，令人不舒服，产生压迫感，就构成操纵性，进而产生疏离感。

（三）感情关系

感情关系的基本行为特征是同情、喜爱、亲密、热心、照顾等。人都有与他人建立和维持良好关系的欲望。与这种动机相反产生的人际反应特征是冷淡、厌恶、疏离、憎恨等。感情关系建立的基本条件是交往的双方都是爱的主体，同时又都是爱的客体；双方都给予对方以爱，同时又都接受对方的爱。

三、影响人际关系的因素

“到了大学再也找不到像中学时期那样的好朋友了！”这是许多大学生的慨叹。他们一方面渴望真诚、深厚的友谊，另一方面又感到缺少知心朋友，有的人凡事总是首先想着自己，我行我素，唯我独尊，不管他人，不会理解人、宽容人，而希望别人能够顺从他、理解他、尊重他，希望别人待他好，而自己又不做相应的努力。

怎样交到知心朋友？首先要了解影响人际关系建立的各种因素。

（一）空间距离

人与人之间在空间位置上越接近越容易形成彼此之间的密切关系，如上下床铺同学，因为空间距离的接近，使双方相互交往、相互接触的机会更多，彼此之间容易熟悉，或成为好朋友，或因为彼此价值观不同而只是熟人。虽然地理位置不是人际关系好坏的唯一的、决定的因素，但是，远亲不如近邻，空间位置接近的优势，无疑是影响人际交往的一个有利条件。

（二）交往频率

交往是人际关系的基础，人们只有在交往中才能彼此了解，相互熟悉，进而相互帮助，建立友谊。交往的频率越高，越容易形成共同的语言、共同的态度、共同的兴趣和共同的经验等。否则，交往频率过少，可能会产生冷落之感，以致感情疏远；不过，交往频率过繁，也可能破坏对方的工作和生活秩序，引起反感。

（三）态度相似

人与人之间若对具体事物有相同或相似的态度，有共同的语言，共同的理想、信念和价值，就容易产生共鸣、同情、理解、支持、信任、合作，从而形成密切的关系。

（四）需要互补

相互满足是形成人际关系的前提条件，如果没有需要和满足需要的期望，空间距离虽小，也可能是“鸡犬之声相闻，老死不相往来”；一旦有了需要和满足需要的期望，空间距离虽大，也可能是“天涯若比邻”。良好人际关系的形成取决于交往双方彼此满足需要的方式和程度，如果交往双方的基本需要都能从交往过程中得到满足，其人际关系就会密切、融洽；如果双方的需要都不能从交往过程中得到满足，彼此之间就缺乏吸引力；如果双方的需要在交往过程中受到损害，彼此之间就会产生排斥与对抗。

（五）人格吸引

人格也称个性。我们喜欢他人，原因不仅来自对方，有时是我们自身的人格因素决定对他人的好感。个性影响着交往的态度、频率和方式，从而影响着人际关系。以气质而论，具有多血质和黏液质的人，其人际关系一般来说要好于胆汁质与抑郁质的人。以能力而论，能力强的人往往使人产生钦佩感与信任感，具有吸引力。不过，能力强、弱和特长的差别太大或太小，相互之间的吸引力也会减小，只有当双方的能力既有差别而又差别不太大的时候，相互之间的吸引力才会增大。以性格而论，诚实、正直、开朗、自信、勤奋、幽默、热情的人较之虚伪、孤僻、懒惰、固执、狂妄的人具有较强的人际吸引力。因此，人格特点在建立良好的人际关系中是非常重要的内在因素。

（六）个性品质

影响大学生人际交往的个性品质主要有：①为人虚伪。与之交往，容易使人失去安全感。②自私自利。只关注自己的需要，不关心别人的需要，甚至损人利己。③不尊重别人，常常挫伤别人的自尊心。④报复心强。⑤妒忌心强。⑥猜疑心重，过于敏感。⑦过于自卑。⑧孤独、固执。⑨苛求别人，控制别人。⑩自负、自傲。反之，良好的个性品质会赢得人缘。

四、人际交往的心理效应

社会心理学研究表明，在人际交往中有一些非常有趣的心理现象。科学地用好人际交往中的心理效应对大学生很有意义。

（一）首因效应

有谁不愿意给别人留下美好的印象呢？首因，即最初的印象，或称第一印象。在人际交往中，人们往往注意开始接触到的细节，如对方的表情、身材、容貌等，而在对后来接触到的细节不太注意。这种由先前的信息而形成的最初的印象及其对后来信息的影响，就是首因效应，即我们常说的“先入为主”。

第一印象赖以产生的信息是有限的，第一印象不一定是真实可靠的。由于认知具有综合性，随着时间的变化、认识的深入，人完全可以把这些不完全的信息贯穿起来，用思维填补空缺，形成一定程度的整体印象。

做一做，想一想

心理小实验：吉姆是怎样的人？

国外心理学家曾做过一个实验，编了两段描写一个叫吉姆的学生的材料。第一段说吉姆外出买文具，邀请了两个同学做他的参谋，一路上有说有笑，还不时地与遇见的同学打招呼，尽管其中有些同学甚至连名字都叫不出。第二段则说吉姆放学后独自回家，不愿和同学结伴而行，路上遇见了同学，因怕交往，就躲到一边去了。这位心理学家选择了一百名中学生，分成四组。第一组学生只看第一段材料，他们一致认为吉姆是个性格外向、好交往的人；第二组学生只看第二段材料，他们一致认为吉姆是个性格内向、不好交往的人；第三组学生先看第一段材料，再看第二段材料，结果78%的人认为吉姆是个性格外向的人；第四组学生先看第二段材料，再看第一段材料，结果82%的人认为吉姆是个性格内向的人。

（二）近因效应

近因，即最后的印象。近因效应指的是最后的印象对人们认知具有的影响。最后留下的印象往往是最深刻的印象，这也就是心理学上所阐释的后摄作用。

首因效应与近因效应不是对立的，而是一个问题的两个方面。在大学生的人际交往中，第一印象固然重要，但最后的印象也是不可忽视的。在对陌生人的认知中，首因效应比较明显，而在对熟悉的人的认知中，近因效应比较明显。这就告诉我们，在与他人进行交往时，既要注意平时给对方留下的印象，也要注意给对方留下的第一印象和最后印象。

（三）光环效应

光环效应又称晕轮效应，指的是在人际交往中，人们常因对方所具有的某个特性而泛化到其他有关的一系列特性上，从局部信息形成一个完整的印象，即根据最少量的情况对别人做出全面的结论。所谓“情人眼里出西施”，说的就是这种光环效应。

光环效应实际上是个人主观推断泛化的结果。在光环效应状态下，一个人的优点或缺点一旦变为光环被扩大，其优点或缺点也就隐退到光环的背后被别人视而不见了。在人际交往中，你有过这种情形吗？对外表吸引人的同学赋予较多理想的人格特征，或为那些长相比较好的同学设计美好的未来，例如，“你气质好，将来求职就业一定没有问题”，“那个人第一次见面就对我关心备至，令我难忘”，等等。

（四）投射效应

投射效应是指在人际交往中，形成对别人的印象时总是假设他人与自己有相同的倾向，即把自己的特性投射到其他人身上。所谓“以小人之心，度君子之腹”，反映的就是投射效应的一个侧面。投射可分为两种类型：一种是指个人没有意识到自己具有某些特性，而把这些特性加到了他人身上。例如，一个对他人有敌意的同学，总感觉到对方对自己怀有仇恨，似乎对方的一举一动都有挑衅的色彩。另一种是指个人意识到自己某些不称心的特性，而把这些特性加到他人身上。例如，在考场上，想作弊的同学总感觉到别的同学也在作弊，倘若自己不作弊就吃亏了。其目的是通过这种投射重新估价自己不称心的特性，以求得心理上的暂时平衡。

（五）刻板印象

刻板印象是社会上对于某一类事物或人物的一种比较固定、概括而笼统的看法。主要表现为：在人际交往过程中，主观、机械地将交往对象归于某一类人，不管他是否呈现出该类人的特征，都认为他是该类人的代表，进而把对该类人的评价强加于他。刻板印象作为一种固定化的认识，虽然有利于对某一群体做出概括性的评价，但也容易产生偏差，造成“先入为主”的成见，阻碍人与人之间深入、细致的认知。例如，男生认为女生心细、胆小、娇气；女生则认为男生心粗、胆大、傲气。农村来的同学认为城市来的同学见多识广，但狡猾、小气；城市来的同学则认为农村来的同学孤陋寡闻，但忠厚、老实，等等。

五、健康交往心理的基本原则

大学生小 A 与小 B 是一对要好的朋友，学习、生活经常是形影不离。后来小 A 觉察到小 B 常常周末不在教室自习，问她去做什么，小 B 不肯说，但又担心小 A 多心，影响两人的关系，内心很矛盾。小 A 则很不高兴，认为两个好朋友之间不该有个人隐私，若保留个人隐私，就不是真正的友谊。她们的矛盾症结在哪里呢？

个人隐私是个人感的重要体现，没有个人感就没有个人隐私，没有个人隐私也就无所谓个人。隐私之所以重要，就在于它接纳了每个人私生活的合法性和独立性。小 A 和小 B 没有掌握好友谊和个人隐私的分寸，因而两人都十分痛苦。

个人隐私如同我们每个人的“内衣”，没有人愿意在大庭广众之下赤身裸体，也没有人愿意在外人面前暴露他内在的服饰（模特例外）。这是因为个人隐私中包含的绝大部分秘密属于生活中不可言说的部分，它必须保密，所以它不能与人随意分享。个人隐私中两种最忠实的守护是责任和信誉。在人际交往中，无论是同性间还是异性间，都应尊重他人，保护他人的隐私，不能强迫别人暴露。真诚、宽容、信任是与尊重同等重要的健康交往的原则。

（一）尊重原则

俄国大作家屠格涅夫有一天走在街上，一个年迈体弱的乞丐向他伸出发抖的双手，大作家找遍全身所有的口袋，分文没有，他感到惶恐不安，只好上前握住乞丐的那双脏手，深情地说道：“对不起，兄弟，我什么也没有，兄弟！”哪知大作家这一声声“兄弟”却超过了金钱的作用，使老乞丐为之动容，他泪眼盈盈地说：“哪儿的话，这已经很感恩了，这也是恩惠啊！”这个故事说明，无论什么人，无论地位高低，渴求得到尊重的心情是一样的。

古人说："敬人者，人恒敬之。"尊重包括自尊和尊重他人两个方面。自尊就是在各种场合自重、自爱，维护自己的人格；尊重他人就是重视他人的人格、习惯与价值。尽管由于主、客观因素影响，人与人在气质、性格、能力、知识等方面存在差异，但在人格上大家是平等的。只有尊重他人，才能得到他人的尊重。

（二）真诚原则

真诚待人是人际交往中最有价值、最重要的原则。以诚待人是人际交往得以延续和深化的保证。美国一位心理学家曾列出555个描写人品的形容词，让大学生说出最喜欢哪些、最不喜欢哪些，结果学生评价最高的品质是：真诚。在8个评价最高的形容词中，有6个和真诚有关，即真诚、诚实、忠诚、真实、信赖和可靠。而评价最低的品质中，虚伪居首位。古人说："以诚感人者，人亦诚而应。"在人际交往中，只有彼此抱着心诚意善的动机和态度，才能相互理解、接纳、信任，在感情上引起共鸣，使交往关系巩固和发展，那种"逢人只说三分话，未可全抛一片心"的交往信条，只会侵蚀着健康的交往关系。

（三）宽容原则

宽容表现为对非原则性问题不斤斤计较，能够以德报怨。在人际交往中，难免会遇到一些不愉快的人和事，要学会宽容，学会克制和忍耐。苏轼说得好："匹夫见辱，拔剑而起，挺身而斗，此不足为勇也。天下有大勇者，猝然临之而不惊，无故加之而不怒，此其所挟持者甚大，而其志甚远也。"大学生在人际交往中心胸要宽，姿态要高，气量要大，遇事要权衡利弊，切不可事事斤斤计较、苛求他人、固执己见，要尽量团结那些与自己有分歧意见的人，营造宽松的交际环境。"学会原谅别人是美德，学会宽容别人是高尚。有了这样的心境，就会有良好的人际关系，就会使每一天都快乐。"

（四）互利原则

互利是指交往双方在满足对方需要的同时，又得到对方的报答，双方的交往关系因此能继续发展。如果一方只索取，不给予，交往就会中断。互利性越高，交往双方关系就越稳定、密切；互利性越低，交往的双方关系就越疏远。人际间的互利包括物质和精神两方面。

（五）谦逊的原则

谦逊是一种美德。谦虚好学者，人们总是乐于与之交往；反之，狂妄自负、目无他人者，人们往往避而远之。在人际交往中，如果有豁达的胸怀，谦虚谨慎，戒骄戒躁，虚心学习他人之长，常常就会有亲和力；而狂妄自大，傲视他人，不懂装懂，知错不改，是为人所厌恶的。

（六）理解的原则

“金玉易得，知己难寻。”所谓知己，即是能够理解和关心自己的人。相互理解是人际沟通、促进交往的条件。理解不等于知道和了解。就人际交往而言，你不仅要细心了解他人的处境、心情、特性、好恶、需求等，还要根据彼此的情况，主动调整或约束自己的行为，尽量给他人以关心、帮助和方便，多为他人着想，处处体谅别人，自己不爱听的话别送给人，自己反感的行为别强加于人。古人说：“己欲立而立人，己欲达而达人，己所不欲勿施于人。”当你在交往中善解人意，处处理解和关心他人时，深信别人也不会亏待你。

（七）诚信原则

人际交往讲究一个“信”字。信用有两层含义：一是言必信，即说真话，不说假话。如果一个人满嘴胡言，尽说假话骗人，到头来连真话都不能使人相信了。二是行必果，即说到做到，遵守诺言，实践诺言。如果一个人到处许愿而不去做，必然会引起别人的反感和唾弃。无信不立，“言而无信非君子”。要取信于人，第一要守信，即言行一致，说到做到。第二要信任，不仅要信任别人，而且要争取赢得别人的信任。第三不要轻易许诺，即不说大话，不做毫无把握的许诺。第四要诚实，即自己能办到的事一定要答应别人去办，办不到的事要讲清楚，以赢得对方的理解。第五要自信，即要有一种自信心，相信自己能行，给人以信赖感和安全感。

做一做，想一想

批评的智慧

人皆有过，被批评或批评别人在所难免。但若方法不当，既达不到目的，又伤害彼此的关系。批评的智慧体现在：

（1）从称赞和诚恳入手。先诚恳地称赞别人的长处，再指出不足，这比一针见血地批评更有效。

（2）间接提醒别人的错误。用间接方式提醒会使人因保留面子而乐于接受意见，比直截了当好。

（3）先谈到自己的错误。当与别人发生误会而双方都有责任时，最好先说自己的错误，然后再指出别人的错误。

（4）提问而不是下命令。态度要诚恳，比如，可以这样说："你觉得这样做行吗?"

（5）勇于接受批评。当别人善意批评我们时，要勇于接受，这样才能使自己进步。

第三节　改善人际关系的方法

人际交往能力是现代社会人才的重要素质，是衡量一个人能否有效适应社会的标志。一个想要在现代社会生活中有所作为的青年学生，应努力培养自己的交往能力，掌握交往的主动权。为此，不仅要克服交往障碍，更为重要的是了解人际交往的真谛：以内养外，掌握成功交往的技能与艺术。

一、交往能力后天习得

人际关系的好坏不是一个简单的技巧问题，它反映了人的性格特点和对别人的评价。

人们常说，"生活的磨炼可以改变一个人"，主要指性格的改变。气质无好坏之分，只有当气质的表现涉及人的社会关系时，才能评定这种品质是否可行，是否有价值。建立良好人际交往的内功在于：培养成功交往的心理品质；提高自身的人格魅力。如真诚、大方、热情、自信、谦虚、善解人意等。自卑感是人际摩擦的原因；自信是健康人际交往的灵魂。要让别人喜欢你，你就得先学会自己喜欢自己，悦纳自己，发现自己的优点，强化自己的内在价值，使自己快乐起来、自信起来，不断地完善自我，这才是建立健康的人际交往的根本途径。

二、寻找规律学会交往

哈里斯提出人生的四种态度类型：（1）"我不行，你行"；（2）"我不行，你也不行"；（3）"我行，你不行"；（4）"我行，你也行"。

这四种生活态度本质上是同一个发展概念。哈里斯认为，孩子在两岁左右时，就已经选定了前三种见解中的一种。一旦这种见解得以认定，孩子就会始终保持这种见解，并用它来支配自己的全部行为。这种状态将伴随他的一生，除非他在以后的生活中有意识地将其改变成第四种见解。

在“你行，我不行”这样一种自卑怯弱与“我行，你不行”这样一种狂妄自大之下，人际交往将必然是“有赢有输”，在“我不行，你也不行”这种悲观绝望的心态下，人际交往可能呈“双败”局面，只有在“我行，你也行”这种积极乐观的心态下，人际交往才会“双赢”。

尝试分析一下，你的生活态度属于哪一种呢？

三、大胆实践培养交往能力

钢琴的键盘只有 88 个、音节只有 8 个，但是却能弹奏出许多不同的曲子。巧妙的演奏技巧一定需要练习，和谐的人际关系的建立也需要学习和训练。

（一）学会沟通

沟通主要指人与人之间的信息交流过程，它是交往的基础。交往的含义比沟通广泛。一个人每天约 70% 的时间都是在做这样或那样的沟通，如与别人交谈、读书看报、上课、听广播、看电视、上网聊天等，都是在进行沟通。现代生活最重要的方面是交通的便利和通信的发达，特别是计算机信息网络的使用。而它们所改善的，正是人们沟通的状况。

在情感上，我们同样是通过沟通来丰富自己的。我们欣赏绘画、摄影作品，看电影、电视，阅读散文、诗歌、小说，实际上都是在体验作者创作的情感历程。受作品的激发，我们在欣赏过程中还会产生许多作品中没有或超越作品的情感体验和思想。在情感体验的性质上，沟通的过程使积极的情感体验加深，使消极的情感体验减弱。正如一位哲人所说的，快乐与别人分享，快乐增加一倍；而痛苦与别人分担，痛苦减轻一半。沟通的过程，使人生真正变得丰富多彩，使人的有限生命走向无限。英国作家萧伯纳曾经打过一个很好的比方，他说：假如你有一个苹果，我有一个苹果，彼此交换后，我们每人都还是一个苹果。但是，如果你有一种思想，我有一种思想，那么，彼此交换之后，我们每个人都有两种思想，甚至两种思想发生碰撞，还可以产生出两种思想之外的其他思想。

（二）改善人际关系的心理学技术

改善人际关系的心理学技术，是试图改变人们的自我意识水平，或移情能力，或社交技能，并通过这种途径使人们的人际关系状况得到改善。一般有两大类：一类是综合性的方法，可以同时改善人们的自我意识水平、移情能力和社交技能，这类方法主要有敏感性训练和角色扮演；第二类方法是分别训练自我意识水平、移情能力和社交技能，这类方法主要有意识训练法、移情练习和社交能力训练等。这里主要谈综合性方法。

1. 敏感性训练

敏感性训练是一种从团体心理疗法发展起来的团体训练技术。

敏感性训练团体有多种形式，开展最普遍的是训练团体，或称 T—小组。它的活动方式主要是语言交流。这类团体通常由 5 ~ 15 人组成，包括 1 名团体心理辅导人员。训练期限可以是 1 ~ 4 周。

训练团体主要以非指导性的方式为参与者提供真实体验“此时此地”的情境。在活动开始时，团体成员之间往往先谈论参加这种活动的意图，以及想解决的问题和感兴趣的问题。随着沟通的深入，人们会逐渐了解别人对自己的问题和当时的表现怎样反应。当团体成员之间的信任感和真诚的气氛建立起来后，团体作为一个整体，不容许任何成员拒绝暴露自己的真正自我。设计的活动可以有盲行、同舟共济等。大学生朋友不妨找个训练团体试一试。

2. 角色扮演法

角色扮演是一种直接摆脱既定角色关系束缚的个体训练技术，它是通过角色改变方法，充当或扮演某种角色，站在一个新的立场去体验、了解和领会别人的内心世界，理解自己反应的适当性，由此来增加扮演者的自我意识水平、移情能力，并改变其过去的行为方式，使之更适合自己的社会角色，从而获得新的社交技能。

做一做，想一想

倾 听 练 习

目的：学习倾听。倾听是一种关爱，你送我一片目光，没有言语，可是我却在你静静地聆听中感受着你的关切。如果你学会了聆听，相信你将拥有更多的朋友。他们会喜欢你的平和，喜欢你的静静聆听而将你视为知己。

操作：4 人一组，分别扮演 4 个不同的角色。（倾听练习）

角色 A：一贯学习成绩不错，周围的人都认为考上重点中学没有问题。但中考结果，重点中学落榜，情绪沮丧。落榜后，找到自己的老师和朋友倾诉（可根据自己的经历或假设人物的经历谈落榜的感受）。

角色 B：A 的现任老师（听了 A 的诉说给予回应）。

角色 C：A 的好朋友（听了 A 的诉说给予回应）。

角色 D：观察员，观察 B、C 是怎样倾听并回应 A 的（语言与非语言），讲出自己的发现。可以请 A 谈一谈在与老师、朋友交谈中的感受。组织 4 人讨论。

3. 表达训练法

赞美能使人的能量得以发掘。现实中人们常常很吝啬赞美的语言，殊不知正是赞美会在人际交往中创造奇迹。当受到别人真诚的赞美或感谢时，精神也因而振奋飞扬！

在团体心理辅导中，有一个抢坐红椅子的活动。当大家有了初步的了解后，请每个组员轮流坐在小组的中间，其他组员用实事求是的话语赞美他（她）。每个从红椅子上下来的人都非常兴奋。有的人讲："在短短的时间里听到那么多的赞扬和肯定，令我脸发热、心发跳。"有的人说："今天听到的赞美语言比前 20 年听到的赞美语言都丰富。""我会有那么多值得赞美的地方，真令我兴奋！"

这小小的奇迹也许真可以使大家的自信心提高。你不妨试一试。不过，要记住赞美的两个原则：第一，发自内心；第二，多赞美对方的行为或性格。

4. 利他行为实践法

利他行为是指在人际交往过程中无私助人而不指望得到任何外在奖励的行为。有研究者指出："利他行为与心理健康存在相关，高利他行为的人，心理健康水平也高，反之亦然；低利他行为的人在人际关系、焦虑、抑郁等项目上与高利他行为的人存在显著性差异。"这是因为，利他倾向强的人有较强的社会责任感和维护社会正义的信念，形成了道德义务感、责任感、信念和价值观。这样，个人利他行为的发生就不是由于社会的要求，而是因为自己感到"这样做是对的"，不遵守这些社会规范不仅仅会受到社会的惩罚，更主要的是违背了个人的信念而受到良心的谴责。利他会使人心态轻松愉快。在学习生活之余，尝试着多为同宿舍同学做一些力所能及的事情，如为大家打开水、做卫生、做一些别人不太愿意做的事情，不必在意别人对你的评价，并尝试从积极的方面记下自己的体会。

心灵读本：快乐箴言

很久以来，人们都认为快乐是理所当然的事。若想拥有它，只能顺其自然，不可强求。如今，我们却逐渐意识到，我们与他人的和睦相处是可以创造快乐的。我们可以通过某种方式，使别人更加喜欢自己。一种方式就是不要自私。不要期望任何事情都符合我们自己的方式，不要奢求拥有太多，包括朋友的注意力。另一种方式是在别人身上寻找优点而不是缺点。你会惊奇地发现，这样会给你带来多么大的成功。

不必为了迎合别人而变得毫无主见。事实上，只有你勇于维护自己的正当权利，才会受到大家的喜爱和尊敬。但是请切记，如果你能用彬彬有礼而又令人愉快的方式来处理，那可就再好不过了。友好而礼貌地对待你身边的朋友、长者、陌生人，甚至是那些看起来卑微的人，或是你不感兴趣的人，这是培养良好个性的好方法。

不能期望十全十美。犯错误时，我们必须学会如何避免被沮丧情绪缠身。每个人都会犯错误，只要从中吸取教训，就不应被横加指责。许多年轻人在意识到身上具有自己不喜欢的品质，比如脾气暴躁、自私、懒惰等一些令人不快的品质时，便一蹶不振，这对他们很不利。请记住，我们每个人都有这样或那样的缺点，都需要努力去克服。

与此同时，我们还需牢记：虽然你可能不比别人差，但是也不一定比别人强多少。追求幸福最可靠的方法是要有一个超越别人的心态，就好像是认定自己比别人优秀的那种感觉，这很重要。

出错时，改正错误是明智之举。你可能不喜欢某位老师或同学，遇到这种情况，你应当尽量弄清楚为什么，同时也好好地检讨一下自己，确保自己没有做过那些招致这位老师或同学反感的事情。如果你坚持保持愉悦和礼貌，情况总有一天会好转。如果情况没有好转，那么你只得尝试使自己面对现实，不要对此过于介怀。对你所不能改变的现实，焦虑永远无济于事。

摘自：《读者》2004 年第 6 期，作者：丹尼尔・罗宾斯

复习与思考题

1. 你认为正确处理学生人际关系的原则有哪些?

2. 请尝试与10个陌生人打招呼，并与同学分享个人体验。

3. 请用人际交往理论分析你自己体会最深的一次人际交往实践。

4. 根据你宿舍的实际，起草制订一份可行的“宿舍公约”，并说服宿舍同学一起修改，完善后执行。

阅读书目

1. 贺淑曼等编著:《人际交往与人才发展》，世界图书出版公司1999年版。

2. 黄仁发、汤建南编著:《人际关系心理》，中国科技大学出版社1995年版。

3. 金盛华、杨志芳:《沟通人生——心理交往学》，山东教育出版社1992年版。

4. 王德华、高希庚:《青年交往心理学》，湖南人民出版社1988年版。

5. D. 萨尔诺夫著:《说话的技巧》，世界图书出版公司1988年版。

6. 尚水利著:《团队精神》，时事出版社2005年版。

7. 哈里斯著，杨菁等译:《我行，你也行》，文化艺术出版社2000年版。

第八章
性的发展与心理健康

性作为一种生理、心理、社会现象，始终伴随着每一个人，深刻地影响着一个人的健康、幸福和人格完善。它能给人以欢乐，也能给人以痛苦；它可以引导人走向崇高的境界，也可以诱惑人误入歧途。不要抑制和歪曲对性的感情和表现，重要的是有智慧地加以引导，使其有利于人类的幸福与发展。每一个人都需要建立一个对性的价值观。性的问题将发展成为人生问题、人的生活方式问题。

性无知留下的苦涩记忆

前些时候，有位记者采访过一位有过未婚先孕经历的大三女学生，她与记者谈到当时发现自己怀孕后的心情时，仍然很紧张，很恐惧。她说：除了对自己控制不了的一时冲动后悔外，还非常害怕，害怕父母知道，害怕老师知道，更怕被周围的亲戚朋友知道。但是自己酿下的苦果总要解决。可是如果到大医院做手术，又害怕碰到熟人。无奈之下，迫不得已地躺在一家偏僻诊所的一张破旧的木板床上，终于挨过了那个让她痛苦万分的时刻。所幸的是手术没出什么问题。从那以后，想起那个情景就害怕……这个女大学生的经历反映了性生理成熟后的大学生对性的焦虑、迷惘和困惑。

性，人人都有。我们每个人都是性塑造的生命，我们每个人都伴随着性的发育成熟而长大，性是我们生命的一个重要组成部分。然而，长期以来，由于传统观念的影响，我国的性教育滞后于青少年的身心发展。了解和掌握科学的性知识，维护自己的性健康是当代大学生人生发展的重要课题。

第一节 谈性论性

性是什么？一谈到性，一些大学生会表现得十分敏感或羞怯。在敏感和羞怯的背后，隐藏着一种狭隘的认识，即性是一种单纯的性生理，是男女之间生理上的性关系。这种认识是十分片面的。实际上，性既是一种生理现象、一种社会现象，同时也是一种心理现象。性包含着丰富的科学内涵。

一、性的本质

（一）性是人的自然属性与社会属性的统一

作为自然属性的性，是指男女在生理构造上的差异和人生俱有的性的欲望与本能，它是人类生存和繁衍后代的必要基础条件。从生物的形态学和生理学上来理解，性是伴随着性生殖出现的。人的基因与性器官的差异形成了雄性和雌性，性征便是两性特点的表达。

古人云："食色，性也。"马克思也说，人有两大基本欲望，一是生存欲望，二是性欲。无论是祖先的悠悠古训，还是革命导师的精辟论述，都向我们揭示：人的性欲并不神秘，它来源于人体性激素的作用，是如同人的饥饿与口渴一样的生理现象。然而，只把性看做是人的生物属性，而不能从人的社会属性上去认识和把握性，就会把性降低到动物的生存意义上去。人是社会性的动物，人的性行为受到社会的制约和规范。只有把性行为控制在社会允许的范围之内，人类自身才能够获得健康生存与发展，社会才能够获得安定与文明。

作为社会属性的性，是性的本质体现。正像马克思所说的：人的本质是一切社会关系的总和，归根结底它是由社会关系决定的。人的性也同样由社会关系所决定。人的性需要，不仅包括生理性需要，更重要的是也包括社会性需要。例如，择偶的要求不仅是寻找一位异性，而且还要满足个人审美的需要、爱的需要、个人生活幸福与自我发展的需要，需要考虑对方的兴趣、爱好、学历、职业、家庭等社会因素。人的性行为必须通过婚姻、经济、法律、道德关系的规范才能够实现。恩格斯在研究了人类婚姻、家庭演变的历史后指出，人类婚姻、家庭从群婚到一夫一妻，到现代性爱发展的过程，完全是由生产力的发展状况和生产关系所有制的性质所决定的。因此，人们对于爱情、婚姻的态度归根结底还是由其所在的社会关系所决定的。

性是人的自然属性和社会属性的统一体，这说明性既要受到人发展的生物规律的支配，又要受到人类社会文化发展条件和各种社会需要的制约。两者是有机联系、密不可分的。性的社会属性是人类文明进步发展的本质，人不仅仅是一个自然人，更是一个社会人。

（二）性的多重含义

我们在谈到性时，常用到“性”、“性别”或“性别角色”这样一些词。虽然在日常使用时，我们会把这几个词互换使用，但实际上，它们分别从性的几个构成方面反映了性的特质，它们的区分涉及了生物学、心理学和社会学的知识。

性，是生物学上的词汇，常指男女两性在生物学上的差异。它包括男女两性染色体不同，性腺不同，性激素不同，生殖道与外生殖器不同和第二性征不同。

性别，是心理学上的词汇，它是指男女两性在生理差别基础上的心理差异。主要表现在性格、气质、感觉、情感、智能等方面。

性别角色，是社会学上的词汇，它是指社会按照人们的性别赋予人们不同的社会行为模式。性别角色是男女两性在生理差异的基础上，由于社会期望不同所形成的。男女先天生理解剖上的差异，为性别分化提供了可能。但是，男女在家庭和社会生活中扮演什么角色，则主要是由社会的伦理、道德、风俗、传统等社会文化所决定的。封建社会中男尊女卑的观念使得社会对两性产生了不同的期望：男子要刚强、独立、自主；女子要柔顺、依赖、顺从。然而，伴随着社会生产力的提高和女性在社会生活中地位的提高，原先在两性角色中泾渭分明的界限日渐模糊了，出现了“双性化”的特征，即现代人应具有传统男性角色和传统女性角色中所有的一切优良品质。两性角色互化的出现也是社会进步的一大表现。

做一做，想一想

挑选词汇

目的：认识性的科学含义及表达方式。

操作：

从下面的词汇中找出你认为与性有关的词汇（7分钟）。

1. 快乐　2. 好玩　3. 污秽
4. 生育　5. 恐惧　6. 爱
7. 美妙　8. 信任　9. 羞耻
10. 不满足　11. 委身　12. 忠贞
13. 尴尬　14. 压力　15. 例行公事
16. 表现　17. 欢乐　18. 实验
19. 释放　20. 难为情　21. 舒服
22. 无奈　23. 罪　24. 厌恶
25. 内疚　26. 无助　27. 享受
28. 压抑　29. 乏味　30. 满足
31. 美丽　32. 征服　33. 沟通
34. 禁忌　35. 亲密　36. 融洽
37. 遗憾　38. 自卑　39. 自信
40. 和谐

讨论：学生5~6人为一组，每人在小组中交流：
①你选了哪些词汇?
②为什么这些词汇与性有关?
③你的感觉是以负面为主还是以正面为主?

二、性心理发展的理论

性心理有其发展的科学规律，大学生应当学习性心理发展的理论，掌握性的科学知识。

（一）弗洛伊德的性心理发展理论

弗洛伊德的性心理发展理论主要有以下几点：

1. 性动力

弗洛伊德认为在人的性背后有一种潜力，常常驱使人去寻求快感的满足，这就是力比多，即性本能、性欲望或性冲动，他称之为性动力。这种性动力是人天生就具有的。他认为，性本能冲动和欲望不仅需要在与性活动直接相关的生殖行为或接吻、触摸行为中得到满足，而且它是人的心理动力。弗洛伊德认为，性是人类的一种基本动机，也是推动人们心理活动的一种基本动力。

弗洛伊德认为，性冲动和性欲望需要得到满足，这是人的正常性心理，不能过分压抑。但同时性本能的实现又具有替代性和延缓性，可以通过其他本能得以满足的方式来实现，且可以升华，性动力是促使人进行创造性活动的内驱力。

2. 自我可以恰当地调控性冲动

弗洛伊德把人的人格结构分为本我、自我和超我三个部分。

本我包括了个体的一切原始的冲动和本能欲望，其中最主要的是人的性欲望。本我是一切心理能量之源，是人格结构的基础。本我遵循“快乐原则”，寻求即时满足，回避痛苦，它并不顾及道德和外在行为规范。

自我既能感知外部世界的存在，反映外部世界的特点和要求，又能感受心灵内部的刺激，即反映本我与超我的需要。自我好像是一位仆人，它同时要侍奉三位主人，一方面它要反映本我的欲望，实现本我的满足；另一方面，它要反映现实，在现实中寻找本我欲望满足的对象、途径和方式；同时，它又要受到超我的严格限制，使本能欲望满足受到超我的严格监督。自我周旋于三个主人之间，调解着它们的关系。自我遵循现实原则。

自我是人格结构的核心。如果自我的力量太弱小，不能有效地进行调控，那么就会出现两种情况：一种是本我的性欲望不能受到超我的监控，一味追求即时快乐满足，造成性放纵；另一种是超我过度地压抑本我，使本我的性欲望不能合理得到满足，导致紧张、焦虑及其他心理障碍的产生。一个心理健康的人，拥有强大的自我，能把本我、超我和现实调整到一个和谐的状态，使人能够在现实中按照社会规范合理地满足自己的性欲望。

超我代表着道德，它包括自我理想和良心。它是社会性的自我，以社会道德和自律来约束自我，追求个人的完善。超我遵循理想原则。

3. 性心理发展的阶段

弗洛伊德性心理的发展从婴儿期开始，认为幼年的性经历对人的性心理和人格发展具有重要影响。他把性心理发展分为5个阶段：

（1）婴（幼）儿期，包括口唇期和肛门期两个阶段。口唇期（1岁左右），幼儿以吸吮奶头或手指获得口唇性欲满足；肛门期（1～2岁），幼儿以排粪便获得肛门性欲满足。

（2）儿童期，包括恋母期及生殖器期，年龄在3～6岁。儿童通过生殖器部位的刺激和幻想、恋母或恋父达到性欲满足。

（3）潜伏期，年龄在6～12岁，性的倾向转向外部，以对性知识好奇为性欲满足。

（4）青春期，又称生殖期，性欲对象逐渐转向异性。

（5）成年期，性欲在婚姻中得到满足。

弗洛伊德认为，如果人在以上各个阶段性心理发展的内容和表现形式都顺利完成，就可以一步一步实现成熟；如果在性的发展中遇到阻力，性心理就发生不协调甚至变态。性欲发展诸阶段的特点，都可以单独地畸形发展，形成不同类型的性变态或神经症。

（二）我国学者关于性意识发展三阶段论

1．异性疏远期

这一时期大多是 12～13 岁。第二性征的出现，使少男少女们出现了羞涩感。他们把异性的差异和彼此之间的关系看得很神秘，担心别人看到自己在性征上的变化，认为男女接触是很羞耻的事，也害怕与异性接近而遭到别人的耻笑。因此，他们封闭自己，疏远异性，就连与自己平时最熟悉的异性交往也变得不自然起来。他们这种对异性的疏远，主要是由于在心理上向往异性的朦胧感与羞涩感之间的矛盾造成的。

2．异性接近期

进入青年期之后，随着性生理的发育成熟和个人阅历的增加，青年男女向往异性的朦胧感进一步增强，羞涩感减少，他们渴望了解异性，渴望接近异性。但这一时期他们想接近的往往不是特定的某个异性，而是对异性存在的泛化的爱恋和憧憬，且注意的对象容易转移。由于女性进入青春期的年龄要比男性早一些，因此女性对异性的好感要早于男性。这一时期女性常常爱慕男性强健的体魄、性格的豁达和他们的智慧；男性则爱慕女性容貌的美丽、性格的文雅和举止的飘逸。此时男女之间的爱慕还只是异性间的吸引与好感，不能称为恋爱。

3．恋爱期

随着青年男女性生理与性心理的成熟，他们已不再满足于对异性的泛化接近与好感，而是把爱慕的对象集中到某一特定的异性身上，更多地喜欢与自己爱恋的对象约会，而远离集体活动。他们通过频繁约会和交谈，了解对方内在的性格、价值观及家庭情况，不断增强感情，寻求双方内外的和谐统一，他们经由恋爱逐渐走向婚姻。

第二节　大学生常见的性问题

大学生在性成熟的过程中，常常会有许多不适和困惑，特别是面对现代社会变迁中的种种性价值观和性观念，如时下盛行的用身体写作的美女作家，网上讨论同性恋、一夜情等文章频繁出现，性解放等词语成了某些同学张扬个性的工具，和以往父母、老师教导的不要早恋、严禁婚前性行为等态度截然不同，这些信息大大冲击着大学生的价值体系。需要将性视为洪水猛兽而拒之千里之外，还是应该接纳科学而自然的性？究竟怎样的性才算是合适的呢？这些问题困扰着众多大学生，特别是进入青春期后，在面对自身突如其来的变化时，大学生们往往感到手足无措。大学生常见的性困惑主要有以下三个方面。

一、性生理问题

（一）性体象的烦恼

进入青春期后，男生和女生的体征发生了很大变化。男生希望自己身材高大，体魄强健，音调浑厚，拥有男性磁力，以吸引女生；女生则希望自己容貌美丽，身材苗条，乳房丰满，音调柔美，以此显示女性魅力，以吸引男性。然而，当他们的体征不如己意时，就常出现烦恼和焦虑。在心理咨询中常常见到一些男生因自己个子矮小而烦恼，一些女生因体态偏胖而自卑；也有人因为对自己的阴茎或乳房等生理发育不满意而感到焦虑。

有一名男生在初中的时候和同学踢足球，他当守门员，在飞身扑球的时候不幸被球击中下体，导致一个睾丸破裂。这次事故使得他的阴茎发育不良，比别的男生的阴茎小很多。他感到非常自卑，不愿意和其他男生一起上厕所，每次同学拿初中时候的事情开玩笑时他都觉得很难过，觉得同学都瞧不起自己。直到大学毕业，他也没有交女朋友，总觉得阴茎小就不配做男子汉，是个废人，不配和别的男生竞争女生的爱。

（二）遗精恐惧与月经焦虑

大学生对于性生理的困惑表现在男性对遗精的恐惧和女性对于月经的困扰上。遗精是指男性在无性交状态下的射精现象，是青春期男子常见的正常生理现象，是性成熟的标志。过去传统观念往往把遗精看得很严重，认为这种行为会伤元气。青少年常因此而焦虑不安，惊慌失措。实际上精液由精子和黏液组成，一次排放的数毫升精液中99%是水分，其余是蛋白质、糖等，其营养物质对人体微乎其微。认为遗精就是“泄阳”的想法是不科学的，这种想法会引起紧张、焦虑的情绪，对身心健康产生不利影响。

女性的月经期及来月经的前几天是女性生理曲线的低潮期，身体的耐受性、灵活性下降，易疲劳。这些都是正常的生理反应，但确实会给女性带来一些不适的感受，这的确是一个需要加倍体贴的“特殊时期”。月经一来，就可能会痛经，没法参加剧烈的体育活动，在饮食上也需要注意，不能吃生冷辛辣的食物，还得时刻担心经血染到裤子上被别人看见。因此，很多女生抱怨地称来月经叫“倒霉”，也有女生为此感到不公平，认为做女孩子麻烦事多。有些女生过于担心经期的不舒服，这些消极暗示会加重自身情绪的低落和身体的不适感，甚至造成恶性循环。

二、性心理问题

大学生的性心理往往带着某种校园文化的色彩，其主要表现为以下几个方面：

（一）性别认同的困扰

对自己性别的认同是一个人性心理的重要表现。刘达临教授在对全国大学生的调查中发现，有一定比例的学生不喜欢自己的性别。其中，男大学生不喜欢自己性别的占2.6%，女大学生不喜欢自己性别的占15.6%，正好是男生的6倍。另一项关于大学生性心理的调查显示，90%以上的男生对于自己的性别满意度较高，而有超过1/4的女生表示在可能的情况下愿意改变自己的性别。这一结果显然是由“重男轻女”的封建传统观念所致。事实上，无论是对男生还是对女生而言，这种性别自贱的心理都是不正常的，如果这种心理发展到严重的程度，就会对大学生的成才发展带来不利的影响。

（二）异性交往的紧张

与异性交往的心理从刚进入青春期时就开始萌发，对异性的兴趣——与异性交往的渴求——恋爱——结婚，这是一个人人必然经历的生理、心理和社会行为的发展变化过程。“少男钟情，少女怀春”，这是青春期性心理的正常表现。大学生们渴望与异性交往的愿望非常强烈，从全国大学生的调查情况来看，拥有和异性交往强烈愿望的人占70.1%。但是由于传统的“男女授受不亲”性观念的影响，由于缺乏与异性交往的方法，许多人羞于与异性交往，常常拒异性于千里之外，在异性面前表现得非常紧张。在某高校组织的多次大学生的人际交往团体辅导活动中，当老师让彼此陌生的同学自由相识时，每一次都会发现有一些同学只与同性同学相识，不敢或不好意思与异性同学主动交往。人类社会就是异性社会，如果男女生之间“闭关自守”、“老死不相往来”，就只能造成心灵的扭曲和心理的畸形，至少会使人际关系冷漠和疏远，也会影响个人的长远发展。

(三) 白日梦与性梦的疑惑

当青年大学生对与异性交往强烈的渴求不能实现时，性的白日梦就有可能发生。性的白日梦又叫性幻想。性幻想在某种特定因素诱导下，自编、自导、自演与性交往的内容有关的心理活动过程。它可以幻想出在日常生活中不能满足的与异性一起约会、接吻、拥抱、性交等性活动。这种白日梦可以导致生理上的性兴奋，偶尔也会出现性高潮。这在一定程度上可以缓解人的性需求。白日梦是一种普遍的心理现象。据统计，大学生中经常有性幻想的有 5.7%，偶尔有性幻想的有 64.1%。但是，性幻想不能过头，如果整天沉溺其中，甚至把幻想当成现实，那就会成为病态，就会有碍于人的健康成长。

性的白日梦是人为的幻想，而性梦则是真正的梦。性梦是指在睡梦中发生性行为。人们通过梦的方式部分达到自己白天被社会规范限制的性冲动的满足，从而缓解性紧张。性梦也是青少年性心理较为普遍的一种表现。一些大学生由于缺乏对性梦知识的了解，常为自己有过性梦经历而焦虑和自责。有位女学生因为性梦而认为自己很可耻，她认为自己白天是人，夜里是“鬼”。白天里，自己道德高尚，可在梦中自己却与男性有着各种姿态的性行为。她不明白梦中的自我怎么会变得如此淫荡，她无法接纳梦中的自我，因此陷入了痛苦的自我冲突之中，甚至产生了轻生的念头。

(四) 手淫焦虑

手淫是指用手或工具刺激生殖器而获得性快感的一种自我刺激，它是一种青少年获得性补偿和性宣泄的行为。据上海中医学院的老师和我国香港学者在 1991—1992 年对上海 2190 名大学生的调查，男大学生的手淫发生率为 52.4%，女大学生的手淫发生率为 23.5%。对于手淫，传统的性观念认为手淫是邪恶的，是有罪的，是不道德的。在这种传统的手淫有害论的影响下，一些青少年常常为自己有过手淫行为而自责，甚至产生心理障碍。1991 年 6 月，在第 10 届国际性科学大会上，专家们批判了“手淫恐怖论”，提出了“手淫无害论”，认为手淫是一种自然的、正常的性行为，手淫是对性冲动的缓解。但是，过分沉溺于手淫，只靠频繁的手淫来缓解性紧张是不健康的表现。大学生应当通过丰富多彩的精神生活和恰当的异性交往来平衡自己的性心理。

（五）性骚扰的恐惧

常见的性骚扰有故意擦撞异性身体的某个部位，故意贴近异性，故意谈性的问题，用色情语言进行挑逗，用暧昧的目光打量别人，或强行要求发生性行为等。女大学生有时会遇到个别男教师以学习指导或谈工作为名，对其进行性骚扰。在一些公共场合，如乘公交车，也会遇到性骚扰。如有一名女生搭乘公交车回家时，正好是下班的乘车高峰期，车厢里非常拥挤，有个男人乘机往女生身边靠，不时乘刹车和转弯的机会碰女生的乳房。女生觉得非常羞愧，家教结束后还一直在反省自己的穿着不够正统，一个劲地自责。男学生有时也会遇到性骚扰。由于缺乏自卫心理，一些同学面对性骚扰时常常惊慌失措，恐惧万分，甚至长时间地自责，认为自己不“干净”，心理困扰长时间不能解脱。

做一做，想一想

你知道吗？

目的：科学了解人的性器官，以正常心态客观面对性生理与性心理。

操作：在一张纸上准确地写下你的性器官的科学名称，体会一下你写时的内心感受，你是紧张、羞涩，还是坦然？看一看你写的是否准确，想一想你为什么有那种感受。

三、性行为的偏差

（一）身体过分亲昵

男女大学生交往久了，彼此有一定感情，有时抑制不住内心的激情或冲动，发生拥抱、接吻或身体接触的动作，是可以理解的。但是，以身体的亲密代替心理的亲密，甚至以此代替爱情是不恰当的。过多的身体亲昵，会加剧性冲动，有时会使自己的行为失去控制。大学生对恋爱中亲昵程度的认识情况是：超过半数的人认为可以拥抱和接吻；男生中仅有26%左右的人，女生中仅有7%的人认为恋爱中可抚摸对方身体最敏感和最隐蔽的部位，甚至可以性交。这说明大学生中的主流对于恋爱中发生亲昵行为的态度还是严肃的。

（二）婚前性行为

对于婚前性行为，一些大学生认为只要双方愿意就可以发生，有的甚至相识不久就发生性关系，有的在校外租房同居。他们常常不能对自己的性冲动进行理性的控制，不能对自我和他人负起性行为后果的责任。在一项有关大学生性交行为的全国性调查中，有 10.6% 的男生和 5.6% 的女生承认发生过性交。在 24～26 岁年龄段，性交发生率达到 19.5% 和 17.6%，27 岁以上年龄段为 56.6% 和 42.9%。与此相关的是，40.2% 的男生和 39.4% 的女生在产生性冲动时采取了克制或压抑的方式。

在对大学生婚前性行为的态度调查项中，半数以上的学生认为婚前性行为是可以接受的。年轻的大学生们没有真正意识到自己还在读书，在没有工作、不能担负起独立的经济责任和社会责任的情况下，性行为对于自己的现在和将来究竟意味着什么。

有的女生因婚前性行为多次做人工流产，给身心带来无可挽救的创伤；有的人手术后引起炎症，导致输卵管堵塞；有的人多次人流手术后，将来会导致终生不育；过早的性生活和流产还会导致宫颈癌发病率大大提高。

做一做，想一想

辩　论　会

目的：通过对大学生婚前性行为的辩论，使同学们多方面分析婚前性关系的利弊，学会对自己的性行为负责。

操作：同学分成甲方、乙方，分别持有赞同婚前性关系和不赞成婚前性关系的观点，双方辩论，最后请专家点评。

四、性心理障碍

由于个人的经历及家庭社会的影响，大学生中有少数人存在着较严重的性心理障碍。最为常见的性行为障碍有性指向障碍、性偏好障碍和性身份障碍。性指向障碍指的是其性欲对象与常人相异，如同性恋（对同性产生性爱或性行为者）；性偏好障碍指的是性心理和性行为都带有儿童性活动的特点，即以幼年的方式求得性满足，如易装癖（以穿着异性服装和戴异性饰物来激起性兴奋，获得性满足），露阴癖（在不适当的场合裸露自己的生殖器），窥阴癖（窥视异性的裸体和他人的性活动）；性身份障碍指的是从心理上否认自己的生理性别和服饰，强烈希望转换成异性，即异性癖。

如果出现了上述任何一种症状，都将会严重影响到大学生的生活和学习，影响今后的发展，所以应当及时向有关人员进行咨询，予以治疗。

第三节　维护性心理健康的途径

正常的性需要和性欲望是心理健康的物质基础，科学的性认识是性心理健康的自我调节机制，正当的性行为是符合校纪、道德、法律规则的行为。作为大学生，应该对“性”有一个科学的认识，接纳和欣赏自己的性别角色，发展出适应时代要求的优秀个性特点。每一个成熟的大学生都应当了解个人性行为对他人、自我和社会带来的后果，要尊重他人，尊重自我，对自我的行为负起责任来。

一、大学生性心理发展的特点

大学生是人群中独特的一个群体，从生理上说他们已经发育完全，然而，他们还未走向社会，在心理上并未成熟。他们在性心理发展上具有以下几个特点：

（一）关注性生理发展

青少年进入青春期之后，在生理上会发生一系列的变化，这些变化将男性和女性区分开来，它们不仅仅只是区分不同性别的标志，同时还是显示生殖系统开始运转的信号和两性相互吸引的重要根源。因此，青少年到了这个阶段就会格外关注发生在自己身上的各种变化。例如，性生理功能的变化和性生理体征的变化。在性生理功能的变化上，最主要的是男性对于遗精的关注和女性对于月经的关注。

对于性生理体征的变化，青少年往往关注自己在第二性征上与异性的不同。在青少年进入大学以后，性生理功能和性生理体征的发展基本完成，许多人都会不同程度地出现自我欣赏，常常在镜中端详自己的外貌，甚至会悄悄与他人进行比较，每个人都希望自己能对异性产生极大的吸引力，可是如果自己的性生理发展并不如己意，就出现各种各样的烦恼与焦虑。对青少年来说，年龄越大，越是接近恋爱、结婚和过性生活的年龄，这方面的烦恼和焦虑可能就越严重。对有些大学生来说，这就成为他们在性生理发育问题上一个十分重要的心理负担。

（二）渴求性知识

一项关于大学生性现状的全国调查显示，大学生对性知识了解肤浅，同时，性需求强烈。在“当前我国男女大学生对性知识需要的情况”调查中，面对34个性知识的问题，85.2%的男生和88.2%的女生首选“异性交往心态与礼仪”的内容，对于爱情与婚姻知识的需求则排在其次。“性美的标准”、“性审美文化”、“性交际调控”、“性道德的基本原则”、“人类性反应周期”以及“避孕原理及方法”等也都是大学生盼望了解的知识。

在第二性征发育之后，首次遗精与初潮现象的出现使个体对自身性角色的认识发生了质的变化。个体的性角色基本定位，并产生两性分化。伴随着性生理的变化，青少年普遍产生了对性知识的强烈渴求，他们非常关心自己和周围同伴的生理变化，对性知识既好奇又敏感，他们心目中有很多疑惑等待找到答案，他们想知道发生在自己身上的变化是否正常。所以，他们常常会有意识地通过一些途径来寻求性知识，如翻阅医学书刊，收听广播专栏节目，暗中与他人比较等。他们想获取更多的性知识。这时候，如果性教育没有跟上，那么就会使他们产生一些关于性的片面、扭曲甚至是错误的认识，对性观念的形成产生消极的影响。

（三）异性思慕

在进入青春期后，青少年就开始欣赏、爱慕异性，希望获得异性的注意。他们对于异性的评论也明显增多。不过因受到传统文化的影响，他们往往还不敢公开、明显地用行动来表现这种心态，以免受到他人的评论。进入大学以后，他们逐渐进入了性爱恋期，此时，他们已经不再满足于那种朦胧的好感，会明显地流露出想和异性相处的意愿，在行为上也会表现出一些主动接近异性的举动，在共同活动中相互结识、相互接近、建立好感，最后形成单独接触。这种心理和行为都是很正常的，这是以后建立美满婚姻生活的基础。古人在《诗经》中就曾有过这样的记载：“窈窕淑女，君子好逑。”的确，宇宙万物中阴阳相对，共生互补，组成了一个完整、平衡的世界，如果没有两性间的交往，那么世界将不会存在。

（四）性发育的冲突

在青春期，由于性生理的成熟，常伴有强弱不同的性冲动，受到性需求的驱使。正如英国性学专家霭理士所指出的那样，“人即其性”，即一个人的性素质是他最内在、最深层和最根本的部分。然而，由于我国有着几千年的封建社会历史，谈性色变的保守观念依然影响着当代青年，他们中的很多人认为谈论性是下流、肮脏、难以启齿的事情。于是，有些青少年强迫自己否认、回避性需求，长期处于紧张、焦虑状态，形成严重的性压抑。这种性压抑会对青少年的生长发育带来诸多不利影响，一方面，性压抑表现为对身体的正常性反应感到困惑和厌恶，内心不安、焦虑，矛盾冲突剧烈；另一方面，性压抑还会表现为性恐惧和性敏感。应当说，适当的抑制是符合社会需要的，是成熟的反映。但严重的性压抑则会有害健康，导致性欲畸变，性能量退化，性执著或隐伏，引发性扭曲。所以，作为当代大学生，我们要以科学的态度认识性、接纳性，积极而妥当地释放它或升华它。

二、大学生性健康的标准

大学生们已经到了身体发育成熟的年龄，性的需要是非常自然的事；然而，生理上的成熟并不代表心理上的成熟。那么，什么才是真正的性健康呢？

达拉斯·罗杰斯认为，一个在性方面有教养的人，应当符合这样几点标准：具有良好的性知识；对于性没有由于恐惧和无知所造成的不当态度；性行为是否符合人道；在性方面是否能做到“自我实现”；能负责地做出有关性方面的决定；能较好地获得有关性方面的信息交流。此外，还包括社会道德和法律的制约。

当然，达拉斯·罗杰斯的标准适用于广义的成年人。对于大学生而言，其标准应当有以下几条：有正常的性需要和性欲望；有科学的性知识；有良好的性道德；有正当的性行为。只有在以上几方面做到协调、通顺，才具备健康的性心理。

三、大学生增强性健康的途径

（一）科学地掌握性知识

性是一门综合性的科学。它包括性生理学、性心理学、性社会学、性伦理学、性美学等。性生理学从生理解剖学和遗传学上揭示了两性在生理构造上的区别，性器官的功能及性本能的产生，揭示了性的产生、发展和成熟的规律，学习性生理学可以使人们去掉性禁忌，减少性神秘感，降低性压抑。性心理学包括性欲和性爱心理，性别角色心理，恋爱婚姻心理及性变态心理等，能够帮助人们了解自己性心理的发展，以理智克服冲动。性社会学揭示了性行为的社会属性，强调人要对自己生物的性进行控制，使其符合社会规范的需要，以促进个人身心健康发展和社会的安定繁荣。性美学可以使大学生们了解如何使个人的性行为符合审美需要。因此，大学生们应当努力学习和掌握性科学知识，避免性无知，消除把性仅仅看做是生物本能的片面认识。

（二）培养健康的人格

性是人格的完成。性不仅仅决定于生物本能，而且一个人对待性的态度，也反映了一个人人格的成熟与否。人自身的尊严感和对他人是否尊重，都会在两性关系中充分体现出来。性其实是人格的一面镜子。

1. 性别自我认同

性别角色意识是一个人社会化成熟与否的重要体现，是心理健康的重要标志。世界是两性的和谐统一。男性和女性在生理和心理上各有自己的特点，各有自己的性别魅力。现代社会的大学生应当在生物生理、社会心理和文化、经济、社会参与以及政治等方面，进行合乎科学、合乎道德、合乎时代要求的全面角色认同。尽管现在社会上对同性恋存在着各种不同的看法，但人们对同性恋所引起的社会适应困难的看法是相当一致的。因此，大学生应当接纳和欣赏自己的性别角色，发展出适应时代要求的优秀个性特点。例如，坚毅与刚强，温柔与关爱等。这些特点是现代人必备的个性品质，它们已经不再专属于传统的男性特点或女性特点。性别角色的认同和胜任是现代人成功适应及发展的重要心理基础。

无论男生或女生，都应当接纳自己的外貌和生理特征的现状，世界上没有完全相同的两个人，每个人都有自己独特的外表美，你不必时时与别人进行比较，而且一个人的外貌及身体的生理特征是先天遗传的，个人无法改变，人最重要的是增强自己的内在美，即增强自己的人格美、气质美、才华美。人常常不是因为美才可爱，而是因为可爱才美丽。当你拥有了自信、乐观的心理，拥有了高尚的品格和高雅的气质时，你就拥有了令人喜爱的魅力。

2. 性行为要对他人负责

如果性行为只停留在手淫、性梦等方式的自我宣泄上，它不会影响他人。但是如果性行为涉及另一个人，那么便涉及许多社会责任。性行为可以给另一方造成心理和肉体上的伤害，可以产生第三个生命，这意味着你的性行为将影响另一个人的生活，也将影响你自己的生活。在大学生中，因发生性关系后自卑内疚者有之，堕胎流产者有之，受到学校处分和法律制裁者也有之。一些青年人常说："不管天长地久，只管曾经拥有。"也许在一时冲动下，拥有了短时间的兴奋和满足，然而，个人能否承担起这"一时拥有"之后的沉重责任？有学者对大学生初次性行为的心理状态进行过调查，结果发现，78%的女生和62.9%的男生感到紧张；77%的女生和65.8%的男生怕怀孕；69.8%的女生和64.8%的男生怕被人发现；28.5%的女生和5%的男生反感；感到欢愉的女生占48.2%，男生占76.5%。可见，大学生发生婚前性行为时，当事人有负面情绪和矛盾心态的占大多数，这对今后的生活会产生不良影响。每一个成熟的大学生都应当了解个人性行为给他人、自我和社会带来的后果，因此，要尊重他人，尊重自我，对自我的行为负起责任来。大学生要增强自己的性道德和性法律意识，用道德和法律规范自己的性行为。

3. 坚强的意志品质

大学生自我控制性心理能力的大小，在一定意义上是由个人意志品质的强弱决定的。意志作为达到既定目的而自觉、努力行动的一种心理状态，具有发动和抑制行为的作用。尽管有的青年人有很强的性冲动，尽管在外界性刺激的情况下，人一般会急于寻求性的满足，但是，人不同于动物，人有意志力，人可以抑制和调整自我的冲动，那些放纵自己的人往往缺乏坚强的意志品质。鲁迅先生曾经说过："不能只为了爱——盲目的爱，而将别的人生的意义全盘忽略了。"为了自己长远的幸福和个人成功地发展，应当努力培养自己良好的意志品质。

（三）积极自我调节

每一个大学生都应该懂得：任何一个人都应该尊重他人的存在价值；每个人都应该以希望他人如何对待自己的方式去对待他人；每个人发展自尊与自重都应该建立在良好的人格标准基础之上，即责任心、诚实、善良，并对自己的道德能力有信心。性欲是正常的和健康的，而且性欲是可以控制的。

1. 有效缓解性冲动

对于性冲动，除了给予适度控制外，还可以采取一些积极的、富于建设性的、符合社会规范的方式，以此来取代或转移性欲。通过投入学习、工作和参加各种文体活动，以及男女正常交往等多种合理途径，陶冶个人情操。大学生们要尽量避免影视、报刊、网络上过强的性信息刺激，抵制黄色书刊的不健康影响。

2. 调控遗精恐惧和月经焦虑

对于遗精和月经，不必太紧张。男生要正确对待遗精，经常清洗床单、内裤和性器官，保持个人卫生。女生要了解月经期规律，减少经期中的不良精神刺激，努力调控自己的情绪，愉快地度过经期。

3. 调解手淫、白日梦和性梦的困扰

要通过性知识的学习，克服手淫引起的心理困扰。1991 年 6 月在第 10 届国际性科学大会上，专家们批判了“手淫恐怖论”，提出了“手淫无害论”，认为手淫是一种自然的、正常的性行为，手淫是对性冲动的缓解。因此，大学生们不必因为手淫而自责。但是，过分沉溺于手淫，只靠频繁的手淫来缓解性紧张是不健康的表现，应当通过丰富多彩的精神生活和恰当的异性交往来平衡自己的性心理。白日梦和性梦是青年期较为普遍的心理现象。因此，对于白日梦和性梦不必担心。青年人应当通过追求高层次的需要，来缓解自己的性心理，减少白日梦和性梦。

4. 解除性游戏的烦恼

性游戏是儿童对性好奇而玩的游戏。儿童在性游戏时往往还不具备道德意识，因此，不必给童年性游戏的经历加上道德判断，对自己过分谴责。但是，大学生已经有了道德认识和判断能力，不能把性游戏的行为延续到成年后的生活之中。

(四) 正确把握异性交往

文明适度地进行异性交往，可以满足青年期性心理的需求，缓解性压抑。异性交往有益于扩大信息、完善自我，对个人的恋爱、婚姻及个人的成才、发展具有重要的作用。但大学生们在与异性交往时要把握分寸，注意场合，规范行为，处理好“友情”与“恋爱”的关系。

(五) 勇敢面对性骚扰

首先，大学生应当维护自己自尊、自重、自爱的自我形象，做到举止大方、行为得体、作风正派、衣着打扮不轻浮。其次，大学生应当学会自我保护。女生尽量晚上不要单独外出，更不要单独在男性家中或住所长时间停留。面对异性的非分要求，不要畏惧，要勇敢地说“不”。要以严厉的态度制止和反抗性骚扰，必要时可向别人呼救，或向公安部门寻求帮助。没有人能强迫我们做自己不愿意做的事情，两性关系也不例外。对于性骚扰事件的经历，不要过分恐惧和自责，因为你是无辜者，谁也无法避免遇到突如其来的意外骚扰事件。为了更快地排除自己的心理困扰，可以向父母、老师、知心朋友宣泄自己的情绪，也可以寻求心理咨询的帮助。

（六）主动寻求心理帮助

当上述做法都无法排遣心中的困惑时，心理咨询无疑成了最为有效的一种途径。在心理咨询室中，性不再是一个难以启齿的问题，同学们可以尽情地宣泄心中的郁闷。事实上，现在越来越多的大学都建立了心理咨询中心。据不完全统计，在大学生们前来咨询的问题中，与异性的交往问题占了一半以上的比例，其中大部分会或多或少地涉及有关性的困惑。当满腹疑虑的你来到心理咨询室的门前时，你可知道，你打开的并不仅仅是一扇普通的门，它是一扇通往心灵的门！

四、大学生性病、艾滋病的预防

（一）什么是性病、艾滋病

1975 年世界卫生组织（WHO）决定用性传播疾病这一概念来取代过去的性病一词，把凡是通过性行为，包括生殖器的性行为和类似的行为接触而发生的传染疾病称为性传播疾病。我们习惯将其称为性病。它包括淋病、软下疳、尖锐湿疣、生殖器疱疹、梅毒、非淋菌性尿道炎和滴虫病等。

艾滋病全称为获得性免疫缺陷综合征（AIDS）。这种病是由一种名为“人类免疫缺陷病毒”（又称为艾滋病毒的致病微生物）所导致的性传播疾病。这种病主要损害人体免疫系统，破坏人体的抵抗力，使患者容易患上一些普通人不容易发生的严重传染病和恶性肿瘤，最后导致死亡。由于这种病是当代对人类威胁最严重的性传播疾病，因此被西方称为“20 世纪的新瘟疫”——“超级癌症”。

（二）性病、艾滋病的危害

性病、艾滋病严重地摧残着人们的身体，吞噬着人们的生命，给人类的发展带来巨大的灾难。性病、艾滋病的危害主要有：

1. 损害健康

性传播疾病能够导致病人的皮肤溃烂，生殖器发炎，会造成骨骼疾病、眼科疾病、心脏病、心血管病和神经系统等疾病，还可并发肝炎、肾病等。性传播疾病会造成女性不育，导致女性生育能力的丧失。

2. 威胁生命

性传播疾病会直接导致癌症的发生，直接威胁人们的生命，性传播疾病造成的性器官损伤是艾滋病病毒感染的直接途径。

艾滋病的治愈率很低。据联合国世界卫生组织（WHO）艾滋病规划署（UNAIDS）统计，从1981年世界上报告首例艾滋病人以来，到2009年为止，全球死于艾滋病的人数已达3340万人，仅2009年的死亡人数就达200多万人。非洲死于艾滋病的人数要比死于战乱、饥荒和自然灾害的人数多出10倍。艾滋病是吞噬人类生命的恶魔。

3. 毒害后代

性传播疾病和艾滋病不仅使患者本人遭受疾病的折磨，而且还会通过妇女怀孕，把病毒传给无辜的婴儿。同时，母乳喂养，也会使受艾滋病病毒感染的母亲把病毒通过乳汁传给婴儿。医学专家统计，受艾滋病病毒感染的婴儿存活时间一般不超过2～3年。据统计，全世界有300万名婴儿在出生时就感染了艾滋病病毒，许多儿童很快发展为艾滋病，几年之内就丧失了生命。

4. 摧毁经济

艾滋病对于世界经济的摧毁丝毫不亚于世界大战。据统计，全世界仅1991年用于防治艾滋病的经费总额就高达85亿美元，其中用于艾滋病研究的经费高达20亿美元。亚洲开发银行副总裁苏利有面对艾滋病对亚洲国家的威胁说："艾滋病是亚洲繁荣的大敌。""艾滋病威胁到过去20年来取得的许多经济成果。有些国家最近才开始改革经济，并已有了经济增长，但这些经济成果也可以被艾滋病摧毁，亚洲的经济成果可能毁于一旦。"

做一做，想一想

绘制艾滋病传播图

目的：通过绘制艾滋病在中国传播的一张地图，了解艾滋病在中国传播的情况，认识艾滋病的危害，提高预防艾滋病意识，维护性健康，预防艾滋病。

操作：将学生分成若干小组，每组6～8人。

（三）性病、艾滋病的预防

艾滋病正在全球疯狂地肆虐。据统计，艾滋病的感染力正在以每年出现16 000个新感染者的速度增长。据报道，我国1985—2001年累计报告艾滋病感染者已达85万人，仅2001年，全国报告艾滋病感染者已达8219人，较

2000 年增加了 58%，这一速度远远超出了国家遏制艾滋病计划的控制水平。在艾滋病感染者当中，青少年男性占大多数。为了我们的身心健康，为了中华民族的繁荣、昌盛，为了我国现代化事业的不断发展，大学生应当积极参加性病、艾滋病的预防工作。

1. 人格健康

一位美国学者在回顾了美国同性病、艾滋病作斗争的 20 年的痛苦经历后深深地感到，人类最后遏制性病、艾滋病流行的途径既不可能是特效药和疫苗，更不可能是避孕套，而是人格教育和建立健康的家庭。

大学生们应当不断完善自己的人格，学会自尊、自爱和自信，拥有积极进取的人生态度和健康的生活方式，同时也能尊重他人的人格，遵守性道德，有效地控制自己的性行为，对自己、他人和社会负责任。

2. 洁身自爱

最近，国内首次由中学生自己设计、自己实施的在同伴中进行的关于艾滋病的相关问题调查结果让人们大吃一惊，其结果表明：在北京市东城区的 739 名被调查学生中，竟然有 386 名学生赞成婚前性行为，占接受调查人数的 48.8%。这个结果再一次提醒人们，性纯洁教育在当前大、中学学生中的必要性。不纯洁的性行为不仅会加大性病、艾滋病的传播，而且还会给人们特别是青少年带来严重的身心损害。因此，应当在大学生中大力倡导性纯洁教育，减少婚前性行为的发生，这不仅可以有效地预防性病、艾滋病的传播，而且也能使人们享受到真正的性爱。同时，大学生应当拒绝各种媒体中的性污染，减少不良的性刺激。

3. 预防宣传

为了提高全世界各国人民对艾滋病的警觉与重视，动员各种力量对抗艾滋病的挑战，世界卫生组织于 1988 年首先倡导在全世界开展“世界艾滋病日”活动，并将每年的 12 月 1 日定为“世界艾滋病日”。在最近几年中，“青少年”一直都是艾滋病的主题，这一方面体现了世界对青少年关注的程度，另一方面也反映出艾滋病对青少年威胁的严重程度。性健康是一个民族兴衰的大事，普及宣传性病、艾滋病预防知识，使青少年了解性病、艾滋病的传播是预防性传播疾病的重要工作。同时，宣传教育的目的也是为了建立一种正确对待性传播疾病的态度。要防止对艾滋病人产生恐惧和歧视心理，大学生们应当积极参与预防性病、艾滋病的宣传教育活动。我们相信，在全世界的努力下，艾滋病这个恶魔终将会为人类所征服！

心灵读本：何时开始性教育

何时开始性教育的问题实际上非常复杂，几乎不可能有正确答案。因为无论是文化传统、社会环境，还是施教者、受教者，哪一方面薄弱或者奇强，都会闹出笑话来。

据国内大多数专家和教育者的观点，最合适开始性教育的时间是在10岁前后。他们的理由是：其时正是女孩初潮和男孩初次遗精之前的一两年，这时讲述性知识对孩子来说比较自然，而且必要。据说，这种观点的流行与20世纪60年代周恩来总理说过类似的话有关。根据调查，我国大、中城市少女初潮的时间大多是小学五年级，而少男初次遗精的时间是初一下半学期或者初二下半学期，两者都有提前的趋势。而中国学校开展性教育的时间大多从初中开始，也就是说，我们现时开展性教育的时间，比20世纪过于保守的理论指导还要滞后。

西方国家由于文化传统不同，对性比较开放。他们大多主张性教育应从幼儿开始，甚至认为应从孩子出生时就开始。其理由是：越年幼的孩子对性越没有偏见和顾忌，更容易接受和性有关的概念。性教育的内容不应只是婚恋生育，而应包括认识身体、两性识别等更基础的内容，应从家庭开始，始终伴随孩子的成长，最后与学校和社会的教育相融合。

这个问题虽然不可能有正确答案，但还是有客观评价标准。一个社会或者一个家庭的性意识是否健康，就看他们能不能像谈论吃饭似的自然从容地谈论性。(罗点点)

摘自：腾讯网 http：//cd. qq. com/2t120101xingjiaoyu/，2010年8月1日

复习与思考题

1. 怎样理解“性是人格的完成”这句话的含义？
2. 大学生常见的性心理困扰有哪些？
3. 大学生性健康的标准是什么？怎样维护自己的性健康？

阅读书目

1. 蔺桂瑞等编著：《性心理与人才发展》，世界图书出版公司 2001 年版。

2. 霭理士著，潘光旦译：《性心理学》，商务印书馆 1997 年版。

3. 陈一筠：《现代婚姻与性科学》，社会科学文献出版社 1997 年版。

4. 崔以泰主编：《青年性教育》，中国医药科技出版社 1998 年版。

5. 田书义、蔺桂瑞、刘晓晴：《性教育学》，首都师范大学出版社 1998 年版。

第九章 恋爱婚姻与心理健康

恋爱婚姻是大多数人一生必然要经历的过程与追求的人生目标。恋爱婚姻的背后是人类正常的情感需要。恋爱是从友谊、约会、恋爱到婚姻的过程，是建立亲密关系能力的体现和人格健康发展的过程，最能体现爱的能力。认识爱情、恋爱、婚姻是大学生自身成长发展的重要课题，了解大学生恋爱心理特点以及爱情、恋爱的心理规律，学会正确处理友谊与爱情、恋爱与学业、恋爱与个人发展的关系，主动培养爱的能力也就成为大学阶段的必修课。学习恋爱，就是强健自我，学习坦然面对恋爱婚姻，合理转换情绪，学会驾驭自己，是可以一生享用的健康心理。

为一时冲动接受鲜花的代价

刚上大学时，小颜感觉自己年龄小，做事投入，遇事分心，发誓在大学期间一定不过早找男朋友，要专心学习，并把自己的想法告诉了父母和同学，请他们监督。一个学期后，她发现周围有许多女同学都交了男朋友。周末，待在空荡荡的宿舍里，望着那些带着一脸红晕、在宿舍楼关门前匆匆赶回来的同寝室的同学，小颜时常有种“自己心理是不是正常”的疑问。不久，年级里一位男同学向小颜提出交朋友的请求，说喜欢小颜的活泼、开朗，做事情认真。有男生喜欢自己，当然令小颜兴奋不已，但她感觉自己对对方了解较少，不想接受对方的请求，可又不知道如何表白。后来的事情是小颜始料不及的：对方居然每天手持一枝玫瑰花，站在小颜宿舍楼窗户下，一站就是一小时。同学们发现后，小颜耳旁舆论哗然：“这么浪漫的求爱，你要不上，我们就要冲上去了！”“要爱爱你的人，不要你爱的人！”几天后，在同学们的一片鼓动声中，在欣赏对方的浪漫、勇敢地表达的激情中，小颜冲下楼，接受了对方手中的玫瑰花。一种从未体验过的幸福感令小颜激动。这就是浪漫的爱情吗？在小颜还没有找到答案的时候，她自己先成了学校里的新闻人物：“每天接受一枝玫瑰花的那个女生！”

以后日子里的感受，只有小颜自己知道。因为一时的冲动而接受的爱，却不是自己喜欢的，因为对方的许多缺点是自己完全不能接受的。但碍于舆论的压力，她陷入进退两难的境地。一个学期后，他们彼此精疲力竭，在一次争吵后两人同时提出分手。小颜一度情绪低落，学业受到影响。她后悔不该冲动地下楼去接花，痛恨自己幼稚，经不住诱惑，第一次涉足感情就失败，小颜开始怀疑自己，担心自己今后不会找到爱人。有同学曾对小颜说：“分手没什么了不起！大不了再找一个对象从头开始。”可无论你换多少幅“画”，根本问题仍然存在。只是把问题从一个人身上转移到另一个人身上而已。小颜最终选择了去学校心理咨询室寻求专业人员的帮助。小颜解决爱情问题的根本途径是从个人对爱情的看法开始。

爱情是人类永恒的主题，古今中外，有数不清的文人墨客对爱情进行过各种各样的描写和歌颂。“这就是爱，说也说不清楚；这就是爱，糊里又糊涂……”歌曲中对爱情的描述道出了很多同学的心声。不过，心理学关于爱情的研究发现，爱情是有规律可循的。爱情就像一条小船，驾驭技能好的人不仅可以享受顺流而下的快感，而且可以让这条船把自己载向想去的地方；但是对于不会划船的人，则可能船毁人亡。同样对于正在享受爱情的大学生，尽管学业优秀，如果恋爱观念和能力欠佳，也会出现因谈恋爱而荒废学业的事情；也有大学生在爱情的激励下不断进步，双双获取理想的深造机会或工作岗位。因此爱情是需要学习的，而且是关系到我们一生幸福的学习。

第一节　明明白白谈爱情

2004 年 5 月 1 日，天津师范大学三年级学生王洋（女）与已经工作的男友刘航喜结良缘。王洋是天津第一个公开举办婚礼的在校大学生。2005 年 3 月 29 日，教育部发布了新的《普通高等学校学生管理规定》，并于 2005 年 9 月 1 日正式实施。原来“在校期间擅自结婚而未办理退学手续的学生，做退学处理”，这一存在了 15 年的规定已经从《普通高等学校学生管理规定》中删除。教育管理机构对大学生结婚管理宽松了，大学生自身应该怎样看待恋爱婚姻呢？大学生对此事的反应很平静。但是大学生对恋爱婚姻问题的讨论却一直是“卧谈会”上经久不息的热门话题。

一、爱情是什么

（一）爱情的定义

爱情作为人类的一种情感，并没有一个严谨的定义。下面的描述也许是人们较为认同的：爱情是一对男女之间建立在性需要基础上的一种强烈的内心情感体验，是基于一定的社会关系和共同的生活理想，在各自内心形成的对对方最真挚的倾慕，并渴望对方成为自己终身伴侣的最强烈的感情；是两颗心灵相互向往、吸引，达到精神升华的产物；是人类特有的一种高尚的精神生活。

大学生的年龄特征正处于青春中期，生理上趋于成熟，心智上有了一定的发展，对爱情生活开始有所向往和追求，但现实生活中大学校园里就有一些关于爱情的现象值得探究。

做一做，想一想

校园流传的恋爱顺口溜

※ 20 世纪 70 年代是感情，80 年代是热情，90 年代是煽情，21 世纪就滥情了。

※ 只爱一个有点傻，爱上两个最起码。四个五个也不多，十个八个才潇洒。

※ 大一兔子开始吃窝边草，大二疾风吹劲草，大三好马不吃回头草，大四天涯何处无芳草。

※ 大一爱上爱，大二爱上财，大三把爱收起来，大四放开胆子继续爱。

※大一：彷徨——爱情在哪里呀，爱情在哪里？大二：呐喊——就让爱情来得更猛烈些吧！大三：伤逝——我的爱情像小鸟一样不回来！大四：朝花夕拾——最浪漫的事，还是和你一起变老。

你是怎样看这些顺口溜的？你是赞同还是反对？为什么？

（二）爱情的心理实质

沉浸在爱河中的人们为什么会有不同的表现，有的平静似水，有的澎湃热烈，有的亲密无间，有的若即若离，有的天长地久，有的稍纵即逝。爱情为什么会有如此的差异？也许，斯腾伯格的“爱情三因论”能够给我们一些答案。

在对爱情的众多研究中，美国耶鲁大学的斯腾伯格教授提出了爱情成分理论，认为人类的爱情虽复杂多变，但基本上由三种成分组成：

一是动机成分：动机有内发的性驱力，也包括异性之间身体、容貌等特征彼此吸引。

二是情绪成分：由刺激引起的身心激动状态，如喜、怒、哀、惧等。

三是认知成分：对情绪和动机是一种控制因素，是爱情中的理智层面。

“爱情三因论”认为，两性间的爱情形式因人而异，情侣间的亲密关系和热烈程度各不相同，但基本上是这三种元素彼此不等量的配合而演化生成。爱情是人类心理上的色彩世界，每对情侣自己所调出的色泽如何，那要看他们如何处理自己的动机、情绪和认知。

斯腾伯格进一步将动机、情绪、认知三者各自单独在两性间发生的爱情关系，分别称为热情、亲密与承诺，意思是：以情绪为主的两性关系表现为热情，以动机为主的两性关系表现为亲密，以认知为主的两性关系表现为承诺、守约。如果将三种不同爱情关系，与其在两性间维持时间的长短，分别用曲线表示，则如图 9-1 所示。

“爱情三因论”对爱情本质的理解给我们许多启示。一是爱情的动机成分表明爱情有其生理的基础，由性驱力所致，包括身体、容貌。性生理的发育成熟，必然有性的冲动与欲望。爱情以人的生理成熟为基础。二是爱情使人有强烈的情绪体验——幸福、快乐、痛苦、悲伤。情绪体验会有变化，有时激情澎湃，像热恋中的人；更多的时候，是爱情与亲情、友情的交融，使爱情看似平淡。三是爱情有理性的一面，它不仅仅有情感体验，承诺、责任感更是爱情的

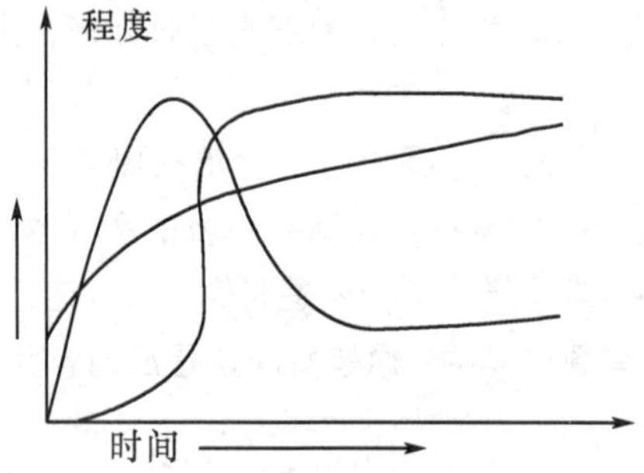

图 9-1　爱情三因论图示

重要成分。每个人的三种成分所占的比例各不相同，才使我们看到了多姿多彩的万花筒般的爱情世界。

（三）性生理和心理的成熟是产生爱情的基础

从爱情的定义中我们可以看出，性本能和性的需要是爱情的基础和前提，没有性生理的成熟，就没有性的欲望和需要，再亲近的关系也不能称之为爱情；即便一个人的性生理已经发育成熟，但其性心理仍未成熟的话，也无法发展出真正的爱情。爱情发展到一定程度后，必然会有性的接触和活动，“柏拉图式的爱情”也并不是真正意义上的爱情。爱情的最终目的是建立和维持稳定的两性关系，并通过这种关系进一步加深彼此之间的爱慕和关爱。也正是因为爱情的这种生物属性，使得爱情具有占有性和排他性的特点。

（四）爱情是一种相互依恋的火热情感

相互炽烈的情感，是爱情产生和发展的内在动因。爱情是人类所特有的一种异性之间的相互爱慕倾心的特殊情感，爱情的产生不仅有其生理基础，更有心理的内在动因。这是男女双方相貌的相互吸引，性格气质的相容，理想信念的一致所萌发的情感共鸣，由此产生了兴奋、愉悦、和谐、眷恋的内心体验，最终达到精神上的情感交融、心灵相连，渴望相互结合的强烈情感，这种情感的强度是其他所有感情都无法比拟的。由于情感本身所固有的长期性和持久性，因此爱情也具有相对的稳定性。

（五）爱情具有深刻的社会性

社会性是爱情心理的本质属性。在现实生活中，爱情无论是萌发于性欲的需要，还是强烈的内心情感体验，最终都存在于一定的社会关系中。社会发展水平、社会物质条件、社会道德习俗等诸多社会因素对爱情的萌发、发展和变化都起着决定性的作用。即便是在文学作品中，理想的爱情也需要满足这个条件和要素。《笑傲江湖》中的令狐冲和任盈盈最终爱情有成的决定因素，也是任大小姐将“魔教”改造成不再危害江湖并被广大正派人士所接受的武林派别，否则身处重重舆论压力之下的令狐冲是无法和任盈盈成就百年之好的。

爱情的社会性本质，决定了爱情具有道德性、责任性的特点。在某种程度上，这种承诺和责任是爱情得以巩固和持久的决定因素，同时制约人的各种社会性因素在人们选择爱情对象时也起到了不同程度的制约作用。白马王子和灰姑娘的故事只能在童话故事中发生，而在现实社会中，灰姑娘一旦进入了能和王子相交往的社会层次，她也就不再是“灰姑娘”了，而变成了上流社会中的一分子。人们在选择恋爱对象时的“门当户对”观念就是非常典型的写照。所以说，爱情心理是生理性、情感性和社会性的内在统一，但是社会性才是爱情的本质属性。

二、大学生恋爱心理揭秘

恋爱是爱情的过程，爱情是恋爱的结果。爱情以婚姻为归属。社会属性在爱情中核心体现为一种相爱双方相互之间的承诺和责任。有人比喻，恋爱与婚姻就像饺子，婚姻是皮，爱情是馅儿。“恋爱的艺术，就它的最细腻最不着痕迹的表现而论，是一个男人和一个女人在人格方面发生最亲近的协调的结果。”①

一个人自从性生理和心理发育成熟以后，一直到生命的终止，都会不同程度地面临爱情的问题。恋爱，结婚，为爱情浇水、施肥，应对爱情的结晶——孩子，面对子女的长大离家，面对老伴先自己而逝去……可以说，爱情是人一生的发展课题。大学生作为一群正在校园中接受高等教育的风华正茂的青年人，较少考虑长远，在面对和处理爱情的问题上必然会与已经走上社会的青年工人、农民和军人有所不同。

（一）大学生选择恋人的标准

即将踏入爱河的大学生，在选择恋人时往往会从以下几个方面去考虑：

身材外貌，包括相貌、身材、体态、风度、身体素质等。

---

① 蔼理士：《性心理学》，三联书店 1987 年版，第 87 页。

学识才干，包括专业技术、学识水平、办事能力、社会阅历等。

性格志趣，包括兴趣爱好、气质性格、生活情调、生活理想等。

思想道德，包括价值观念、道德品质、个人修养等。

社会地位，包括家庭状况及经济条件等。

具有不同成长经历的大学生在具体选择恋人时对以上各个方面所侧重的程度也不同。

2001 年，有学者对位于北京、天津、贵州、广东的 8 所高校 1711 名大学生（男生 850 名，女生 861 名）进行了心理状况调查，其中对“选择爱人的条件”这道题目的回答情况是这样的：

男生选择爱人的条件按比例依次为：1. 温柔贤淑，93%；2. 漂亮性感，83%；3. 有头脑，81%；4. 善理家务，63%；5. 有才干，30%；6. 家中有钱、有地位，27%。

女生选择爱人的条件按比例依次为：1. 正直、诚恳，93%；2. 会体贴人，93%；3. 有才干，90%；4. 英俊潇洒，60%；5. 高大强壮，59%；6. 本人有经济实力，57%。

从上面这项调查结果看，无论是男生还是女生，都很看重对方的性格品质，即内在修养比外部自然条件显得更为重要。我国传统的“郎才女貌”的观念在大学生中还有一定的影响。

有位思想家说得好，真正的爱情不在于互相注视，而在于共同注视着同一个方向。爱情必须附着在一个具体的目标上，才会具有长久的生命力。无数的悲剧告诉我们，只在爱情本身中寻找甘泉，用不了多久就会干枯。家庭之所以成为爱情的归宿，正是因为它把两个人的目标统一在一个载体之上，有效地解决了爱情本身的热力并不长久的矛盾。一旦爱情附着在婚姻这样一个实实在在的社会关系上之后，无论是对于各种权利、义务的分担，还是爱情结晶、共同血脉的出世，都化成了比初恋激情更结实的纽带。

大学期间更是追求未来的阶段，因而大学生群体的爱情更应该有“志同道合”的特点。“空中楼阁”式的爱情不会长久。清晰的奋斗目标与甜蜜的爱情应该互为动力，形成青春期最美的乐章。

（二）影响大学生选择恋人的因素

分析大学生选择恋人的条件，我们发现有这样一些因素对大学生选择恋人起着重要的影响：

1. 性别差异

由于男女本身所固有的差别，因此在选择爱人时也表现出了显著的差异，男生对相貌的重视要超过女生对男生外表的要求，而女生对爱人才干的要求大大地超过男生对爱人的要求。

2. 社会制约

由于爱情所具有的社会属性，使得大学生在选择恋爱对象时总是和一定的社会条件相结合，家庭经济条件、家庭观念、当前社会的流行时尚等因素都对大学生的选择起着重要的作用。

3. 性格协调

男女在恋爱过程中，双方情感的表达和交融，与各自的性格特点密切相关。很多同学强调两人在一起时的那种感觉，这种感觉的由来也与双方的性格协调程度有关。相互协调的性格，可以使双方在情感上产生共鸣；而不协调的性格，则会妨碍双方的情感交流。一般来说，爱情产生于激情的碰撞，并非理智的选择。尤其是热恋中的人们，这个时候会拒绝其他一切条件，只有让爱做主的心愿。但是，等狂热的激情过去，慢慢便会理解，如果你依然选择爱情长久、婚姻永恒的生活道路，便会体会到相互个性的有利搭配是很有必要的。因此，人们在选择自己的恋爱对象时，往往会受到双方在性格上的吸引或排斥的影响。如果相爱的人恰恰是相同的或相似的气质类型，只要明白互补有利于发展的道路，懂得调适自己，当然同样也能幸福，而要切忌在某些时候，由于个性都很要强，谁都不肯让步导致针锋相对。

4. 原生家庭的影响

父母是孩子的第一任老师，每个人在成长的过程中，对男人、女人的认识，对男女之间相互关系的感觉和了解，以及对于爱情、家庭等概念的认识，大多来自原生家庭的影响。因此，很多同学在选择恋爱对象时无形中就带上了很多父母的烙印。父母的个性品质，父母之间及家庭内部的感情关系等都会影响大学生对恋人的选择。

婚姻专家证实，婚姻决裂的决定因素之一是一个人在成长过程中得不到完全的发展。婚姻的失败，多因夫妇一方或双方在年幼时人格只得到局部的发展，或完全得不到健康发展，以至寻找配偶只是为了完成婚前还未完成的发展阶段。也就是说，婚姻的失败是由于不成熟的个人造成的，而心理不健全的个人是有问题家庭的产品。

5. 个人平衡协调的人格

上述四因素是否表明我们在个人成长的道路上完全处于被动的状态？我们是自己人生剧本的积极参与者，而不是被动的反应者。以前人们常用男女双方的家庭背景、经济状况、教育程度及文化差异等外在因素来衡量爱情、婚姻的成败程度，但现在研究婚姻的学者一致认为具有平衡协调的人格是构成美满婚姻最重要的因素。也就是说，你的婚姻成功与否，取决于你是怎样一个人。为了一生的幸福，我们需要不断地完善自我的人格，提高个人的素质，如健康的自我形象、应付周围事情的心理能力等。

（三）影响婚姻成败的个人素质

1. 失败婚姻中的个人素质包括：

●在恋爱、婚姻观念上男女角色大有分歧的人
●不能容纳亲近或亲密的人
●不愿意接受别人改变的人
●时常跟人争吵的人
●仍然依赖父母的人
●不能把过去忘记的人
●逃避面对的问题的人
●极度嫉妒与占有的人
●时常发号施令的人
●完美主义者

2. 成功婚姻中的个人素质包括：

●对恋爱、婚姻抱有现实观念的人
●有宽恕别人能力的人
●能鼓励你成长的人
●与你有共同信仰或价值观相似的人
●接纳你而不是改造你的人
●在亲密、分享与爱情的需要上跟你的需要相同的人
●有一定灵活性的人
●支持你并明白你的人

三、大学生恋爱中的常见心态

（一）光环心理

有句成语叫“月朗星稀”，也就是说在月亮非常明亮的夜空中，显得星星比较稀少。但事实上，星星恐怕并没有减少，只不过是因为月亮太明亮了，而

把星星的亮光给掩盖住了。恋爱中的人很容易被爱情美好的光环所笼罩，以至于看不到恋人身上的缺点和不足，即所谓“情人眼里出西施”。当然，出现这种情况的原因也并不完全是光环心理的作用，也有相爱的双方刻意掩饰自己一些不足的原因，但是起主要作用的还是光环心理效应。

（二）逆反心理

恋爱中最常见的逆反心理就是在心理学中被称为“罗密欧与朱丽叶效应”的现象，即越遭到父母反对或家庭各种阻挠的爱情，就表现得越坚决和紧密，越要坚决地去获得。除此以外，还有的同学对周围众多狂热的追求者不屑一顾，却反而会把感情投向冷落自己的人；还有一些正在恋爱的大学生，一方为了获得另一方的欢心而不断去讨好取悦对方，最终却导致了相反的结果，反而使对方的态度开始冷淡，这也是逆反心理的一种表现。

（三）自卑心理

一些同学在恋爱中总是觉得自己的条件不好，如有些女同学认为自己容貌不够漂亮、身材不够苗条，有些男同学觉得自己身材不够高大、表达能力欠缺，还有一些同学认为自己学习成绩、个人修养、家庭条件、社会地位等方面比较差，从而产生自卑心理。

事实上，根据相关调查结果，无论是男生还是女生，在选择爱人时更多看重的是个人的内涵与优良品质，一些先天性的因素并不占主要位置。更重要的是，尽管每个人都有自己的不足，但也必定有自己比他人强的一面，一个成熟的人应该学会正确地认识自我、评价自我和接纳自我，并且在此基础之上不断地弥补自己的短处和不足，更好地发展自己和提高自己。

第二节　大学生的爱情难题

爱情需要学习，爱情与婚姻是一所大学校，在这里可以感受生命，感受成长。从友谊、约会、恋爱到婚姻的过程也是大学生人格再造的过程，一方面，大学生恋爱的状况是其人格特征的反映，对爱的感受与人格健康有关，与自信、安全感等一系列构成人格的一切有关；另一方面，爱情往往也促进大学生人格的成熟。大学生爱情中出现的种种问题，并不是爱情本身的过错，而是自身素质、人格的反映。大学生只有竭尽全力促进自己完善的人格，获得内心的成长，具有爱的能力，当爱情向你走来时，才能勇敢地拥抱它。

一、对爱情的非理性观念

爱情是很多同学在大学期间所思考和实践的重要人生课题，但我们在现实中发现，有相当一部分大学生对爱情存在一些非理性的观念。在这里，我们只是把这些观念罗列出来，作为大家思考和辩论的主题：

(1) 爱情是永恒的；

(2) 爱不需要理由；

(3) 爱情是至高无上的；

(4) 爱情能够改变对方；

(5) 你的恋人属于你；

(6) 爱情享受和需要的是过程而不是结果；

(7) 爱情并不在天长地久，只要曾经拥有；

(8) 爱情是靠努力可以争取到的，只要付出必定有回报；

(9) 因为相爱而发生的性关系无可非议；

(10) 没有爱情的大学生活是失败的；

(11) 失恋是人生重大的失败；

(12) 爱的给予就是“让出”，满足对方的一切要求。

大学生朋友，你能对上述问题给予较全面的判断吗？

当你认真探索上面的种种问题时，你发现了吗？上面这些信条和希望，道理上似乎都是应该的，但实际上不可能都做到，爱情的美丽不是停留在想象中的，你想实现任何一项，都必须付出个人成长的代价。选择恋人不是一种交易活动，而是一种互动的生命交流——一个人与另一人通过沟通、适应、冲突、了解去建立一个爱的关系。从友谊、约会、恋爱到婚姻，双方都要面对和协调不断而来的改变，包括自己的、对方的，以及环境社会方面的改变。

二、大学生中常见的爱情心理困扰

在我们的校园中，有些同学不能够明确地区分以下几个常见概念与爱情的关系。

（一）好感与爱情

俊勇虽然只是个刚上大学的新生，但是已经和家乡的女朋友谈了一年多恋爱了，两个人在一起时感觉很开心，彼此间也很谈得来，只是由于女友高考失利，没能和他一起考上大学，现在还在家中复读。

俊勇是个家教很严的男生，女朋友也和他类似。尽管他和女朋友关系很好，但是并没有做出什么过分的举动，只不过和女朋友拉着手逛过两次街而已，他甚至觉得拥抱和接吻等想法都是对两人之间纯洁感情的亵渎。

这样过了半个学期后，俊勇在一次社团活动中遇到了雅雯，这个活泼、可爱的女孩子一下子就占据了他的心，以至在后来的几天内俊勇脑海中总是闪现着她的音容笑貌。一周后，社团再次活动时，俊勇表示了想和雅雯交朋友的愿望，而雅雯对俊勇似乎无所不知的才华也很欣赏，自然也就同意了。

接下来的日子里，俊勇与雅雯在一起的时间越来越多，相互之间交谈得也越来越深。突然有一天俊勇发现自己已经喜欢上了雅雯，总是想着和她在一起，甚至还想到了更多……但是，一股对女朋友的愧疚却冒了出来，他觉得自己不应该去喜欢雅雯（尽管他发现雅雯也喜欢和他在一起），应该忠于女朋友，可事实却是他真的很喜欢雅雯。俊勇陷入了深深的矛盾与痛苦之中。

好感与爱情是大学生在开始谈恋爱时经常分不清楚的两个概念。青年人在性发育成熟后，便会被异性所吸引，对异性产生好感，这种好感有时也像爱情一样，能够带来快乐、愉悦、兴奋的感受，但这并不能说好感就等于爱情。

这是因为：第一，好感可以同时对几个人产生，具有广泛性的特点，而爱情则只是针对一个特定的对象，具有排他性的特点；第二，好感可能只需要看到对方在某些方面甚至某个方面使自己感到快乐的地方就可以产生，但爱情却是双方在价值观、人生信念等方面的综合及汇集性的需要形成的一种情感；第三，好感属于情绪性的反应，时间持续一般比较短，而爱情则是在长时间的相互了解中发展起来的一种稳定的、持久的情感。

好感在一定程度上可以作为爱情的前提和基础，有的同学就是在对异性朋友有好感的基础上，更加深入地接触了解，最终发展成爱情的。

由此来分析，在前面的故事中，俊勇对中学时所交往的女同学的感觉实际上只是一种好感，并不是爱情；同样，那个女同学对他的感觉也可能只是一种好感，未必就是爱情。而俊勇对雅雯的感觉，才是爱情。

（二）虚荣与爱情

虚荣心理是一些人试图通过追求名誉、荣耀等表面的光彩，来满足自己自尊需要的心理。虚荣心之所以存在，是因为人们在某些时候对自尊的需要得不到满足，只能用一些外在的荣耀去代替，所以说虚荣心是每个人都有的一种心理现象，只不过每个人所表现的方面与程度不同。在某种程度上，虚荣心可以起到保护自己自尊的作用，但是虚荣心太重一定是有害无益的。在现实生活中，有的人通过穿着华丽来满足虚荣心，有的人用“一掷千金”的爽快来满足自己的虚荣心，也有的人用彬彬有礼、努力构造出来的“风度翩翩”来满足自己的虚荣心，还有的人是通过找一个漂亮的或有钱、有地位的对象来满足自己的虚荣心。在大学生选择恋人的过程中，都会不同程度地带有虚荣的因素，但随着思想和心理的成熟，大部分同学都会放弃虚假的、表面的一些条件，放弃从虚荣的角度去选择恋人。建立在虚荣心之上的爱情是不牢固的和虚伪的。

（三）友谊与爱情

友谊是同学、同事、朋友之间在相互了解和依赖的基础上，形成的一种亲密、平等、真挚、友好的情谊关系。而爱情是在性吸引和满足性的欲望基础之上的一种情感。作为友谊，无论是同性之间的还是异性之间的，不管两人之间的关系发展到多么亲密的程度，彼此之间也不会产生拥有对方身体的愿望，当然也就没有要对方满足自己性欲的需要。学习并发展异性间的友情是建立爱情的基础。

在现实生活中，经常能够看到这样一些例子，一个处在恋爱甚至是婚姻中的人却同时拥有一个异性知己，而且与这位知己朋友谈的事情及分享的内心世界甚至超过了与恋人或爱人所能够交流的深度，有些同学因此而感到迷惑不解。这种情况的出现说明了相爱双方的不够和谐与完美，如果恋人或爱人之间能够做到完全的相知相容、互为依存的话，就不会出现这样一种与异性知己的心理距离还小于爱人的心理距离的现象发生。友谊与爱情不是相互排斥的，培养爱情中的友谊是爱情发展到一定阶段的重要内容，当伴侣的身体吸引力不再时，许诺的爱和亲密将会取而代之。

三、恋爱中的心理挫折与情感危机

在大学生的恋爱过程中，最常见的是以下几种心理挫折和情感危机。

（一）单相思与爱情错觉

有的同学在生活中被自己所喜欢的异性打动，却一直没有机会表达，或是因为怕被拒绝而没有勇气去向对方袒露心声，致使苦苦地忍受着相思的煎熬，但对方却一无所知；也有的同学虽然向对方表达了爱慕之心，却遭到了对方的婉言谢绝，但是自己又不能接受和认同这个现实，导致一直生活在痛苦和压抑之中。

单相思是指在异性关系中的一方倾心于另一方，但是却得不到对方回报的单方面的“爱情”。在大学校园中，这种情况并不少见。心理学家认为，很多成年人都饱尝过单相思的苦涩和尴尬。尽管单相思可能发生在所有年龄，但14～22岁系多发年龄段，这是因为在这个年龄段的青少年正处于青春期，特别爱沉湎于幻想，但又不善于自我控制与调节，再加上对性意识和性愿望的向往与需求不能够获得合理的处理渠道，因而在生活中发现符合自己性审美标准的异性时，便容易产生单相思。单相思的主要特点是热烈、冲动、执著，但在被单相思的一方或外人看来，却是不可能、不现实的，有时甚至是滑稽可笑的。

爱情错觉是指在异性间正常的交往中，一方错误地把另一方正常的行为理解为对自己有感觉，从而错误地认为爱情已经到来的一种感受。爱情错觉有可能就是单相思的另一种形式。由于对单相思对象的幻想和过分敏感，致使错误地领会了对方正常的行为；但也有可能是由于发出信息的一方在行为方式上存在一些过于含糊的信息，有的甚至是一些自己都没有察觉到的带有暗示性的行为，从而给对方造成了误解。

如果发现自己陷入单相思与爱情错觉中，要设法积极地改善自己，可能对方不喜欢你的性格、风格。等待更好的机会，除他（她）之外，相信一定还有许多异性吸引你。爱不成就生恨，一定不是真情。

（二）恋爱中的感情纠葛

感情纠葛是指在恋爱过程中因某些主客观原因引起的，欲爱不能、欲罢不忍的一种强烈的内心矛盾和感情冲突。常见情况有：一是相爱双方之间持久的分分合合的纠葛冲突——两人之间存在一些感情基础，但又在一些重要问题上不能取得共识，导致分手舍不得、在一起却又总有矛盾的一种尴尬局面；二是某些同学在寻求爱情的过程中陷入了三角恋的漩涡，可能是同时喜欢上了两个人，也可能是同时被两个人所追求，还可能是正在与另一个竞争对手进行持久战。在恋爱过程中，无论是哪种感情纠葛，都会导致当事人情绪受到严重的冲击和干扰，进而影响正常的学习和生活。

(三) 失恋

失恋在大学校园里是一种比较常见的挫折形式，对有的同学来说，失恋是一种“永远的痛”。失恋是一种爱情丧失的综合表现形式，失恋后的人一般容易有这样一些消极心理与行为特征：（1）抑郁，表现为焦虑、沮丧、痛苦、颓废、冷漠等；（2）报复，这是一种比较常见的发泄手段，是极度的占有欲受到挫折后所唤起的过激的心理与行为；（3）自杀，由于失恋导致的强烈的自卑、悲观、空虚、羞辱悲愤和挫败感等极端的负性情绪，使失恋者会用自杀的方式去寻求解脱。

失恋后的反应会因失恋者的人格特征、对爱情投入的多少、对挫折的承受能力大小、相应的社会支持系统是否完备等方面的因素不同而有不同的表现。

(四) 网恋

现代社会变化中一个显著的标志是网络渗透到生活的每一个角落，网络确实为一些在现实生活交往面狭窄的大学生提供了人际交往的机会，也锻炼了部分大学生的表达与交往能力，也确有远隔重洋的男女通过网络相识、相知、相恋，在键盘上敲出爱情的节奏。

网恋通常有两种形式：一是在网上认识，在网上恋爱，甚至在网上结婚组成网上家庭，但在现实生活中双方完全不接触，这更多的像一种柏拉图式的精神恋爱；二是在网上认识，双方都有进一步交流、了解的愿望后，于是从网上走下来开始传统的恋爱过程。

网恋是虚幻还是真实，是时尚还是游戏，是玫瑰还是陷阱？

随着高校校园网络的广泛建设以及校园互联网的开通，大学生上网的人数越来越多。在大学生中确实有一些在网上通过交流学习心得、人生看法逐渐情投意合而发生网恋的，但就多数而言则是经不起外界的诱惑而参与的。“看见同宿舍的同学都在网上谈情说爱，觉得自己孤零零的不好，于是也就加入了网恋队伍”，一些同学把网上谈恋爱作为上网的目的之一。网恋者的轻率令人瞠目结舌，有些学生同网友聊过一次天、发过一次 E-mail 后，便一见钟情，相见恨晚。有些学生第一次“接触”，便敢说“我要娶你”，“我要爱你到天明”，并迅速在网络上确立恋爱关系。

调查表明，由于人类天然的依赖性与青春时代的特点，大学生的网恋一般很容易上瘾，而一旦上瘾就会沉湎于网络中不能自拔，把网上爱情视为生活的唯一追求目标。

一些大学生加班加点在网上谈恋爱，上课时却无精打采，甚至有的大学生为了上网谈恋爱而逃课。网恋不仅严重影响了学习，而且容易使他们减少与老师、同学之间的交流，不愿意参加集体活动，性格变得孤僻，甚至造成人格分裂。有的大学生靠偷窃支付上网费用，还有些大学生因为网恋失意，不得不到精神卫生中心求治，问题严重的甚至出现精神崩溃。网恋的欺骗性对一些大学生更是一个沉重打击。

做一做，想一想

你有过阿芳的经历吗？

阿芳是广东某学院的一年级学生，家住河源市区。某年暑假，几位老同学相约上网聊天，阿芳结识了一个名叫“养剑”的男网友。“养剑”称自己是某公司职员，其大哥在广州市某人才交流中心当领导，许愿等阿芳大学毕业后为其找一份称心的工作。经几次网上交谈，两人很快坠入爱河，并于当年7月20日在河源见了一面。

8月18日，“养剑”再次来到河源与阿芳相见，两人吃过晚餐后去逛街。其间，“养剑”花600多元钱买了一枚金戒指送给阿芳。阿芳如痴如醉，许愿要把自己的一切交给他。当晚9时多，“养剑”说在河源有笔生意要做，让阿芳先回家，他去洽谈生意。

阿芳回家后一个多小时，“养剑”给阿芳打来电话，说这笔生意如谈成，可赚两万元，他带的本钱不够，还差4 000元，请阿芳帮忙解决。阿芳当即答应，拿出藏在书柜里的4 000元压岁钱，送到“养剑”手上。“养剑”接过钱，对阿芳说：“明天一早我打电话与你联系。”第二天直到中午12点，阿芳仍没有接到“养剑”的电话。她通过电话查询，发现根本没有对方提供的单位名称。

为何网恋多苦果？这跟网恋这种新型的恋爱方式自身的缺陷有关。网恋中的男女展示给对方的通常都是自己美好的一面，即便是坦诚地说到诸如性格乃至人格上的缺陷，往往也会被对方视若调侃与幽默而被忽视。

人与人之间的交往需要时间和各种身体语言来慢慢建立信任。而网络的速度很快，缺少了建立信任的时间，也削弱了情感中所需要的重要元素。通过网络“传情表意”所感知的只有文字，只有优点，而不可能调动各种感官获得全方位的信息。

网恋的美丽之处在于它的神秘，正是虚幻使网恋有着挡不住的诱惑和吸引力。而网络的虚拟性，过滤了金钱、容貌、身份、家世等外在条件，网恋没有国界、地域的限制，给爱情的想象留下了足够的空间，在现实中寻觅不到的东西都能在那里感觉到、寻觅到。这些靠各种符号制造出来的“眉目传情”，是没有任何安全屏障和基石的虚拟爱情。

第三节 主动培养爱的能力

如何获得美好的爱情？如何去建立、发展健康的恋爱关系？实践检验着大学生爱的能力。这种能力既是多年成长过程中的积淀，也是个人未来发展的重要保障。有人将爱情和事业比作人生之舟的“双桨”、展翅高飞的“双翼”、飞速疾驰的“双轮”。

一、爱的能力的含义

（一）什么是爱的能力

爱的能力是指和他人建立亲密关系的能力，它对人的一生发展有着重要的意义。具备了爱的能力会引导一个人去真正地爱他人，也真正地爱自己，能真正体验到给人带来的快乐和幸福。恋爱的过程也是培养爱的能力的过程。

在心理学家弗洛姆看来：“爱是人的一种主动的能力，一个突破把人和其他同伴分离之围墙的能力，一种使人和他人相联合的能力；爱使人克服了孤独和分离的感觉，但他允许他成为他自己，允许他保持他的完整性。”

（二）爱的主动性特征

爱是一种主动的活动，而不是一种被动的情感，它是分担而不是迷恋。在最一般意义上，爱的主动性特征可以作这样的描述：爱主要是给予而不是接受。爱给予了什么，给予他所具有的最宝贵的东西，给予了他的生命。这并不意味着他为另一个人牺牲了生命，他给予另一个人的是他生命的活力、他的欢乐、他的志趣、他的理解、他的知识、他的幽默、他的悲哀，给予了他生命活力的全部表达方式和全部证明方式。这样在给予他的生命时，他使另外一个人富有起来，通过提高他自己的生命感，也提高了另外一个人的生命感。他并不为接受而给予，给予本身就是极大的快乐。但是在给予中，他不能不使另外一个人身心中的某些东西复苏，而且这种复苏过来的东西又反射给他自己，而且他们分享着他们共同使之复返生命的东西。

（三）爱别人之前先学会爱自己

真正的爱就像弗洛姆讲的意味着“关心、尊重、责任、认识，它不是为某个人所爱之意义上的一种情感，而是为所爱的人的成长和幸福的一种积极主动的奋斗，它根植于自身的爱的能力”。“爱某个人是爱的能力的实现和凝聚”。“人对自己生命、幸福、成长、自由的确定，同样根植于其爱的能力，也就是说根植于关心、尊重、责任和认识。如果一个人有能力产生爱，他也就爱他自己，如果他仅爱其他人，他就根本不能爱”。“自私和自爱是不同一的，它们实际上是对立的。自私的人，爱自己不是太多，事实上他是仇视自己”。在爱别人之前先学会爱自己是十分重要的。

从 2000 年春天起，每年在北京的大学生中又多了一个特别的日子，这就是 5 月 25 日“大学生心理健康日”。之所以在 365 天中选定 5 月 25 日是因为它的谐音是“我爱我”，这是大学生自我觉醒、不断走向成熟的标志。自爱而后爱人，自爱而后他爱。

二、爱的能力的构成

爱的能力实际是一种综合的素质，表现在爱的过程中的许多方面。

（一）表达爱的能力

当你爱上一个人时，能否用恰当的方式和语言向对方表达出来呢？表达爱需要勇气，需要信心。表达爱是在表明爱一个人也是幸福，即使得不到回报，你让对方知道被一个人爱着，也是一种很崇高的境界。

（二）接受爱的能力

当期待的爱来到了身边，能否勇敢地接受也是爱的能力的表现。有的大学生在别人向自己示爱后，内心挺高兴，但又不敢接受别人的爱，或者对爱缺乏心理准备，或者觉得自己不配、不值得被爱，因此而失去发展爱的机会。

（三）拒绝爱的能力

有爱的能力的人不是对爱来者不拒，或者将认为不是自己的爱就简单地拒之千里。当然也有不少大学生当别人向自己示爱时有些优柔寡断，既怕伤害对方，又怕对方误会。拒绝爱的能力，首先表现为对他人的尊重，要感谢对方对自己的欣赏和感情。其次要态度明确，表达清楚，要明确和对方只能是什么样的关系，是同学关系还是一般朋友关系，或者什么都不是。再次是行动与语言要一致。可能有些同学怕对方受伤害，虽然语言上拒绝了对方，但是行动上还与对方有较亲密的接触，如单独和对方去看电影、吃饭等，使对方容易误解，认为还有机会。

（四）鉴别爱的能力

鉴别爱是指能较好地分清什么是好感、喜欢和爱情。有鉴别爱的能力的人，是自信的人，也是尊重别人的人。有鉴别爱的能力的人，会自然地与别人交往，主动扩展交往的范围，珍惜友谊，会尽量多地体验他人的感受。过于自我孤立，过于站在自我的角度考虑问题，往往会对他人和自我感受的认识发生偏差。

（五）解决爱的冲突的能力

爱的冲突一方面来自日常生活中的不一致，或不协调；另一方面可能来自性格的差异。相爱的人不是寻求两人的一致，而是看两人如何协调、合作。爱需要包容、理解、体谅，需要用建设性的方式去解决冲突。沟通是非常有效的方式，恋人间需要有效的沟通，表达清楚自己的思想、感受，伤害性的争吵或者冷战都不利于问题的解决。

（六）失恋的心理承受力

失恋可以说是人生中一个很大的挫折，考验的是人的承受挫折的能力。失恋使人产生痛苦的感觉是很自然的事，每个人都会有，只是程度有别而已。失去爱会使人感到一种重要关系的丧失，一种身份的丧失，需要一定的时间去面对和适应、调整。

培养承受失去爱的能力。首先，要学习怎么看待失恋。有些同学可能把失恋看作人生的一个巨大的失败，自尊心受到强烈伤害，有一种强烈的负性情绪体验。其实失恋只是一种选择的结果，自己不被某一个人选择，不等于自我就全面的失败，一无是处。每个人在爱的关系中心理需要不同，看中的关键点也不同。每个人都有可爱的一面，只是每个人欣赏的角度不同。其次，在失恋中学习，把失恋作为一种人生的财富。也许失恋给人带来的强烈的内心冲击是其他事件所不能代替的，这个过程中所体会到的情感挣扎与痛苦，实为一笔人生财富，使人有了更多的人生体验，人会在失恋中变得更加成熟。再次，失恋给人再恋爱的机会。一次失恋不等于整个爱情生命的结束，人还会再恋爱，再体验美好的爱情，只要用心去体验、去建设、去学习和感受。

（七）爱情保鲜的能力

要使爱情长久保持新鲜感，其实需要多种能力的综合。爱需要两个人真正地关心对方，走进对方的内心世界，以对方的快乐为自己的快乐。要保持爱情的常新，需要智慧、耐力、持之以恒及付出心血，同时又有自己的个性，有自己的追求与发展。学习新的东西，善于交流，欣赏对方，是爱的重要源泉。

有爱的能力的人，是独立的人，有自己独立的价值观，有自己的生活空间。有爱的能力的人也不排斥对方，是尊重他人、关心他人的人，他会尊重对方的选择，尊重对方的个人隐私，尊重对方的发展。

保持爱情的长久，同时要学习处理恋爱与学业、与其他人际交往的关系等。将爱情作为发展的动力，心存爱情的人，会保持美好的精神风貌，散发生命的活力，不断地进取向上，给人以美感和震撼力。爱需要学习和培养，每个人都有爱的能力，但需要自我探索与开发。

三、提高爱的能力

提高爱的能力需要行动，以下是一组练习，请你做做看。

（一）“组装”自己爱的能力

1. 爱情大渲染

活动方法：每4～6名同学组成一个小组，发挥大家的聪明才智，用比喻的方式描写爱情。描写得越多越好，最后在全班中评选出最有创意的小组（以所写出比喻句的数量为主要衡量标准，兼顾句子的质量）。

2. 认识自己寻找爱人的标准

对于每一个走向成熟的人来说，爱情都会成为他生命中的重要课题。就同学们而言，无论是你已经拥有了爱情，还是即将去拥抱爱情，都需要对自己选择爱人的条件进行认识。下面，请你用形容词、词组或句子的形式写出自己选择恋人的五条标准：

第一条：____。

第二条：____。

第三条：____。

第四条：____。

第五条：____。

3．两性对比：猜猜看

活动步骤：

（1）每4～6名同性别的同学组成一个小组（即男、女生分开），将小组同学的意见和说法综合起来，完成下面的填空：

我能够给予恋人的：①____；

②____；

③____；

④____；

⑤____。

我希望从恋人那里获得：①____________________________________；

②____________________________________；

③____________________________________；

④____________________________________；

⑤____________________________________。

（2）待各个小组全部写完之后，各组同学一起猜想另一半同学的答案（即男生小组猜想女生小组所写的内容，女生小组猜想男生小组所写的内容），并在笔记本上按照上面的格式记录下来。

（3）教师安排男、女生小组在全班范围内轮流报告本小组的答案，大家看看自己猜想的另一半和他（她）们实际答案的吻合程度。

4．挖掘爱的源泉

爱是需要学习的，爱也是可以发现的。你周围的异性同学或许不可能都成为你的恋人，但他（她）们身上一定可以找到很多可爱的地方。现在，请你找出和你最熟悉的三名异性同学，并在他（她）们每人身上至少找到三项可爱之处，并把内容写在下面：

（1）______是我的______（同学、朋友……），他（她）的可爱之处有：

①____；

②____；

③____。

（2）______是我的______（同学、朋友……），他（她）的可爱之处有：
①____；
②____；
③____。
（3）______是我的______（同学、朋友……），他（她）的可爱之处有：
①____；
②____；
③____。

5．写出你对爱的能力的理解

爱的能力是一种综合素质的融合，是在爱的过程中一系列能力的总和。具体来讲，爱的能力应该包括哪几个方面？请你发挥自己的想象能力，用五句话填空，如果你能写出更多的方面，那就更好了。

①爱的能力包括____________________的能力。
②爱的能力包括____________________的能力。
③爱的能力包括____________________的能力。
④爱的能力包括____________________的能力。
⑤爱的能力包括____________________的能力。

（二）失恋助我成长

失恋是大学生中比较常见的最大的情感挫折，也是普遍的危害最大的一种挫折。当不得不面对失恋时，你又该怎么办呢？

1．齐心协力寻找失恋的十大好处

尽管失恋是痛苦的和不幸的，但并不一定就是坏事，在某种意义上还可以说是好事，因此请同学们以各小组为单位，分别列举失恋后的好处。每个小组最多可以列举十条，之后在全班范围内由全体同学共同评比出最合理、最可行的建议，并将此作为本班共同的“情感自卫盾牌”。

请以下面的句型为模板，完成十句话：

因为我失恋了，所以我获得了____________________。

2．七嘴八舌探索放松失恋心情的开心渠道

尽管失恋后我的心情很不好，但是我不会永远这样的。朋友们告诉我，我可以用这些方法来放飞自己的心情。

方法一：______________________________；
方法二：______________________________；

方法三：________________________________；

方法四：________________________________。

3．“静夜思”分析失恋的原因

这一次我在________方面没有做好，以后我将________去改进。

（三）案例分析

赵阳和李多多在新年晚会上认识之后便开始了交往，不久就陷入了热恋。但随着时间的推移，多多发现在赵阳潇洒、帅气的外表下面有时会流露出一种玩世不恭的态度，他似乎什么都不在乎。多多突然担心赵阳对她表白的爱也会是逢场作戏。可赵阳对天发誓，即便他对死也不在乎，但他在乎对多多的爱。

多多很烦恼，因为她不敢完全相信赵阳的话——她已看到赵阳时常流露出来的性情，但她又不能不信赵阳的表白——她确确实实感受着并渴望着赵阳热烈的表白和令人陶醉的拥吻，还有她喜欢赵阳送给她的充满爱意的小礼物。

讨论：

（1）多多的担心是多余的吗？

（2）怎样才能解除多多的担心？

（3）赵阳和多多的爱情能否继续下去？

（4）他俩应该怎么办？

有人说，幸福家庭的模式都是一样的，但不幸的家庭却各有各自的痛苦。虽然说幸福的家庭都是用理解、宽容和关爱共同营造出这样一个幸福的氛围，但每对夫妻和情侣表达这种理解、宽容和关爱的方式和方法是不同的。当你读完了这一章后，对你正在感受着的或将来要去寻找的爱情有些什么样的想法呢？你是否可以用自己的努力去创造一个幸福美好的爱情和家庭呢？

（四）恋到何时才结婚

●有足够的时间彼此观察及了解对方的思想、习惯和价值观；

●彼此相隔时，你最思念的是肉体还是精神？

●你们有什么共同的兴趣和背景？

●你们有没有共同的理想和观念？

●你们是否十分信任？

●你们是否仰慕对方的品格？

如果你们完全信任，已经将大部分时间和精力放在彼此的人格交流及心灵沟通上，那么，你们的感情趋于成熟。在经济、住房等条件许可时，可以选择结婚。结婚证书是不可缺少的。人有害怕被遗弃、害怕失去自我、害怕耻辱、害怕负罪的恐惧。承诺是对付这种恐惧的解毒剂。因为性与情中潜藏着巨大的能力，它并不是可以与其他消遣并存的一个游戏或赌注，可以随便一试。因此，大学生想以婚前同居的方式对付恐惧是不可取的。正因为爱情是非常美好的东西，人们才奋力追求，才值得珍惜，才会保存到适当的时候与适当的人共享。

心灵读本：爱着

“爱不仅使爱者尊严高贵，而且使被爱者尊严高贵”，纪伯伦说。

当我们经历爱、体验爱、心中涌动爱时，心便因为爱而博大，而广阔，而温柔，而激情洋溢、馨香弥漫。因此，情感将得到升华，心灵将得到净化，生活将引向崇高。

爱着，便有按捺不住的热情向往，便有牵扯情怀的无限眷恋，便如白帆张开，凌波踏浪而去；便如满月凌空，清辉迎宇而来。

爱着，看山，山有情；看水，水有意；看人，人美丽。入眼景观，风丝柳片，草木花卉，枝枝叶叶总关情；雁归故里，鸟鸣深谷，羽翼声来，片片声声总动弦；细雨微扬，雨后初霁，丝丝线线总撩人。

爱着，是一种与自然的和谐，是一种理解了的和谐，爱是一种贴近，爱是一种深入，大千世界在爱的包容里，注入了心跳，输进了滚烫的血液。

爱着，超越了痛苦，使痛苦美丽；穿过忧伤，使忧伤美丽。它使仇恨更深刻，使愤怒更急迫。爱的呼唤之热烈，是对真善美呼唤的热烈；爱的仇恨之激扬，是对假恶丑愤懑之激扬。爱使人生更真实有力度，使爱更伟大。

爱着，爱便是舟楫，是帆，是桥，将你从此岸送到彼岸，让你走向纯洁和成熟，走向美好的未来，爱便不仅是力量，而且是手段和方式。

爱着，是诗，是歌，是舞蹈，也是彩虹、梦幻。驾一朵爱的祥云，飞跃万水千山，便不惧关山阻隔，汪洋腾浪，自由徜徉于天地之间，奏响的都是黄钟大吕。

当人爱着的时候，爱使人朝阳般升起。温柔的恋情满怀的时候，便是世界如花朵般开放的时候，便是自己簇新簇亮复活和新生的时候。

爱，人类最美好的情感，是无比芳醇的精神体验，有爱的时候，便如饮玉液琼浆醉着，美丽而飘逸。爱着，爱或者被爱，都将有尊严而且高贵。

摘自：《读者》2005年第22期，作者：张玉庭

复习与思考题

1. 大学生在爱情方面有哪些心理困惑？
2. 培养爱的能力对大学生的人生发展有什么意义？
3. 你对爱情、婚姻的看法有多少是受你的家庭的影响？
4. 你认为怎样才能培养爱的能力？

阅读书目

1. 弗洛姆：《爱的艺术》，国际文化出版公司2004年版。
2. 瓦西列夫：《爱的哲学》，国际文化出版公司2004年版。
3. 瓦西列夫：《情爱论》，生活·读书·新知三联书店1985年版。
4. 商磊：《爱与成长》，高等教育出版社2004年版。

第十章 生涯规划与心理健康

职业是自我的延伸。大学生的职业生涯规划是否正确，不仅影响个体的心理健康，也影响个体一生的发展。个体着眼于生涯发展，在对自己的兴趣、爱好、能力、特点及客观环境，进行综合分析与权衡的基础上，通过恰当的规划为自己确立职业方向和目标，确定教育和发展计划，制定行动策略，实现个体的全面最优发展，这是大学生人生发展的必需。学习职业生涯发展规划的基本理论，将有助于大学生科学地规划自己，更好地准备自己，使自己的学习目标更明确，在今后的职业生涯发展上更成功。

不同的自我，不同的生涯

十几年前，某高校一位在班上很拔尖的英语专业优秀毕业生，选择了去中学做一名普通的英语教师。当时，她的许多同学都选择了去外企或一些收入高的单位工作。对于她的选择，许多同学不理解，有的甚至说她傻，放着那么好的个人条件，放着那么多高收入的工作不选，偏偏去当中学教师。她却微笑着回答大家："我喜欢，我适合做中学教师。"十几年过去了，现在她已经成为全国著名的中学英语特级教师。她不但培养了许多英语成绩优秀的学生，而且还经常为全国中学英语教师做英语教学培训。她的职业发展是成功的。她的成功源于她不盲目追随他人和社会潮流，她对自己、对职业有一个正确的认识，能够恰当规划自己的职业生涯。而另外一名英语专业的同学开始选择在一家不错的外企工作。但是工作时间不足半年，公司以工作能力不强的理由炒了他的鱿鱼。之后他又应聘到一家翻译公司，可是由于工作节奏太紧张，压力大，一年后他辞职离开了这家公司。后来他又应聘到某国家机关，但整天坐在办公室里觉得专业派不上大用场，于是，一年后又跳槽了。这样多次跳槽，总觉得没有合适自己的最佳工作，而且连着几份工作时间都不是很长，让招聘单位对他心存顾虑，到现在他还在一个自己不喜欢也不打算长期从事的岗位上工作。对于自己的职业未来，他感到很迷惘。他的职业发展困惑源于他对自我缺少一个明确的定位和规划。

生涯规划是每个人一生都要面对的重大课题。当年老退休离开工作岗位时，回首人生，每个人都会问自己：我一生中做了些什么工作？我是否在工作中发挥了自己的才能？我是否实现了自己的价值？有的人会对自己很满意，他们感到自己的人生很充实，很有成就感；有的人则对自己充满了遗憾，他们常常感到虚度光阴，一事无成。一个人怎样经营好自己的职业生涯，使人生更成功、更有价值，这就需要规划自己的职业生涯。

第一节 生涯规划早知道

大学生们在校学习，有没有把自己的学习任务、学做人的任务与自己今后的职业生涯联系起来？想一想，你将来准备从事什么样的职业？你能否在职业发展中实现自己人生的价值？学习职业生涯发展规划的基本理论和方法，将有助于你科学地规划自己，更好地准备自己，使你在大学的学习目标更明确，在今后的职业生涯发展上更成功。

一、与生涯规划相关的概念

为了了解职业生涯发展规划，我们需要了解工作、职业、生涯、职业生涯这些概念。在日常生活，我们常常把工作、职业与职业生涯混为一谈，以为找工作就是找职业，从事了某种职业就拥有了职业生涯。诚然，工作、职业与职业生涯是密切相关的概念，但它们并不完全是一回事。为了更好地学习职业生涯发展规划，我们需要将以上三个概念加以区分：

1. 工作

工作是指在某一行业中的具体职位，是有目的、有结果、需要投入时间和精力并持续一定长时间的活动。例如，教师的教学工作。

2. 职业

职业是介于工作和生涯之间的概念。它是由一系列相似的职位所组成的一个特定的专业领域，即指一系列的工作。例如教师、医生、律师就是职业。

3. 生涯

生涯不仅仅是工作和职业。生涯是生活中各种事件的演进过程，统合了个人一生中各种职业与生活的角色，由此表现出个人独特的自我发展历程。生涯是人从青春期至退休之后，一连串有酬或无酬职位的组合，除了职位之外，还包括任何与工作有关的角色，如职业、家庭和公民的角色等。

4. 职业生涯

职业生涯是个人一生中由于心理、社会、经济、生理及机遇等因素相互作用所形成的工作、职业的发展变化。职业的发展是个人发展中的重要内容，它涵盖了人的一生，并包括了个人的自我概念、家庭生活，以及个人所处的环境、文化氛围的方方面面。职业生涯可以说是一个人终身发展的历程，是个人在一生中所经历的一系列职位和角色。

二、生涯发展规划

生涯发展规划指的是一个人对其一生中所承担职务相继历程的预期和计划。个人着眼于生涯发展，在对自己的兴趣、爱好、能力、特点和客观环境进行综合分析与权衡的基础上，面对各种抉择情境学会界定问题，通过恰当的规划为自己确立职业方向和目标，确定教育和发展计划，制定行动策略，实现个体的全面最优发展。

生涯设计的目的绝不仅是帮助个人按照自己的资历条件找到一份合适的工作，实现个人的目标，更重要的是帮助个人真正了解自己，为自己定下事业大计，筹划未来，拟定一生的发展方向。每个人都应当审时度势地为自己筹划未来，有了事业上的目标，生活才有方向；有了事业上的追求，生活才有动力。对自己职业生涯的设计规划就是将自己的理想化为现实的人生，把对未来事业发展的预期转变为明确的行动步骤。大学生正处在对个体职业生涯的探索阶段，这一阶段对大学生今后职业生涯的发展有着十分重要的意义。

三、大学生生涯规划的意义

大学生要充分认识生涯规划的重要意义。职业生涯活动将伴随人生最宝贵的时间，拥有成功的职业生涯才能实现完美人生，因此，职业生涯规划对于大学生的人生发展具有特别重要的意义。在职业生涯规划中有这样一句话发人深省："你今天站在哪里并不重要，但是你下一步迈向哪里却很重要。"成功的人生需要正确的规划。在现代社会，规划决定命运。有什么样的规划，就有什么样的人生。人生是有限的，越早规划你的人生，你就能越早成功。

1. 协助个人认识自我开发潜能

学习职业生涯规划，可以协助大学生正确认识自身的个性特质、兴趣和能力倾向，使其对自身的优势与劣势进行理性的分析；了解自己的职业价值观，树立明确的职业发展目标与职业理想；将职业目标与实际相结合，做出恰当的职业定位；学会运用科学的方法，采取可行的步骤与措施，不断增强自己的职业能力，实现职业目标与理想。

2. 协助个人规划自我实现理想

职业发展规划犹如一张生命蓝图，它引导你一步步实现自己的职业理想。人无论做什么都需要制定一个适合于自己的目标，然后制定为达到这一目标而实施的具体计划。明确的职业生涯规划，可以使你把理想与现实的努力结合起来，脚踏实地地去努力。例如，你的学习计划，你的知识、能力准备，你对各种职业信息的收集，你的社会实践的锻炼等，都应与你的职业理想结合起来。当今的时代是一个挑战和机遇并存的时代，机遇总是垂青那些有准备的人。一个善于规划自我的人，总能把握自己的命运。

3. 协助毕业生进行理性的就业选择

大学生对职业生涯规划的明确程度，直接影响到他们的毕业选择。有关部门对职业生涯规划明确程度与毕业选择满意度的相关性分析说明：职业生涯规划明确程度与毕业选择满意度之间有显著的联系，职业生涯规划越明确，毕业选择的满意度就越高；职业生涯规划明确程度越低，则毕业选择的满意度就越低。由于一些大学生没有真正理解职业生涯规划的确切含义，对职业生涯规划的重要意义认识不足，不了解职业生涯规划的程序，缺乏进行规划的具体技巧，因此在毕业选择时不是盲目追赶社会潮流，就是随意效仿别人，常常表现出被动和不知所措。

4. 协助个人做出有效的决定

通过职业生涯规划，大学生可以对自我和职业环境进行深入、具体的分析，并对各种信息进行综合与评估，在此基础上做出选择决定，并且掌握实施决定的各种具体技巧，例如具体的求职过程，如何写简历、进行面试，再评估和调整自己的选择等。有了这些具体、充分的准备，就会使你做出一个有效的决定，勇敢地迈出职业生涯发展的第一步，为以后的职业成功奠定坚实的基础；同时，也大大提升了你应对竞争的能力，因为这其中的每一个细节都包含着成功与失败。如今是一个充满激烈竞争的时代，无论是毕业时的职业选择，还是以后的职业发展，竞争都非常残酷，如何使自己在激烈的竞争中脱颖而出并立于不败之地，必须设计好自己的职业生涯规划。

做一做，想一想

职业幻想

目的：了解自己内心所向往的职业

操作：

1. 想一想五年之后你的一天：你住在什么地方，在什么地方工作，做什么工作，工作环境怎样，工作闲暇时间做什么，家庭生活如何等。

2. 你有什么感受？你发现在那一天的生活中，你最看重的是什么？

3. 现在你做些什么可以实现你向往的生活？

第二节　生涯规划的相关理论

“职业生涯发展”在国外已有100多年的历史，从20世纪初美国的帕森斯在波士顿开设职业夫妇所推动职业辅导运动开始，已经建立起了一系列的职业发展理论模型，为协助个人做出有关职业和生活的正确决定提供支持。为了使大学生们科学地做好个人职业生涯规划，下面介绍几种主要的职业生涯规划理论。

一、霍兰德的类型论

霍兰德根据多年实践与研究，提出了他的研究假设。其基本理论观点是：

（一）六种人格类型

职业选择是人格的一种表现，工作兴趣类型即人格类型。大多数人的人格特质可以归纳为六种类型，即实用型、研究型、艺术型、社会型 、企业型、事务型（见图 10-1）。

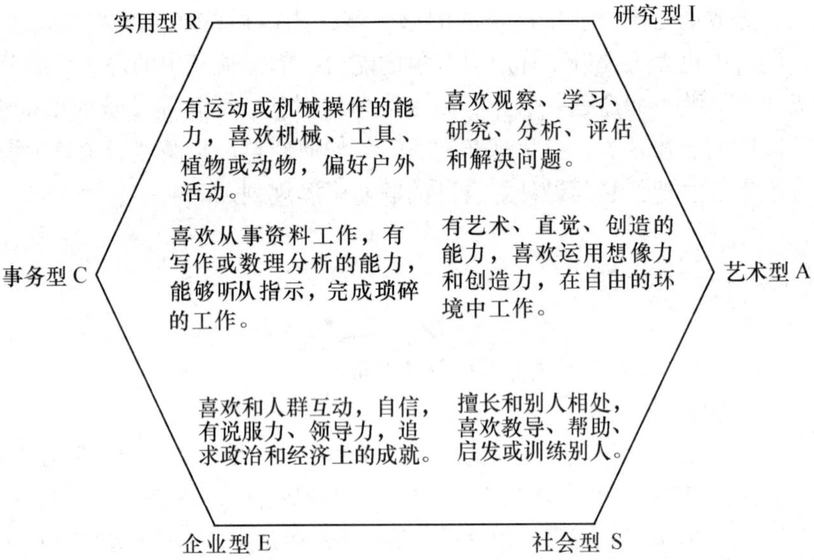

图 10-1　人格的六种类型图

1. 实用型

喜欢有规则的具体劳动和需要基本技能的工作，但缺乏社交能力。

2. 研究型

喜欢智力的、抽象的、分析的、推理的和独立的定向任务，但缺乏领导能力。

3. 艺术型

喜欢通过艺术作品来达到自我表现的目的。他们感情丰富，善于想象，对艺术创作充满兴趣，但缺乏办事能力。

4. 社会型

对社会交往感兴趣，愿意出入社交场所，关心社会问题，愿为社会服务，但缺乏机械能力。

5. 企业型

性格外向，对冒险活动、领导角色感兴趣，具有支配、劝说和使用语言的技能，喜欢管理和控制别人。这类人缺乏的是科学研究能力。

6. 事务型

对系统的有条理的工作感兴趣，讲究实际，喜欢有秩序的生活，习惯按照固定的规程、计划办事。

（二）六种工作环境类型

由于同一职业吸引有相似人格特质的人，他们对情境和问题会有类似的反应，因此，与人格类型分类一致，工作环境也可以分为六种类型（见图 10-2）：

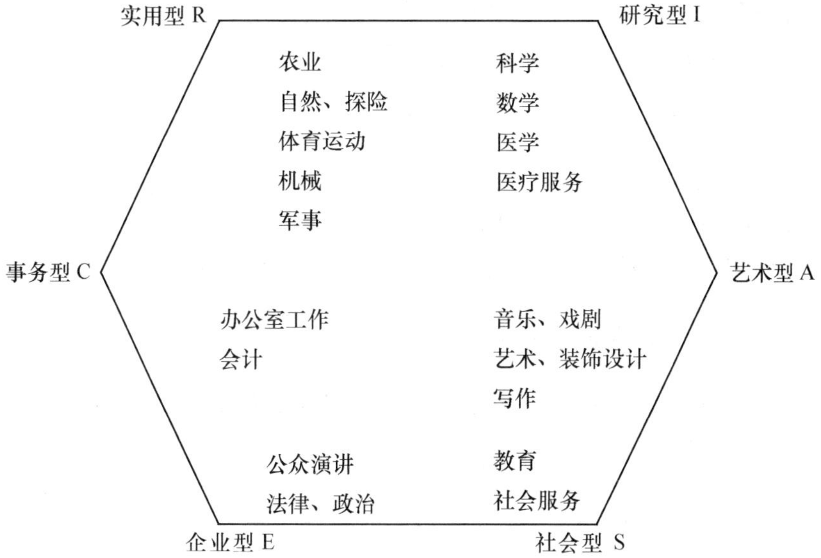

图 10-2　工作环境的六种类型图

1．实用型

主要是熟练的手工工作和技术工作，如制图员、司机、电工、机械工、运输工、产业工人以及木工、瓦工、铁匠、修理工等。

2．研究型

主要是科学研究和实验工作，包括各类科学研究人员，如气象学者、天文学者、地质学者以及物理学、生物学、化学、数学等学科的科学工作者。

3．艺术型

包括室内装饰人员、图书管理员、诗人、作家、演员、记者，以及从事音乐、书画、雕塑、舞蹈、摄影等各类的文学艺术工作者。

4. 社会型

主要是与人打交道和为人办事的工作，即教育人、医治人、帮助人、服务于人的工作，如教师、医生、护士、律师、服务员、公关人员以及社团工作者和社会活动家等。

5. 企业型

主要是管理、决策方面的工作，如国家机关及机构负责人、党团干部、经理、厂长、推销员以及从事宣传、推广等工作的人员。

6. 事务型

包括办公室办事员、图书管理员、会计、税务员、统计员、出纳员、秘书，以及从事打字、校对等工作的人员。

（三）职业环境及人格特质的适配性

一个人如果知道自己的人格类型和职业类型，就可以预测自己的职业选择、工作变换、职业成就和教育及社会行为。个人的工作满意度、职业稳定性和职业成就感取决于个人人格类型和职业环境之间的适配度。

二、舒伯的生涯发展理论

舒伯把职业生涯的发展看成是一个持续渐进的过程，一直伴随个人的一生。其主要理论观点是：

（一）自我概念

“自我概念”是舒伯理论中的核心。“自我概念”，就是指个人对自己的兴趣、能力、价值观及人格特征等方面的认识。一个人的“自我概念”在青春期以前开始形成，至青春期较为明朗，并在成人期由自我概念转化为职业生涯概念。工作与生活满意与否，就在于个人能否在工作和生活中找到展现自我的机会，用舒伯的话说：“职业生涯就是对自我的实践。”

（二）生涯发展阶段

舒伯认为人的职业生涯发展分为五个阶段：

第一个阶段：成长阶段（14 ~ 15 岁）

儿童开始辨认他们周围的事物，并逐渐开始意识到自己的兴趣所在以及与职业相关的一些最基本的技能。他们这个阶段发展的任务是：发展自我形象和对工作世界的正确态度，并了解工作的意义。

第二个阶段：探索阶段（15～24 岁）

青少年开始通过个人尝试一些自己感兴趣的职业活动，对自我能力及角色、职业进行探索。职业倾向趋于某些特定的领域。

第三个阶段：建立阶段（25～44 岁）

个人开始尝试选择适合自己的职业领域。这个阶段发展的任务是：个人致力于工作上的稳定，大部分人处于最具创造力的时期。

第四个阶段：维持阶段（45～64 岁）

个人通过不断努力来获得职业生涯的发展和成就，并逐渐能在自己的领域中占有一席之地。这一阶段发展的任务是：维持既有成就与地位。

第五阶段：衰退阶段（65 岁以上）

由于生理及心理机能的日益衰退，个人职业角色的分量逐渐减少，开始考虑退休并享受自己的晚年生活。

（三）职业循环发展理论

舒伯在后期提出在一个人一生的职业发展过程中，职业发展的五个阶段是一个循环、再循环的过程。职业发展的五个阶段并不完全和年龄相关，而且各阶段之间并不存在严格的界限，可能有交叉，在人生中的不同时期，都可以经历由这五个阶段构成的一个“小循环”。例如，一个大学生在大学期间对大学生活的适应要经历一个“成长”、“探索”、“建立”、“维持”、“衰退”的过程，而对大学生活的“衰退”，又是社会职业活动的开始，又要经历一个新的五个阶段的过程。人生的每一个发展历程的结束都是下一个历程的开始，而且为下一个循环做了准备。职业生涯发展是一个循环往复的过程。

（四）生涯彩虹图

舒伯认为一个人的职业生涯发展与个人在发展历程的各个阶段中所扮演的各种角色，如儿童、学生、休闲者、公民、工作者、夫妻、家长、父母和退休者密切相关。人在某一阶段对某角色投入得多，就会导致这一角色的成功，同时也可能导致另一角色的失败。他称发展的各个阶段为生活广度，称个人扮演的角色为生活空间。生活广度和生活空间交汇成为生涯彩虹图。它描绘出了生涯发展阶段与角色彼此间交互影响、多重角色生涯发展的状况。因此一个人要获得职业生涯的成功发展，需要协调各个阶段所扮演的角色和个人目标间的关系，以增进个人对自己发展历程的认识，引导其积极参与到解决问题及设计未来发展的计划中（见图 10-3）。

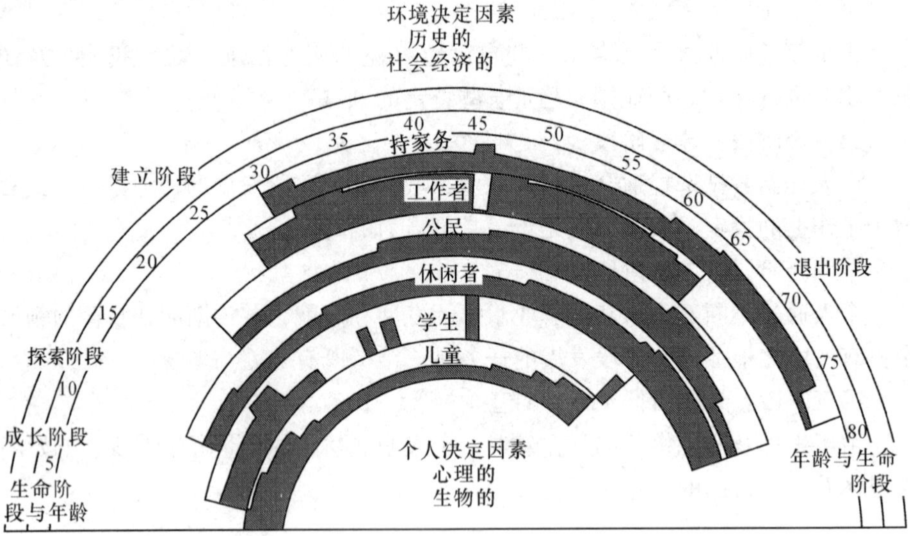

图 10-3　舒伯的生涯彩虹图

三、克朗伯兹的社会学习理论

克朗伯兹把班杜拉的社会学习理论引入生涯辅导领域，他提出：个人的社会成熟度在很大程度上依赖于对他人行为的学习和模仿，并由此而决定自己的职业导向。其主要理论观点如下：

1. 影响职业决策的因素

影响职业决策的四种因素是：遗传因素和特殊的能力，如智力、职业技能、身体协调性以及种族、性别、外在的仪表特征等；环境因素和事件，如家庭、社会条件、科技发展水平、信息资源的获得和机遇等；学习经验，每个人独特的学习经验；任务取向的技能，如问题解决技能、习惯、情绪、认知等。克朗伯兹认为这四种因素对于个人的职业生涯抉择和发展具有重要的影响。

2. 生涯信念

克朗伯兹认为，在个人发展的历程中，上述四种因素相互作用，从而形成了个人对自我与世界的信念。他提出：一般所谓的个人兴趣、价值观等，实际上都属于个人职业生涯信念的一部分。生涯信念就是一组对自己以及自己未来在工作世界中发展的假设，这种假设会影响到个人在生涯历程中的期望与行动。个人可能会由于学习经验的不足和不当，形成错误的推论和单一的比较标准或夸大式的灾难情绪等种种问题，而有碍于职业生涯的正常发展，因此克朗伯兹特别强调学习的重要性。大学生应当重视自己对理论和实践的学习，扩展个人经验，改变不合理的职业信念，使自己拥有职业选择和职业发展的成功。

第三节 大学生职业生涯规划的现状及问题

随着社会的发展和我国大学生就业制度的改革，大学生就业压力的增大，近年来我国高校重视和加强了对大学生的职业生涯规划教育，大学生自身也关注自我的职业生涯发展，因此从总体上来看，大学生的职业生涯规划意识较前些年有了很大的提高，对自我的认识也有了增强，但是目前也存在着许多问题。

一、大学生职业生涯规划的现状

一家专业公司对当前大学生的职业生涯规划及就业选择等方面的现状进行了一项调查分析。从他们的调查情况来看，超过2/3的大学生都认为它非常重要，他们对个人的职业发展表现出较强的自信，对于自己的兴趣、个性、能力特长及喜欢从事的职业亦有较明确的了解。例如，有63.5%的大学生自我认为能够了解自己的兴趣，70.7%的大学生自我认为能够了解自己的个性，45.5%的大学生自我认为能够了解自己的能力特长。但是，此项调查也反映出当前大学生的职业生涯规划方面存在许多问题。对于职业生涯规划，虽然超过2/3的大学生认为它非常重要，但是对于如何进行规划以及寻求专业机构的帮助却表现出犹豫；许多大学生缺少对自我的全面认识和了解，例如，85.6%的大学生自我认为不太了解自己的能力特长，83.2%的大学生自我认为不能确定自己喜欢什么样的职业，74.8%的大学生自我认为不能清楚自己未来3~5年的发展计划。对于求职，许多大学生认为自己缺乏工作经验及求职技巧，他们迫切希望得到求职技巧特别是具体岗位的模拟面试，希望增加对企业选择人才的标准、招聘程序等方面的了解。

二、大学生职业生涯规划存在的主要问题

（一）职业生涯规划的自觉意识不强

一项“大学生择业影响因素调查”概括出了职业选择过程中遭遇的六类苦恼，其中选择“对自己的职业生涯尚未作长期规划”的有380人，占

42.4%。目前，有相当一部分大学生职业生涯规划的自觉意识不强。主要体现在以下几个方面：

1. 目标模糊

一位大学生曾经问过老师这样一个问题：老师，你说人生奋斗是为了什么？上中学是为了考大学，上大学是为了能找个好工作，找个好工作是为了有好的生活，有了好的生活，还为什么？其实，有这种疑问的学生非常普遍，有许多学生不清楚自己人生奋斗的目标是什么。工作和职业是人生的一个重要方面，对于受过高等教育的大学生来说，它不仅仅是一个谋生的手段，更是在为社会作出贡献的同时实现自我价值，获得成就感的重要途径。缺乏理想，没有一个明确的职业生涯发展目标，是影响大学生职业生涯规划的一个重要原因。

2. 依赖心理

一些大学生在心理上不成熟，表现在职业生涯规划上最突出的是依赖心理。从来不为自己做规划，也不为职业发展做努力。他们抱的信念是"车到山前必有路"，总会有一份工作在等着自己。有的依赖父母，他们认为自己的父母有门路，用不着自己着急；有的依赖学校，他们认为学校应该对毕业生负责，把自己交给学校最省心。大学生职业生涯规划上的依赖心理与其成长过程中所受到的家庭影响和学校教育有关。现在的大学生大多数是独生子女，一些父母视子女为"掌上明珠"，在生活上给予百般呵护，从日常生活的料理到为人处世，一切由家长包办，用一位女大学生家长自己的话来说："她与别人发生了矛盾，都是我们替她摆平。"这些父母代替了孩子的成长。在这样的父母身边长大的大学生不用为自己思考，也不会规划自我，缺少自我负责的意识和能力。另一方面，我国学校教育长期存在的应试教育倾向，使学生们只知道为考试而读书，不注重对职业生涯规划的教育，也使大学生缺少自我规划的意识。

3. 缺少职业规划知识

由于我国的职业生涯规划开展时间不长，许多学校把职业生涯规划教育当做就业指导教育，平时缺少系统的安排，只是在大学生毕业前应急式地进行一些择业的简单指导，甚至有些院校连这种应急式的指导都没有，因此学生们无处获得职业生涯规划的理论知识，更缺少相关技能的指导。由于缺少职业规划知识，一些大学生不会规划自我，也缺乏对自我和职业信息的了解，在求职时盲目递简历，屡次受挫，损伤了自己的自信心。也有的由于缺少求职技能，错过了适合自己的发展机会。

（二）不能正确认识自我

正确认识自我是职业生涯规划中最重要的因素。一些大学生由于不能正确认识自我，影响了自己的职业选择和职业发展。不能正确认识自我的表现是：

1. 盲目自卑

有些大学生由于缺乏对自我的正确认识，总看自己的短处，看不到自己的长处，因此存在自卑心理。他们不敢为自己设定目标，觉得自己没有资格或能力从事一份更好的职业，得到更高的职位，也不敢自己去尝试努力。尤其面对就业的压力时，他们恐惧竞争，害怕求职失败。有的同学看到许多人竞争某一职位，就认为自己肯定不行，连投递求职申请书的勇气都没有，更不用说去面试和笔试了。有的同学在应聘中，由于有自卑心理，不敢在用人单位面前展示自己的优势；有的同学在接到单位初试通知的时候，因为害怕遭遇失败而临阵脱逃；有的同学逃避应聘，用打牌、聊天、睡懒觉的方式拖延找工作；还有的同学因为体验到巨大的竞争压力，害怕找不到工作，在对就业单位和相关职位缺乏了解、不太满意的情况下，草草签约，理由是“想早点把自己卖出去”。他们有的人说：“我已经没有力气，也没有勇气再等下去了，万一再也没有单位肯接受我怎么办?”有的同学甚至把自己的命运交给几张纸牌，用算命的方式决定自己的职业生涯。以上种种表现都是大学生缺少自信、盲目自卑的表现。

2. 盲目攀比

有些大学生由于不能正确认识自我，在进行职业规划时，不顾自己的实际情况，盲目和别人攀比。例如，看到别人考研究生，明明知道自己的学习基础不好，但担心自己不考研会被别人看不起，于是盲目追随别人，到处参加考研辅导班，埋头于考研复习之中。结果考研未成功，也错过了为自己寻找适合的职业发展的机会。有的同学羡慕别人出国留学，不考虑自己是否适合，也千方百计地往国外跑，结果出国后，由于适应不了国外的生活和学习，只能中途退学回国，不但自我感觉挫败，而且回到国内一切又要从头开始，相比其他同学，延误了职业发展的进程。有的同学看到别人去一些知名大公司应聘，自己也盲目追随，可是由于自己的条件不适合对方的需要，多次遭到拒聘；有的人即使去了这样的公司，但很快发现那里的工作并不适合自己，只得跳槽再重新选择。盲目和别人攀比是对自己缺乏全面客观认识的表现。

3. 盲目自信

一些大学生存在盲目自信心理，他们不能客观分析自我的现状，不能恰当评估自我与职业要求的差距，盲目自满。有的同学找工作时，不是名牌公司免谈。有的求职应聘时，提出过高的要求或过多的条件，结果给对方留下了自傲的印象，导致应聘失败。有的自我评价过高，进了工作单位后，总觉得不受重视，不甘于做基础性的工作，常常有怀才不遇之感，结果大事做不成，小事又做不来。在这个单位觉得屈才跳到另一个单位，过一段时间仍然觉得不受重视，于是又跳槽。这样跳来跳去，总也找不到自己的位置。有的急于求成，缺少扎扎实实的努力，结果欲速则不达。

（三）不能正确认识社会

大学生只有正确认识社会，才能把自己和社会有机结合，找到自己恰当的职业定位。但是一些大学生对社会缺乏全面正确的认识。

1. 不能全面了解社会的职业信息

知己知彼方能百战百胜。规划个人的职业生涯，必须全面了解社会的职业信息。然而一些大学生非常封闭，不关注也不主动了解社会的职业信息和职业需求，毕业择业时"临时抱佛脚"，盲目地到处乱投简历。由于事先无准备，常常是自己想去的地方人家不需要，而人家需要的地方，自己又不知道信息。有的由于事先对某单位的信息了解不全面，进入这个单位后又不满意，影响了个人的职业发展。

2. 不能适应社会的变化

有的大学生处理问题常常以自我为中心，希望外界环境都服从和适应于他个人，不能根据社会的变化来调整自己的职业目标和个人计划。例如，当初报考大学的某一热门专业，但随着社会的改革发展，这一专业人才不再短缺，这就需要个人了解这一变化，扩展自己的专业面，使自己有更大的适应性。但有的人并不关心社会的这些变化，因此就业时则陷入了困境。也有的人以为找到了一份工作就可以立业终身，殊不知几年之后此行业可能就会调整，不及早充电，就有可能被淘汰。

3. 不能正确认识社会形势

当前社会竞争激烈，谁要想获得职业的成功发展，就必须对社会竞争激烈的形势保持一个清醒的认识。然而一些大学生对此认识不足，有的人看不到就业竞争的压力，丝毫没有一种紧迫感，每天在学校中混日子，最终因为自己缺乏竞争的实力，不能找到理想的职业；有的人又过分畏惧竞争，看不到挑战中的机会，丧失了发展的机遇。

（四）不会选择，不会做决定

在职业生涯发展中，无论是最初的就业，还是职业发展中的每一个变动，都需要个人拥有很强的选择和决定的能力。然而许多大学生在这方面很欠缺，主要表现在：

1. 综合分析评估信息的能力不强

有些大学生面对各种职业信息缺乏一种综合分析评估的能力，常常在复杂的信息面前表现得混乱不堪，理不出头绪，分不清主次，难以做出选择和决定。

2. 担心决策失败

有些人对自己苛求完美，希望自己事事成功，不能承受失败的挫折，因此他们在职业选择和职业发展的转折关头不敢选择，怕做决定，因此总是犹犹豫豫，往往把握不住良好的发展机遇。

3. 从众行为

从众在大学生中是最常见的一种行为。择业时随大流，发展时跟潮流，自己可以逃避选择的痛苦，可以不用承担个人选择失败的责任。然而，这些同学却忘记了你不是他人，对别人适合的，未必一定适合于你，职业生涯发展最终要靠自己去选择，去规划。

第四节　大学生生涯规划的途径与方法

一个人的职业生涯发展贯穿一生，是一个漫长的过程。如何进行职业生涯的设计？这是决定人生成败的大事。根据前面所介绍的职业生涯发展理论，规划自己的职业生涯需要做好以下几个步骤。

一、正确认识自我

我是谁？我想做什么？我喜欢做什么？我能做什么？你问过自己这些问题吗？如果你能比较确切地回答这些问题，那么你便迈出了成功规划自己职业生涯的第一步，因为认识自我是职业生涯规划的首要问题。一个有效的职业生涯设计必须是在充分并且正确认识自身条件与相关环境的基础上进行的。认识自己，客观全面地做好自我评价，包括自己的兴趣、性格、价值观、能力等。

（一）认识你的长处与不足

每个人都是一个独特的自我，每个人都有自己的长处和短处。人生的成功有一个诀窍，就是善于经营自己的长处。一个人如果不了解自我，用他的短处而不是长处去规划自我，那是非常不幸的，他可能会在永久的卑微和失意中沉沦。你的长处是什么？你有哪些不足？能够认识和欣赏自己的长处，就会拥有自信，不会盲目和别人攀比；懂得接纳自己的不足，就会有意识地完善自我，既不会盲目自信，也不会盲目自卑。全面、客观地认识自我，就能在职业发展中做到扬长避短，有利于职业的成功。一个本科学心理学专业的大学生在报考研究生时，她认识到自己在心理学的一些专业基础理论方面不够强势，如果报考心理学系的研究生，可能不会成功。但是她了解自己在音乐方面有一定的基础，于是她放弃了报考心理学专业研究生的想法，为自己规划报考音乐心理治疗方面的研究生。这就避开了自己的不足，综合发挥了自己的长处。经过努力，她如愿以偿，成了一名很优秀的研究生。如今她已在这个新兴领域中得到了很好的发展。

做一做，想一想

职业理想知多少？

目的：探索一下你的职业理想。

操作：想一想并用笔写下：

你在幼儿时想未来做什么工作?

你在上小学时想未来做什么工作?

你在上中学时想未来做什么工作?

你在上大学时想未来做什么工作?

你在五年之后想做什么工作?

你在十年之后想做什么工作?

（二）认识你的性格特点

关于人的气质和性格，心理学上有过许多研究。气质类型说认为人有胆汁质、多血质、黏液质和抑郁质四种类型。荣格把人的心态分为内倾型与外倾型两种；霍兰德认为人的性格大致可以划分为六种类型：现实型、研究型、艺术型、社会型、企业型和事务型。心理学研究表明，不同气质、不同性格的人适合从事不同性质的工作。气质类型对职业生活的影响是重大的。荣格认为，一个内倾型的人想要成为一名汽车推销员，或者一个外倾型的人想要成为一名会计，都是很难办到的。气质是人的个性中最稳定的因素，在选择职业时，一定要注意自己的气质类型。特别是在一些特殊职业中，例如政府机要人员、公关人员、飞行员等，气质类型也是录用员工的重要标准之一。尽管气质没有好坏之分，但气质却能影响一个人的活动效率。特别是在一些需要经受高度身心紧张的职业中，气质不仅关系到工作的效率，还关系到事业的成败。每个人的气质类型和性格特点都不一样，在规划个人职业生涯时，要充分了解自己的气质类型和性格特点。

（三）了解自己的兴趣

做一做，想一想

你的兴趣是什么？

目的：了解自己的兴趣。

操作：想一想下面几个问题：

●你的爱好和兴趣是什么？

●如果你与一个“万事通”的人讨论专业领域问题，你更愿意跟他探讨什么领域的话题？

●你喜欢阅读哪类杂志？

●你喜欢阅读报纸上什么方面的文章？什么主题让你最感兴趣？

●如果你在书店浏览，你会停留在哪类书架前？让你着迷的是哪类书？

●你有时专注于工作可能忘了休息，想一想经常是什么工作让你这样全神贯注？

职业兴趣是指人们对某类专业或工作所抱的态度。对某种职业感兴趣的人在学习工作中就能全神贯注、积极热情，富有创造性地努力完成任务；对自己的工作毫无兴趣的人，即使再聪明能干，也不可能在本专业或本行业中有所建树。兴趣是个人职业生涯选择的重要依据，兴趣可以增强个人对职业生涯的适应性。兴趣影响人的工作满意感和稳定性。兴趣可以通过工作动机促进能力的发挥，兴趣和能力的合理结合会大大提高工作效率。有研究表明：如果一个人从事自己感兴趣的职业，那么就能发挥自己全部才能的80%～90%，而且会长时间保持高效率而不感到疲劳；如果对所从事的工作没有兴趣，那么只能发挥自己全部才能的20%～30%。

对于兴趣类型的特点和相对应的职业的关系，《加拿大职业分类词典》做了具体的介绍。大学生要了解自己的兴趣，以使自己在职业发展中发挥自己的创造力，获得事业上的成功。

1．愿与事物打交道

这类人喜欢同事物打交道（比如工具、器具或数字），而不喜欢从事与人和动物打交道的职业。相应的职业有：制图员、修理工、裁缝、木匠、建筑工、出纳员、记账员、会计等。

2．愿与人接触

这类人喜欢与他人接触，他们喜欢销售、采访、传递信息一类的活动。相应的职业有：记者、营业员、服务员、推销员等。

3．愿干有规律的工作

这类人喜欢进行常规的、有规律的活动，在预先安排的条件下做细致工作。相应的职业有：图书馆管理员、办公室职员、档案整理员、打字员、统计员等。

4．愿从事社会福利和助人的工作

这类人乐意帮助别人，试图改善他人的状况，喜欢独自与人接触。相应的职业有：医生、律师、护士、咨询人员等。

5．愿做领导和组织工作

这类人喜欢管理工作，爱好掌管一些事情，他们在企业、事业单位中起着重要的作用。相应的职业有：辅导员、行政人员、管理人员等。

6．愿研究人的行为

这类人喜欢谈论涉及人的主题，他们爱研究人的行为举止和心理状态。相应的专业有：心理学、政治学、人类学等。

7．愿从事科学技术工作

这类人喜欢分析的、推理的、测试的活动，擅长理论分析，喜欢独立解决问题，也喜欢通过实验获得新发现。相应的专业有：生物学、化学、工程学、物理学等。

8．愿从事抽象性和创造性的工作

这类人喜欢需要有想象力和创造力的工作。相应的职业有：演员、创作人员、设计人员、画家等。

9．愿从事操纵机器的技术工作

这类人喜欢运用一定的技术，操纵各种机械，制造产品或完成其他任务。相应的职业有：机床工、驾驶员、飞行员等。

10. 愿从事具体的工作

这类人喜欢制作看得见、摸得着的产品，希望很快看到自己的劳动成果，他们能够从完成的产品中得到自我满足。相应的职业有：厨师、园林工、理发师、美容师、室内装饰工等。

（四）了解自己的价值观

价值观是一种内心尺度，是我们认识和处理事务的一套价值体系，也就是我们在生活和工作中所看重的原则或标准。它支配着人的行为、态度、观察、信念、理解等，支配着人认识世界、明白事物对自己的意义和自我了解、自我定向、自我设计等。价值观在人们的职业生涯发展中起着极其重要的并且是决定方向性的作用，甚至超过了兴趣和个性对自己的影响。由于个人的身心条件、年龄、阅历、教育状况、家庭影响、兴趣爱好等方面的不同，人们在职业选择中目标和要求也是不相同的。一般来说，工作的价值观主要有：工作与家庭生活的和谐，物质保障，工作稳定，创造力，时间自由，有秩序，工作中的人际关系，成就感，成功，名誉，地位，被认可，能帮助他人，能发挥自己的才能，有意义，知识，自主独立，好的领导，有发展成长的机会，晋升机会，权力，领导他人，影响他人，多样性和变化性，良好的工作环境，薪酬和福利，富于挑战性，富于冒险性，竞争，生活方式，符合自己的道德观，地点等。每个人不可能同时获得这些价值满足，大学生在职业选择时，常常面临着价值观的冲突。例如，在高薪待遇、事业发展、人际和谐、环境舒适、工作稳定等方面有矛盾时，你究竟最看重什么，左右你选择的往往就是自己内心的职业价值观，它最终影响着个人的决策。而有些同学有时对自己的价值观并不是很清楚，因此需要深入了解自己的职业价值观倾向，从而为自己选择理想的职业作导向。

做一做，想一想

价值观探索

目的：了解自己的职业价值观。

操作：

1. 写下你如果找到一份工作，希望从工作中获得哪些满足？共列出7条。

2. 如果你的这些需要不能同时获得满足，你最先放弃哪一条？然后再放弃哪一条？依次下去，看最后剩下哪一条。

3. 在小组中分享上述过程中的体会。

(五) 了解自己的能力倾向

每个人都有自己的能力倾向。能力倾向是对自己能力与潜力的全面总结，一个人的职业发展最根本的还要归结于他的能力，而他职业发展空间的大小则取决于自己的潜力。一般来说，人的能力有语言能力、社会交往能力、察觉细节能力、书写能力、组织管理能力、数理能力、动手能力、运动协调能力、空间判断能力等。根据美国“全国大学与雇主协会”（National Association of Colleges and Employers）在2002年的调查，美国雇主们最为重视的技能和个人品质按顺序排列如下：

(1) 沟通能力
(2) 积极主动性
(3) 团队合作精神
(4) 领导能力
(5) 学习成绩
(6) 人际交往能力
(7) 灵活性/适应能力
(8) 专业技术
(9) 诚实正直
(10) 工作道德
(11) 分析和解决问题的能力

不同职业对人的能力倾向的要求是不同的，找到适合自己能力倾向的工作，有利于在职业生涯中取得更大的成功。了解自己的职业能力倾向，可使职业规划更符合自己的能力特点，有助于个人潜能的发挥和职业成功。

对于一个人潜力的了解，可以从这个人对事物的兴趣、做事的韧劲、遇事的判断力以及知识结构是否全面、是否及时更新等几个方面去认识，也可以通过专业的心理测量来协助了解。人的能力不是天生的，大学生应当通过参与各种社会工作，参加校内外的社会实践活动，来锻炼和提高自己的能力，以便在职业发展中增强自己的优势。

二、正确认识环境

对自我有了一个全面客观的分析后，就初步知道了“我是谁”、“我想做什么”和“我能做什么”的问题，但是环境能否满足你的要求，能否为你的职业发展提供支持，这是职业规划要考虑的另外一个重要问题。那么，你还应回答“环境能够允许我做什么”的问题，因此你还需要了解相关的环境，评估环境因素对自己职业生涯发展的影响，分析环境条件的特点、发展变化的情况，了解本专业、本行业的地位、形势以及发展趋势，把握环境因素的优势与限制。

（一）了解社会的宏观环境

全球的经济竞争，国家的宏观经济发展、人事政策、企业制度改革等，科学技术的发展，国家的政治改革，社会的稳定状况，这些宏观环境都对社会的劳动力市场产生着重要的影响，从而影响个人的职业发展。例如，经济改革中的行业调整，使得某一行业萎缩，从而影响与这一行业相关的一些专业的发展，影响大学生的就业和择业。又例如，国家公务员制度及其工资制度的改革，使前些年不被大学生看好的国家机关工作一下子又热了起来。以前许多国家公务员想往外跳，现在年年的国家公务员考试都异常火爆。过去外企对大学生最具吸引力，现在外企不再是大学生择业的首选。大学生们在规划自己的职业生涯时，一定要关注社会宏观环境的变化，从分析宏观形势中预测自己的职业发展。

（二）了解具体的职业信息

具体的职业信息包括各种职业的现状及未来发展趋势，同一产业中不同职业之间的联系以及它们之间的变通性。

要了解就业市场的形势，例如市场的大小、供求关系、在各地区各领域的分布；要了解求职单位的工作环境、薪酬、福利待遇、人际关系状况、学习培训机会、升职机会、有无休闲时间以及单位对学历、专业、能力、性别的要求等。对具体的职业信息了解得越详细、越准确，决策时就越有把握。

具体的职业信息的获得，可以通过学校的就业指导机构，可以通过报纸杂志、电视广播、网络，可以通过人才市场，可以通过实习、社会实践，也可以通过父母、家人或朋友等。

三、确立目标和职业定位

（一）确立目标

确立目标是制定职业生涯规划的关键，一个人事业的成败，很大程度上取决于有无正确、适当的目标。职业目标的设定，是在充分做好自我分析和内外环境分析的基础上进行的。通常目标分为短期、中期和长期。短期目标一般为1~2年，可以具体化为日目标、周目标、月目标、年目标。中期目标一般为3~5年。长期目标一般为5~10年。确立长期目标时要立足现实、慎重选择、全面考虑，使之既有现实性又有前瞻性。短期目标更具体，对人的影响也更直接，它是达到长期目标的基础。例如，你的长期目标是自己开办一家律师事务所，你的中期目标是成为一名律师，那么你的短期目标就要围绕如何为成为一名优秀律师做准备而设定。有了长远的目标追求，再有每一个具体目标的导引，你的职业理想就能实现。

（二）职业定位

职业定位就是要为职业目标与自己的潜能以及主客观条件谋求最佳匹配。良好的职业定位是以自己的最佳才能、最优性格、最大兴趣、最有利的环境等信息为依据的。在职业定位过程中，要考虑性格与职业的匹配、兴趣与职业的匹配、特长与职业的匹配、专业与职业的匹配等问题。

关于职业定位，美国麻省理工学院的人才教授提出，职业定位可以分为五类：技术型——这类人愿意在专业技术领域发展，不愿意从事管理工作；管理型——这类人愿意从事管理工作，有能力担当重要职责的管理岗位；创造型——这类人需要建立完全属于自己的东西的工作，工作能发挥自己的创造性；自由独立型——这类人更喜欢独来独往，愿意做自己可以支配的工作；安全型——这类人愿意从事具有长期稳定性和安全性的职业，不喜欢变化。每个人可以依据自己的职业定位类型进行职业定位。

大学生在职业定位时要注意以下几个问题：

第一，讲求务实。不要好高骛远，要从自我和环境的客观现实出发，全面权衡和处理个人发展与社会需要的关系，个人和求职单位的关系，兼顾主观与客观，以及长远利益与眼前利益。

第二，恰当评估。对职业信息，如职业的条件、要求、性质与自身条件的匹配情况进行评估和比较，分析利弊，选择条件更适合、自己更感兴趣、经过努力能很快胜任、有发展前途的职业。

第三，不苛求完美。每一项职业对一个人来说都有利有弊，不存在十全十美的职业，因此，不能过分挑剔，不要过分追求完美，只要主要方面适合自己就可以了。

第四，保持弹性。要随时根据自身或客观环境的变化，调整自己的目标。考虑问题要留有余地，让自己进退自如。

四、制订行动计划和策略

千里之行，始于足下。在确定了职业生涯目标、进行职业定位后，最重要的是要有行动计划和策略。没有扎实的行动和行之有效的策略，再好的目标也难以实现。

（一）知识准备

为了达到自己的目标，必须明白需要准备哪些知识，参加哪些相关的培训，具备什么学历水平。例如，你的职业定位是成为一个企业管理者，那么就需要学习与企业管理相关的教育学、管理学、心理学、社会学方面的知识，有计划地参加管理方面的培训。

（二）能力准备

要根据职业目标的要求，提高自己的职业能力。例如根据管理者的能力要求，你需要有意识地训练和培养自己的人际沟通能力、分析问题和解决问题的能力、组织管理能力、决策能力等。

（三）经验准备

从事任何职业都需要实际的工作经验。大学生要在日常的学习、工作、生活中注意积累各种经验，例如，做学生干部，承担社会工作就是积累经验的过程。无论是正确的还是错误的经验，都会有利于个人的成熟发展，将来都会成为你职业发展中的宝贵资源。

（四）行动准备

为了你的择业成功，还需做好求职择业的实际准备，例如求职书的正确拟写、面试的各种准备、求职的实际演练等。细节决定成败，如果这些具体的细节工作没做好，也会导致你求职失败。

做一做，想一想

模拟应聘

目的：锻炼求职应聘的实际能力。

操作：将同学们分成若干小组，再将小组中的同学分为三部分，分别扮演求职者、应聘单位考官和观察者。求职者和应聘单位考官做应聘模拟，观察者做评论；然后角色轮换。小组成员分享扮演过程中的感受。

五、评估与回馈

对于职业生涯规划实施，要注重评估和反馈。也许你原来掌握的信息不够准确，也许是主客观的情况发生了变化，因此要不断地对职业生涯规划进行评估、调整与修订。这其中包括：职业目标的重新选择、职业的重新定位、中期和短期目标的重新调整、具体行动措施与计划的重新制定，等等。变化每时每刻都在发生，如果有迎接变化的心理准备，有应变的能力，就可以面对一切新的挑战，游刃有余，在变化中成长，在变化中创造。

心灵读本：想要爱你做的事，就去做你爱的事

曾是美国苹果公司、微软公司的全球副总裁的李开复博士是一个著名学者，一个世界级的科学家，他在计算机领域的专业成就登峰造极。他拥有卡耐基梅隆大学计算机科学博士学位，是美国电气和电子工程师协会院士；他开发出了世界上第一个“非特定人连续语音识别”系统，他还成功开发了“奥赛罗人机对弈系统”，击败了人类的国际象棋世界冠军。他在谈到自己成长路途中寻找并勇敢追逐职业兴趣时，总会提到大学期间一次重要的人生转折。如果不是那天的决定，今天的李开复就不会在计算机领域取得这样的成就；如果不是那天的决定，今天的李开复可能只是美国某个小镇上一名既不成功也不快乐的律师。

李开复就读的哥伦比亚大学是一所文科性质的学校，它的法律专业排名位于全美前三位，而且毕业后做律师，将是一个很有前途、很有地位的职业。但是，李开复逐渐发现，自己并不真正喜欢法律，他接触并喜欢上了计算机，每天疯狂地编程，很快引起了老师、同学的注意。终于，大二的一天，他做了一个重大的人生决定：放弃此前一年多在全美前三名的哥伦比亚大学法律系已经修过的学分，转入该校默默无闻的计算机系。改换专业的代价是很大的。朋友们劝他谨慎考虑，但是李开复想：人生只有一次，不应浪费在并不感兴趣、没有成就感的领域。一辈子从事一份没有激情的工作将会付出更大的代价。

他说："办完换专业手续的那天，我心花怒放，精神振奋，我对自己要求，大学后三年的每一门功课都要得优。"他实现了他的诺言，在自己选择的专业领域一路走来，成为计算机领域的顶级专家之一，并获得过《商业周刊》颁发的"最重要科技创新奖"。

改编自：李开复《做最好的自己》，小故事网 2011 年 10 月 1 日

复习与思考题

1. 职业生涯规划对大学生的人生发展有什么重要意义？
2. 你的长处、短处是什么？你有什么兴趣？你的能力倾向是什么？
3. 请你制定一个十年之内的职业发展规划。

阅读书目

1. 沈之菲编著：《生涯心理辅导》，上海教育出版社 2000 年版。

2. 林清文著：《大学生生涯发展与规划手册》，台湾心理出版社 2000 年版。

3. 樊富珉等主编：《大学生心理素质教程》，北京出版社 2002 年版。

4. 理查德·尼尔森·鲍利斯著：《你的降落伞是什么颜色》，中信出版社 2002 年版。

5. 保罗·蒂戈尔、巴巴拉·蒂戈尔著：《就业宝典》，中信出版社 2002 年版。

6. 斯宾塞·约翰逊著：《快乐人生：成功的资本》，延边人民出版社 2002 年版。

第三单元

心理问题预防干预

第十一章 心理问题的识别与预防

大学生正处于人生发展的关键时期，将面临很多重要的发展课题，将会遇到各种困惑和矛盾，将会体验伴随成长而出现的焦虑、苦恼、悲观、失望以及兴奋、喜悦、欢乐和自信。大多数大学生具有良好的心理健康状态，他们有能力调节和处理成长过程中所遇到的各种压力和问题，但也有一部分大学生单单依靠自己的力量已不能有效地解决所遇到的压力和问题，他们需要外界的帮助和引导，否则，他们的问题有可能进一步发展，甚至导致心理疾病。心理疾病与其他任何疾病一样，如果不及早治疗就会加重病情，从而给治愈带来困难。如果及早发现、及早进行心理咨询和治疗，就可以较快地治愈，所以，积极面对，及早求助，是每个大学生面对心理问题的基本应对策略。

沉重的心理负担

这是某大学三年级男生张某的一段经历。刚进六月，初夏季节，大学的校园里洋溢着青春火热的气息。临近傍晚，树丛环绕的荷花池沐浴在晚霞之中，显得格外富有诗意。两名身穿鲜艳连衣裙的女同学坐在小路旁的椅子上聊天。小路的入口处，张某与同宿舍的三名男同学谈笑风生地走来。张某看到了坐在椅子上的女生，投去欣赏的目光。“看！他是不是看上那个女生了?”另外一名男同学发现了这一细微变化。“嘿！真没看出来，平时挺正经的，居然对女生这么感兴趣！”其他男同学也开玩笑地附和着。听到这些话，张某顿时涨红了脸，急忙辩解……

这是大学校园里经常发生的故事。然而这一故事对涨红了脸的张某来说却没有就此画上句号。“我是不是一个道德有问题的人？为什么别人没去看那两个女生，而我却看了？”“真没面子，同学们肯定都认为我是一个不正经的人。”“我发誓再也不看女生了！”这些问题和想法在张某的头脑里反复强化。可是，大学校园里到处都有异性的身影，教室里、食堂里、操场上……张某根本无法实现自己的誓言。当迎面走来女生时，他就强迫自己低着头或目不斜视地往前走。然而一种无法抑制的力量使他每次都抬起头或转过脸去看一眼擦肩而过的女生。

一次次的失败使他失去了自信，不敢正视自己的同学，他感到自己陷入了一个怪圈，无法自拔。摆在面前的书一页也看不进去，课堂上也不知老师在讲些什么，深夜久久不能入睡。一年过去了，沉重的心理负担压得他喘不过气来。在他脸上再也看不到年轻人应有的朝气，显得极为疲惫，眼睛直直的，转动起来似乎都很费劲。

在上面的例子中，张某就是因为内心冲突严重，自我调节能力差，心理健康水平不高，导致自己的情绪和行为出现了异常。事实上，在大学生活期间，每个大学生都承受着成长所伴随着的各种压力和挑战，这种压力和挑战或者来自于环境和他人，或者来自于自身。每个大学生对这种客观上存在的压力和挑战的处理方式及其发展结果都是不一样的。通常，心理健康水平高的学生能够克服困难，战胜自我，顺利成长；而心理健康水平低的学生则囿于困惑，裹足不前，不能有所突破，甚至可能发展成为心理障碍。

第一节　常见心理问题辨识

心理问题是指所有各种心理及行为异常的情形。心理的“正常”和“异常”之间并没有明确的和绝对的界限，一般认为，人的心理及行为是一个由“正常”逐渐向“异常”、由量变到质变，并且相互依存和转化的连续谱。因此，现实社会中的每一个人在一定程度上都存在心理问题，即人的心理问题是普遍存在的，只是程度不同而已。通常把心理问题根据其严重程度，分为心理困扰、心理障碍和精神病。

一、什么是心理问题

（一）心理问题的类型

1. 心理困扰

心理困扰是人们经常遇到的因各种适应问题、应激问题、人际关系问题等引起的轻度心理失调，其强度较弱，持续时间较短，对人的生活效能和情绪状态有一定的负面影响，但不属于疾病范畴，通过自我调整和适当的心理疏导容易得到恢复和矫正。

2. 心理障碍

心理障碍是指心理功能紊乱，并达到影响个体的社会功能或使自我感到痛苦程度的心理问题。主要是指神经症、情感性障碍、人格障碍和性心理障碍等轻度的心理创伤或心理异常现象。

3. 精神病

精神病是指人脑机能活动失调，丧失自知力，不能应付正常生活，不能与现实保持恰当接触的严重的心理疾病。精神病的种类很多，大学生常见的主要有精神分裂症、情感性精神病、偏执性精神病和反应性精神病等。情感性精神病以情感障碍为特征，是一组以显著而持久的情感高涨或低落为主要特征的心理疾病，主要包括躁狂症、抑郁症、双向情感性障碍等。躁狂症的主要症状为心境高涨，自我感觉极好，与所处情境不相称，可能兴高采烈，容易激怒，甚至发生意识障碍，严重者可能出现与心境协调或不协调的妄想、幻觉等精神病症状。抑郁症主要症状为心境低落，与其处境不相称，可以从闷闷不乐到悲痛欲绝，甚至发生木僵，严重者可能会出现幻觉、妄想等精神病症状。双向情感性障碍的主要症状为反复出现心境和活动水平明显紊乱的发作，紊乱有时表现为心境高涨，精力充沛，活动量增加，有时表现为心境低落、精力降低和活动减少。

（二）大学生常见的神经症

神经症是一组由精神因素造成的非器质性的、大脑神经机能轻度失调的心理疾病，其主要临床表现为焦虑、抑郁、恐惧、强迫、疑病症状或神经衰弱症状。大学生中最常见的神经症有焦虑症、神经衰弱、强迫症、恐怖症和疑病症等。

1. 焦虑症

焦虑症是一种以焦虑情绪为主的神经症，主要特征是发作性或持续性的情绪焦虑、紧张，包括惊恐性障碍和广泛性焦虑障碍。惊恐性障碍的基本症状是反复的惊恐发作，表现为突发性的紧张性忧虑、害怕或恐惧，常伴有即将大祸临头的感觉。广泛性焦虑障碍则表现为持续的紧张不安，并趋向慢性过程。

2. 神经衰弱

神经衰弱是指在某些长期存在的精神因素的作用下，引起脑机能活动过度紧张，从而使神经精神活动能力减弱。如由于学业负担过重，有些学生长期用脑过度，就容易导致神经衰弱。神经衰弱的症状主要有情感控制能力差、情绪反应强烈、注意力涣散、记忆力下降、工作效率低、睡眠困难、心悸、多汗、易疲劳等。

3. 强迫症

强迫症是以强迫症状为特征的神经症。强迫症状是指患者主观上感到有某种不可抗拒的和被迫无奈的观念、情绪、意向或行为的存在，虽然患者能够清醒地认识到这些观念、情绪、意向或行为都是毫无意义的和没有必要的。强迫症主要表现为强迫观念、强迫意向和强迫行为。

4. 恐怖症

恐怖症是指对某些事物或特殊情境产生十分强烈的恐惧感，这种恐惧感与引起恐惧的情境通常极不相称，患者自己也明知自己的恐惧不切实际，但仍不能自我控制。常见的恐怖症有社交恐怖、旷野恐怖和动物恐怖等。

5. 疑病症

疑病症是指患者在没有任何证据的情况下确信自己有病，并使自己处于对自己所想象出来的疾病的强烈恐惧之中。

（三）其他心理障碍

1. 人格障碍

人格障碍是指明显偏离正常人格并与他人和社会相悖的一种持久和牢固的适应不良的情绪和行为反应方式。大学生中常见的人格障碍有偏执型人格、强迫型人格、冲动型人格等。

2. 性心理障碍

性心理障碍也称性行为变态，是指与生殖活动没有直接关系，在寻求性满足的对象和方式上与常人不同，且违反社会习俗的行为反应方式。常见的性行为变态有恋物癖、裸露癖、窥阴癖、异装癖和施虐癖等。

测一测，想一想

抑郁症早发现

测试步骤：采用1～4制计分，评定时间为过去的一周或一个月；将各题得分相加，得出粗分值；再乘以1.25，换算出标准分（T值）。测试标准：50～59分为轻度忧郁；60～69分为中度忧郁；70分以上为重度忧郁。

自评抑郁量表（SDS）

	偶无	有时	经常	持续
1. 我感到情绪沮丧、郁闷	1	2	3	4
*2. 我感到早晨心情最好	4	3	2	1
3. 我要哭或想哭	1	2	3	4
4. 我夜间睡眠不好	1	2	3	4
*5. 我吃饭像平时一样多	4	3	2	1
*6. 我的性功能正常	4	3	2	1
7. 我感到体重减轻	1	2	3	4
8. 我为便秘烦恼	1	2	3	4
9. 我的心跳比平时快	1	2	3	4
10. 我无故感到疲劳	1	2	3	4
*11. 我的头脑像往常一样清楚	4	3	2	1
*12. 我做事情像平时一样不感到困难	4	3	2	1
13. 我坐卧不安，难以保持平静	1	2	3	4
*14. 我对未来感到有希望	4	3	2	1
15. 我比平时更容易激怒	1	2	3	4
*16. 我觉得决定什么事都很容易	4	3	2	1
*17. 我感到自己是有用的和不可缺少的人	4	3	2	1
*18. 我的生活很有意义	4	3	2	1
19. 假若我死了别人会过得更好	1	2	3	4
*20. 我仍旧喜爱自己平时喜爱的东西	4	3	2	1

注：前注*者为反序计分。

二、心理问题的鉴别方法

判断是否有心理问题，特别是判断是否有某种心理障碍或精神病，实质上是一个心理评估与诊断问题，需要专业人员如临床心理学家、心理咨询师等，运用心理学和精神病学的理论、技术、方法和手段，根据严格的诊断标准，按照严格的程序去实施的一项专业性很强的工作。所使用的评估和诊断方法主要包括观察法、会谈法和测验法。因此，是否有心理障碍或精神疾病，不能仅根据一些情绪或躯体现象就轻易做出判断，更不能简单地“对号入座”。人们在遇到挫折时，出现一些情绪反应和躯体症状，本来属于正常现象，可有些学生却盲目给自己“诊断”为某种心理障碍，如焦虑症、抑郁症、强迫症等，这对降低紧张情绪和缓解心理痛苦是很不利的，这种消极的暗示作用有时还会使情绪和躯体反应进一步加重，反而给身心调整带来障碍。

三、大学生常见的心理问题

事实上，大学生中有心理障碍或精神病的极少，多数人遇到的都是一般性心理困扰。但是，即使一般性心理困扰也会在很大程度上影响大学生的发展，而且对一般性心理困扰若不及时调节和疏导，持续发展下去就可能导致心理障碍或精神疾病。

（一）大学生存在心理问题的比例

大学生中究竟有多少人存在心理问题？一直是社会关注的热点之一，而关于这一问题的回答并不一致。有报道说，某地区大学生中有心理障碍的比例高达约40%，也有报道说25%或者20%。此外，关于大学生因心理问题导致自杀、出走以及伤害自己和他人的报道也不断见诸媒体，从而更加引起社会，尤其是政府教育机构、高等学校以及家长和学生的关注。

1998年北京市的一次大规模调查结果显示，在总体上，大学生中可能存在中度以上心理问题者占16.51%。调查结果还显示，大学生“认为自己心理素质很高或较高的”占45.1%，“认为自己心理素质很差或较差的”占10.7%；而大学生对其他大学生进行评价时，“认为目前大学生总体上心理素质很高或较高的”仅占11.5%，“认为目前大学生总体上心理素质很差或较差的”比例高达23.1%。

（二）大学生心理问题的性别、年级和地域差异

近年来的实践与研究表明，大学生心理问题存在性别、年级和地域的差异。北京市的调查显示，大学生在心理问题发生率方面，不存在明显的性别和年级差异，但存在地域差异，如来自农村的学生，心理问题发生率比来自城市的学生高；在心理问题症状体验的严重程度方面，存在明显的性别、年级和

地域差异,其特点是，女生的严重程度较男生高，一、二年级学生的严重程度较三、四年级学生高，来自县镇和农村学生的严重程度较来自城市的学生高。

（三）大学生中常见的心理问题的表现

1．生活适应问题

这一问题在刚入大学的新生中较为常见。新生来自全国各地，以往的家庭环境、受教育环境、成长经历和学习基础等相差很大，来到大学后，在自我认知、同学交往、自然环境等方面都面临着全面的调整适应。由于目前大学生的自理能力、适应能力和调整能力普遍较弱，所以，在大学生中，生活适应问题广泛存在。例如，一名女同学刚入校不到一个星期就申请退学，原因是不能适应集体生活，晚上睡不着，白天在学生食堂吃饭也没有胃口，时常感到精神紧张，心情烦躁，不能再坚持下去。

2．学习问题

大学生的主要任务是学习，学习上的困难与挫折对大学生的影响是最为显著的。大量的事实表明，学习成绩差是引起大学生焦虑的主要原因之一。虽然大学生在学业方面是同龄人中的优秀者，但由于大学学习与中学学习存在很大的不同，所以，很多学生存在学习问题，包括学习方法、学习态度、学习兴趣、考试焦虑等。例如，有一位同学因对专业不满意而提不起学习兴趣，经常想着转系或退学回家重考，就这样在矛盾中度过了大学生活的第一个学期，期末考试出现了两门课不及格。

3．人际关系问题

受应试教育的影响，多数学生在人际关系方面较为封闭，交往能力普遍较弱。进入大学后，如何与周围的同学友好相处，建立和谐的人际关系，是大学生面临的一个重要课题。由于每个人待人接物的态度不同、个性特征不同，再加上青春期心理固有的闭锁、羞怯、敏感和冲动，都使大学生在人际交往过程中不可避免地遇到各种困难，从而产生困惑、焦虑等心理问题，这些问题甚至会严重影响他们的健康成长。例如，有一名大学三年级的女同学，由于与同宿舍的另一名同学发生口角，心理很不平衡，总想找机会报复，于是便故意将那个同学的东西偷走然后扔掉，被发现后受到了校纪处分。

4．恋爱与性心理问题

大学生处于青年中后期，性发育成熟是重要特征，恋爱与性问题是不可回避的。总的来说，大学生接受青春期教育不够，对性发育成熟缺乏心理准备，对异性的神秘感、恐惧感和渴望交织在一起，由此产生了各种心理问题，严重的还导致心理障碍，如失恋、单相思、恋物癖、窥阴癖等。

5. 性格与情绪问题

性格障碍是较为严重的心理障碍，其形成与成长经历有关，原因也较复杂，主要表现为自卑、怯懦、依赖、猜疑、神经质、偏激、敌对、孤僻、抑郁等。例如，有的同学或者认为自己相貌不佳，或者认为自己能力比别人低，或者认为自己知识面窄，用有色眼镜看自己及周围环境，影响了正确的“自我认识”，使得事事处处都认为自己赶不上别人，总觉得“低人”一等。

做一做，想一想

心理障碍我知道

目的：了解常见心理障碍的典型特征。

操作：请列出强迫症、焦虑症和抑郁症的主要症状，并举出一个你遇到或听到的大学生心理障碍患者的例子，谈一谈心理问题对大学生发展的影响，分析维护心理健康在大学生成长与发展过程中的重要作用。

第二节　大学生心理问题产生的原因

心理问题产生的原因是复杂的和多方面的，既有遗传和生理因素，又有心理、社会和环境因素。大学生是同龄人中的佼佼者，在智力和躯体健康方面通常没有问题，因此，大学生的心理问题主要源自各种心理冲突，有个人的原因，也有家庭、社会和学校教育的原因，也可能是遗传因素和突发性事件所引起的。

一、大学生心理问题产生的个体原因

（一）人生发展的连续性

人的身心发展，自婴幼儿期起，经儿童期、青年期，到成年期，最终以老年期结束，这一过程具有连续性和阶段性的特征。人生就是连续完成各个阶段应完成的发展课题，包括生理和心理两个方面：生理上的发展以体重的增加、身高的增长、性发育的成熟等来体现；心理上的发展以社会与事物概念的形

成、知识技能的习得、态度与情绪的成熟与独立、社会责任感和道德感的形成等来体现。在不同的年龄阶段，有与之相应的生理与心理发展课题，一般来说，前一阶段课题的完成是后一阶段课题开始的条件。

（二）大学生发展的阶段特点

从人的发展阶段上来看，大学生处于青年期。青年期是由儿童向成人的过渡期，或者说是由儿童期走向成人期的转变期。青年期不单纯是儿童期的延长，而是脱离儿童期的稳定世界以后，进入成人期固定的心理结构之前的不稳定时期，因此，心理学家将青年期称为人生发展过程中“狂风暴雨”的时期，也称为人生的“第二次断乳”期。在心理发展历程中，学生在大学期间面临着艰巨的心理发展课题，他们要在自我接纳、社会适应、人际关系、异性交往、社会责任等方面不断取得经验和发展的基础上，在思想和行为方面真正摆脱对外界的依赖而全面成熟起来，并最终树立起独立完整的人格体系。可见，大学期间大学生正经历着人生发展过程中的多事之秋，而刚进入大学校门的大学生们，由于心理发展不成熟，情绪不稳定，心理冲突时有发生，很容易产生适应不良，从而出现各种心理问题。

（三）大学生心理问题的普遍性

大学生处于人生发展的特殊时期，所以，大学生出现一些心理问题是正常的和在所难免的，从某种意义上讲大学生心理问题的产生具有必然性和普遍性。

多数大学生的心理问题都是在完成自身成长过程中所面临的发展课题方面遇到了困难而产生的，如新环境适应问题、情绪管理问题、自我接纳问题、学习策略问题、人际关系问题、异性交往问题、性心理问题，等等，所以，大学生的心理问题多数是发展性问题。

大学生正处于人生发展过程中人格重组的重要时期，这为大学生进一步完善自我、优化个性品质和形成健全的人格提供了良好机遇，所以，大学生的心理还具有可塑性。

二、大学生心理问题产生的家庭原因

现代心理学的研究证明，家庭环境对人的一生都会产生重大的影响，特别是早年形成的人格结构对以后的心理发展影响深远。家庭环境包括家庭人际关系、父母教育方式、父母人格特征等。国外学者对恐怖症、强迫症、焦虑症和抑郁症四种神经症患者的早期经历与家庭关系调查表明，这四种神经症患者的父母与正常个体的父母相比，表现出较少的情感温暖，较多的拒绝态度或者较多的过分保护。儿童早期的信任感和安全感的缺乏，随着心理发展会逐渐产生一种无助的性格，难以与他人相处，因而容易产生心理异常。

一般大学生家庭较少是放任型的，而以过度保护和过度严厉者居多。前者容易导致依赖、被动、胆怯、任性等心理倾向；后者容易导致冷漠、盲从、不灵活和缺乏自尊自信的心理倾向。如果父母的养育方式是溺爱型，则子女会利己、骄横和情绪不稳；如果父母的养育方式是专制型，则子女会消极、懦弱和不知所措；如果父母的意见经常出现分歧或互相拆台，则子女会表现出圆滑、讨好、投机、说谎的不良行为。因此，在大学生的各种典型心理问题和心理疾病中常常可以看到家庭影响的痕迹。

此外，遗传因素和突发性事件也是导致大学生心理问题，特别是一些严重心理问题的原因。

三、大学生心理问题产生的学校原因

北京市的一项调查显示，刚进入大学校园的一年级学生有心理问题的占15.75%，而大学生中有心理问题的学生比例是16.51%，这说明大学生中的心理问题多数是从中学就开始的。长期以来，中学的应试教育使学生在身心发展方面受到严重制约和影响，致使学生的许多青年期发展课题延缓到了大学，心理素质不能达到应有的水平，无形中又增加了学生在大学的成长负担，这主要表现为自我管理能力差、人际沟通能力差、过于单纯和幼稚、情绪不稳定、性格懦弱、意志比较薄弱、挫折承受力低，等等。

进入大学后，由于学习负担过重、专业选择不当、大学生活不适应、业余生活单调等因素，加上大学是一个竞争激烈的环境，使得大学生面临着很大的心理压力。

四、大学生心理问题产生的社会原因

许多心理问题是由于对环境适应不良而引起的。改革开放以来，中国社会发生了巨大改变。随着市场经济体制的确立，竞争机制的引入，人们的生活方式和价值观念都发生了重大变化。人们的心理活动较之以前更复杂，大量的社会刺激对人们的心理健康威胁越来越大，从而导致心理障碍发生率逐年增多。

当代大学生处在东西文化交叉、多种价值观冲突的时代。随着改革开放的深入，西方文化大量涌入，东西方文化发生着从未有过的碰撞与冲突。面对不同于以往的文化背景和多种价值选择，大学生常常感到茫然、疑虑、混乱，诸如在个人利益与个人主义、个性发展与个性放纵、自我意识与自我中心、享受与享乐等认识上的模糊。求新求异的心理使年轻人盲目追求西方的文化，而这些东西与中国现实社会在许多方面格格不入，使青年学生陷入空虚、混乱、压抑、紧张的状态，在人生道路的选择上处于两难或多难的境地。长时间的心理失调必然带来心理上的冲突，出现适应不良的种种反应。

随着科学技术的发展，大众传播手段越来越丰富。电视机的普及、广播电视节目播放时间的延长、报纸杂志增多以及互联网的出现，大众传播媒介对人们的心理健康影响越来越大。大学生求知欲强但辨别力弱，崇尚科学但辩证思维欠缺。当前一些格调低下的杂志、观念错误的书籍泛滥，只顾谋利，不顾社会效益，对大学生的思想及行为带来了消极的影响，妨碍了他们身心的健康成长。

做一做，想一想

心理问题探源

目的：了解影响心理健康、产生心理问题的原因。

操作：请写出 10 项你认为可能导致大学生产生心理问题的诱因，谈一谈如何避免因上述原因出现心理异常现象的方法。

第三节　预防心理问题的途径与方法

多数大学生具有良好的心理品质，他们有能力调节和处理成长过程中所遇到的各种压力和问题，但也确实存在一部分学生单单依靠自己的力量已不能有效地解决所遇到的压力和问题，他们需要外界的帮助和引导，否则，这些学生的问题有可能进一步发展，甚至导致心理障碍。因此，大学生要树立科学的健康观，充分认识心理健康在全面提高自身素质和发挥自身潜能过程中的重要作用，自觉维护和增进自身的心理健康。

一、大学生增进心理健康和预防心理问题的途径与方法

（一）通过学习了解心理问题产生的原因与调适方法

积极参加心理健康讲座等宣传教育活动，选修有关心理健康教育方面的

课程，学习心理健康和心理问题方面的知识，正确认识心理健康和心理问题，树立科学的健康观，掌握一些鉴别心理问题的方法和常用的心理调适方法。

（二）通过实践活动提高心理调适能力

积极参加心理健康方面的社团等实践活动，丰富生活体验，增加社会阅历，从而不断增进人际关系，提高挫折承受力和社会适应力。

（三）了解处理心理问题的相关资源

以科学、理智的态度对待心理问题，积极参加心理普查，发现有心理困扰时，主动、积极、及时地到学校心理健康教育机构或心理咨询机构进行心理咨询或心理治疗。

看一看，想一想

身心健康“十个一”

1. 一个宽阔的胸怀。心态决定健康。豁达、宽容、大度的生活态度会使你更容易满足和懂得享受生活的美好。

2. 一种活泼、热情、开朗的合群性格。性格决定命运。活泼、热情、开朗的人天真、善良、自信，愿意帮助别人，拥有和谐的人际关系。

3. 一种不向任何压力低头的意志。能接受挑战的人，说明他的精力十分充沛。

4. 一张永远微笑的面孔。笑会使你全身肌肉牵动，促进血液循环，并能呼出二氧化碳，吸入更多的新鲜空气。

5. 一种对年龄的忘却。不要老是想着我又长了一岁，更老了。每天都要抱着乐观的态度去生活，这样你就会觉得永远年轻，有活力。

6. 一种有规律的生活。这将有助于形成良好的条件反射，以保证各种生理机能发挥最好的效应。

7. 一种合理的饮食习惯。合理饮食是长寿之本，每餐吃八成饱最好。注意营养平衡，不能偏食，主、副食适当搭配，不吸烟，不饮酒。

8. 一种最适合自己的锻炼方法。选择原则有两条：一是个人的兴趣和爱好；二是根据自己的身体状况，特别是心血管和呼吸系统的状况。

9. 一种能调节身心的业余爱好。一个人起码要有一种以上的业余爱好，它能增添你的生活情趣，同时也是消除工作疲劳的良方。

10. 一种正确对待疾病的态度。即得之，接受之。生病时，不要恐慌，要积极找医生治疗，且乐观自信，相信自己一定能战胜它。

改编自《读者》2004 年第 2 期，作者王振华

二、心理咨询及其形式与方法

（一）什么是心理咨询

心理咨询是指由专业人员运用心理学知识和相关理论、技术，针对求询者的各种适应与发展问题，与其协商、交谈，并给予启发和指导，帮助求询者达到自立自强、增进心理健康水平和提高社会适应能力的过程。

心理咨询是解决大学生心理问题的重要途径，是高等学校心理咨询机构的基础性工作。心理咨询不同于一般的开导、劝慰和帮助，它是一项专业性很强的工作，是一种职业性的帮助行为，其中涉及很多技术性问题。心理咨询之所以对求询者能够产生积极、有效的作用，关键在于心理咨询为求询者提供了一种与日常生活中其他关系不同的特殊的关系。在这种关系中，咨询手段及其所创造的氛围使求询者逐步认清自己所面临的问题以及学会以更加积极的方法和态度对待自己、他人和环境。对于心理行为正常的人，心理咨询所提供的新经验可以帮助他们排除成长过程中所遇到的障碍，从而更好地发挥个人潜能；对于有心理问题的人，心理咨询可以帮助他们改变不适应的思维与行为方式，学会新的适应方式。

心理咨询一般具有四个方面的功能：教育功能、发展功能、保健功能和治疗功能。针对大学生的特点，大学生心理咨询强调发展性咨询模式，主要帮助大学生得到充分的发展，扫除他们正常成长过程中的障碍。

（二）什么是心理治疗

心理治疗是指在良好的治疗关系基础上，由经过专业训练的治疗者运用心理治疗的有关理论和技术，对在精神和情感等方面有障碍或疾患的人进行治疗的过程。

心理咨询与心理治疗具有一定的区别。心理治疗的工作对象主要是心理障碍者，如神经症、人格障碍、性变态等，帮助求询者消除精神症状，改变病态行为并重塑人格。大学心理咨询机构的服务对象主要是人格健全的学生，着重处理大学生在人际关系、学习成才、恋爱交友、成长择业等方面的适应与发展问题。

(三) 心理咨询的方式

1. 个体咨询

个体咨询是心理咨询最主要的形式，它可以在咨询者与求询者之间建立一对一的关系。个体咨询具有保密性和针对性强的特点，咨询者与求询者之间容易建立信任关系，求询者能够体会到一种安全感，从而能有效地降低求询者的防御反应。在个体咨询过程中，咨询者可以对求询者的个性、精神状况、心理问题的类型和严重程度进行直接全面的观察和诊断；求询者能够充分详尽地向咨询者倾诉自己内心的烦恼，并可以与咨询者进行充分的讨论、磋商和分析。

2. 团体咨询

团体咨询，也称小组辅导，是咨询者对数个有类似心理问题的求询者就共同关心的问题进行咨询的方式。人数一般没有固定的要求，以 10 人左右为宜。团体咨询的特点是能在较短时间里由专业人员直接面对较多的求询者，便于观察、了解和指导，求询者之间可以相互交流和讨论，从而使他们之间互相产生影响和互相提供支持。

由于团体心理咨询比较符合大学教育的特点，又为大学生所乐于接受，对解决大学生的心理问题效果较好，所以，近年来，团体心理咨询在高等学校发展迅速，团体咨询的理论和技术在心理健康与指导课程以及心理训练课程中被广泛应用。团体咨询的局限性在于保密性不强，求询者在初期有防御反应，不易建立信任关系，咨询深度也受到较大限制，因此，团体咨询在大学生心理咨询中多用于解决一般性的心理问题，如恋爱问题、时间管理问题、人际交往问题等，深层次的心理问题还需要通过个体心理咨询或心理治疗（包括团体心理治疗）加以解决。

3. 电话咨询

电话咨询是指求询者通过电话与咨询者进行交谈的咨询方式。电话咨询具有方便、迅速、及时和保密的特点。求询者通过电话可以不见面的方式向咨询者倾诉内心的烦恼，从而缓解精神压力，并得到咨询者的心理支持，这样可以有效降低求询者的顾虑，尤其是对那些不愿到咨询室进行面询、不愿暴露真实姓名和身份的求询者更为适用。电话咨询的局限性在于咨询者不能直接观察和了解求询者的状态，受通话时间限制，咨询不能深入进行，所以，在大学生心理咨询中电话咨询主要用于回答一些知识性问题和临时缓解一下求询者的精神压力，真正要解决心理问题还是需要到心理咨询机构与咨询者进行面谈。

由于电话咨询具有方便、迅速、及时的特点，所以，电话咨询也是危机干预的重要手段，很多学校都设立了心理咨询热线，有些社会福利机构和研究机构还设立了24小时求助电话，对防止由于心理危机而酿成的自杀与犯罪行为产生了良好作用。

4. 书信咨询

书信咨询是指求询者与咨询者之间通过书信进行交谈的一种咨询方式。这种咨询方式对那些不愿意或不方便与咨询者面谈的求询者较为适用。但是，书信咨询具有很大的局限性，由于求询者与咨询者不能面对面交谈以及受书信所含信息量低、交流次数少的限制和求询者文字表达能力的限制，使得咨询者不能准确把握求询者的问题，只能提出一些原则性的指导意见。受求询者阅读理解能力的限制，使得求询者可能误解咨询者的指导。因此，在大学生心理咨询中，书信咨询主要用来回答一些知识性问题或在面询前建立初步的咨询关系，从而打消求询者来面询的顾虑。多数心理咨询机构都设有心理咨询信箱。

5. 网络咨询

随着计算机网络的飞速发展，越来越多的人通过互联网进行沟通和交流。互联网所虚拟的网络世界使人们的空间距离感消失，整个地球变成了一个村落。通过互联网人们可以随时随地进行迅速、及时的通信，因此，近年来，心理咨询又多了一种咨询方式——网络咨询。网络咨询是指求询者通过互联网与咨询者交谈的咨询方式。这种咨询方式与书信咨询方式类似，但比书信方式更迅速、及时。目前，随着网络多媒体技术的发展，语音与图像很容易在网上实时传输，网络咨询已有了重大发展。

（四）心理咨询的过程与原则

一般来说，一个完整、有效的咨询过程，无论咨询时间长短，也无论咨询者运用何种理论，都包含这样一些阶段：建立咨访关系、收集资料、澄清问题、确定目标、制订方案、实施行动、检查反馈、结束巩固等。

在心理咨询的众多原则中，保密性是最重要的原则。保密性原则是指咨询者应当尊重和保护求询者的个人权利与隐私。心理咨询之所以能有效，就是因为它建立在相互信任的基础上。正是出于信任，求询者才会坦诚地向咨询者诉说自己的困惑与烦恼，其中包括个人的许多生活情况、家庭背景以及个人的隐私，所以，咨询者不能对外公开求询者的姓名及谈话内容。还有，除极特殊情况外，咨询者将拒绝任何关于对求询者的情况调查，即使这种调查来自学生家长和上级领导。为求询者保密，是心理咨询者最基本的职业道德。

（五）心理咨询的方法

依据不同的心理学理论和针对不同的心理问题，有很多心理咨询的方法，经常被运用的方法有精神分析疗法、行为疗法、求询者中心疗法、交互分析疗法、理性情绪疗法、完形疗法、现实疗法、森田疗法、催眠疗法、生物反馈疗法等。这些方法的共同特点是：使求询者的认知得到改变，情绪情感得到调整，行为得到矫正。例如求询者中心疗法非常强调求询者的情感体验，在不断萌发出积极的情感体验过程中，使求询者重新考察和评价自己，并学会接受真实的自我；理性情绪疗法主要是矫正求询者的不合理认知，从而使求询者的情绪和行为得到相应的改变。

做一做，想一想

我喜欢哪种咨询方式

目的：了解心理咨询及其方式。

操作：5人一组，每人选择一种咨询方式，事先自己搜集资料，搞清这种咨询方式的独特性，以及成功助人的案例，然后在小组中与其他成员分享，每人介绍自己负责的那种咨询方式、适应对象与问题，最后列出每种咨询方式所具有的特点的清单，进行比较分析。

三、高等学校心理咨询机构的工作

心理咨询被认为是消除或缓解心理问题的重要途径。为帮助大学生提高心理健康水平，许多高等学校都设立了心理咨询机构，并有专业咨询员提供咨询服务。大学生对心理咨询的需求也非常迫切。北京市的调查结果显示，大学生中“认为目前采取措施加强大学生心理咨询工作必要性很大或较大的”占87.3%，那些认为自己心理素质较差的学生“认为目前采取措施加强大学生心理咨询工作必要性很大或较大的”占92.87%。

高等学校心理咨询机构的任务是：根据大学生的心理特点，有针对性地宣传普及心理健康知识，开展辅导或咨询活动，帮助大学生树立心理健康意识，优化心理品质，增强心理调适能力和社会生活的适应能力，预防和缓解心理问题；帮助他们处理好环境适应、自我管理、学习成才、人际交往、交友恋爱、求职择业、人格发展和情绪调节等方面的困惑，提高健康水平，促进德智体美等全面发展。

高等学校心理咨询机构的工作主要遵循教育与发展模式，其内容涉及大学生成长过程中所面临的各方面问题，主要包括以下几个方面：

1．心理健康与发展咨询

心理健康与发展咨询主要是帮助有心理问题的学生消除不良症状，调适不良情绪，调整不合理认知，摆脱心理困扰，学习新的经验和思维模式，帮助学生开发自身的潜能。

2．学业与发展咨询

学业与发展咨询主要是帮助学生加深对大学教育的认识和开发对专业学习的兴趣，提高学生对时间管理的能力和改进学习方法，帮助学生提高学习技巧和解决学习过程中遇到的具体困难，帮助学生规划未来学业发展的可能性。

3．择业与发展咨询

择业与发展咨询主要是帮助学生客观地评价自我，发现自身特点和优势，开发职业兴趣，学习求职方法，提高择业能力，规划未来职业发展道路等。

4．心理危机干预

心理危机干预是指对处在心理危机状态下的个人或群体采取明确、有效的措施，使之最终战胜危机，重新适应生活。引发心理危机的原因可以是灾难性事件，如自然灾害、疾病爆发、恐怖袭击、校园暴力等；也可以是个人内在冲突，如失学、失恋、失业等。预防大学生自杀是高等学校心理咨询机构进行心理危机干预工作的重要内容。大学生自杀的原因很复杂，考试不及格、失恋、经济困难、身患疾病、人际关系紧张等都可能导致自杀行为。此外，精神分裂症患者、抑郁症患者自杀的可能性也较大。自杀可分为两类：一类是冲动型自杀；另一类是理智型自杀。冲动型自杀一般由偶然事件引起，具有突发性，很难防范。理智型自杀一般不是由偶然事件引起，而是有目的和有计划的自杀行为。由于理智型自杀一般有一个发展过程，并常常有各种心理与行为表现，所以，可以通过观察及时发现有自杀倾向的学生，并采取干预措施。为了有效防止自杀行为，需要广大师生以及心理咨询专业人员共同参与，并通过心理普查、建立热线电话等手段进行干预。

心灵读本：别忽视抑郁症苗头

不知不觉中，抑郁症已经成了我们生活中的一种常见病。据2005年6月召开的“亚洲精神科学高峰会”专家报告，全球抑郁症的发病率约3.1%，预计到2020年将成为仅次于心脏病的人类第二大疾患。现有2600万中国人患抑郁症，其中15%可能死于自杀，但只有不到10%接受药物治疗。15岁以上北京市民，抑郁症的终生患病率为6.87%，也就是说有60万北京人曾经或正在患抑郁症，而这其中69.1%的患者没有就诊。

为什么这么多的抑郁症患者不去寻求帮助呢？原因之一是公众对什么是抑郁症，抑郁症有哪些表现不清楚。大多数抑郁症以情绪低落为主要特征，表现为闷闷不乐或悲痛欲绝。患者感觉自己变“脆弱”了，动不动就想哭。精力明显减退，没有原因的持续疲乏感，懒得动；对日常生活丧失兴趣，没有愉快感，常归结为自己精力不足所致；思维减慢，注意力不集中，联想困难，记忆力下降；心情烦躁，容易发脾气；自我评价过低，总觉得自己什么都不好，常常自责，有内疚感。多数患者有睡眠障碍，难以入睡或早醒，醒后心里乱糟糟的，胡思乱想，并不能够再入睡。多梦，且梦的内容以不愉快或噩梦为主。少数患者表现为睡眠过多，整天想睡，但醒来后精力不能得到恢复。有些典型的患者表现为一天当中早晨的心情最不好，下午逐渐好转。有些有消化系统的表现，如食欲不振，体重减轻；或食欲亢进，难以控制地贪食，以致短期内体重明显增加。便秘与腹泻交替，大便检查无异常。性欲明显减退，可出现月经紊乱甚至闭经、阳痿等性功能障碍。感觉自己的生活一团糟，看不到希望，对未来缺乏信心。严重的患者有生不如死的感觉，甚至有自杀念头或自杀行为。

少数患有“隐匿性抑郁”的患者缺乏情绪方面的异常，没有情绪低落的体验或程度很轻，而突出表现为全身的非典型疼痛，如头痛、胸痛、颈肩痛、背痛等。为此，患者常奔波于各大医院进行各种昂贵的医学检查，虽然结果常常是全部正常，但患者仍坚持反复检查。

如果您或您周围的亲友有上述症状的4~5项或以上，时间超过两周，就应该劝他（她）到医院去找医生了，最好是去精神专科医院或综合医院的神经内科、心理科。与其他疾病一样，早期诊断有利于抑郁症的治疗。经过正确的治疗，患者完全可以重新找回自信，回归社会，扬起生活的风帆。

摘自：《北京青年报》2005年10月31日，作者：贺建华

复习与思考题

1. 如何评价自身的心理健康状态？怎样进一步增进自身的心理健康水平？

2. 长期处于抑郁和焦虑状态对身心健康有何危害？应如何妥善处理心情烦躁和情绪低落问题？

3. 当遇到心理问题时，你会采取哪些求助方式？

4. 如果发现同学中有人心理异常，你该怎么办？

阅读书目

1. 王登峰、崔红主编：《心理卫生学》，高等教育出版社2003年版。

2. 贺淑曼等编著：《健康心理与人才发展》，世界图书出版公司1999年版。

3. 梁宝勇主编：《变态心理学》，高等教育出版社2003年版。

4. 邓旭阳主编：《大学生自我心理保健》，北京出版社2002年版。

第十二章
珍爱生命与心理健康

生命只有一次。生命可贵，生命无价。生命意义对心理健康的影响已经被心理学研究所证明。缺乏对生命意义的认识就有可能被生存的空虚感所笼罩，产生内在的挫折感，这也是大学生自杀的主要原因。了解面对压力和困境时摆脱痛苦的方法，以及改变对自杀的误解，不仅可以预防自杀，更可以使大学生认识生命，尊重生命，欣赏生命，珍爱生命，活出精彩人生。

不理会太阳的向日葵

台湾美女陈子衿7岁罹患罕见的“右肠骨纤维化”，从此在药味、消毒水味以及“刀光剑影”的伴随下成长。成年后，她不幸又患骨癌与胆管癌，被告知可能活不过30岁。不平凡的际遇没有打倒子衿。26岁的子衿并不愁苦、绝望，以笑容勇敢面对生命中接踵而来的病痛和磨难，用乐观、努力、欢笑去感染他人，被网友称赞为“世界无敌超级勇敢抗癌美少女”。子衿说，她当然也痛苦过、害怕过，但每次觉得快要被击倒前，都熬了过来，而且变得更坚强。对她而言，多得一种癌症，不过是5分和10分之间的差别而已，这反而让她不那么焦虑，她不再去想自己能不能活过30岁，而是发誓要在有限的生命里，让自己没有遗憾；要像一颗小太阳一样，让生命发光、发热，照耀全世界。陈子衿的故事被网友广泛流传，感动了成千上万的人，大家不仅义务帮她成立“不理会太阳的向日葵”的个人网站，为她加油打气，更希望她积极、正面的人生态度和生命勇气能给更多人以鼓励。陈子衿在《不理会太阳的向日葵》里，讲述了自己从小与死神搏斗的生命历程，鼓励大家勇敢面对生命中的磨难，绝不要轻言放弃！她写道："人生不是一场梦，我知道，我很多的梦想并不会有实现的一天，在血泪交织中，我努力地爬起来，用力地以我微小的力量让我的生命发光发热。我的气色好得不得了，红光满面的，看起来实在不像癌症病人，更不像同时得了两种癌症的病人，整天笑眯眯的，用我的美色骗取友谊，不要怀疑，尼姑也有美丽的，阿弥陀佛，嘻嘻。也许你正在为了一些事情烦恼，但愿，在分享我的故事后，能更加珍惜你所拥有的一切。"

人生是个有始有终的过程。我们每个人无法决定生命的长度，但我们可以掌握自己生命的宽度，即实现生命的意义，活出人生的精彩，展现自我的价值。生命总会面临无尽的挑战，唯有探索生命的意义，培养尊重生命的态度，关怀、珍爱每一个生命的价值，热爱生活，积极乐观，你才会拥有一个丰盛的、无悔的人生。

第一节　关注生命主题

"生命"是个很直观而又很神圣的字眼，也是人们常常挂在嘴边的词，好像谁都知道。但是，到底什么是生命？生命从何而来？生命是由什么组成的？生命的意义何在？对这些问题的思考一直是人类社会苦苦探寻和孜孜以求的。那么，你是否觉得每个人对自己的生命皆负有完全的责任？你对生命的意义是如何理解的？

一、两幅帖子，两种人生

（一）走向死亡的帖子

2005 年 4 月 22 日，北京某高校网上一幅帖子引起了大学生的关注和议论，这是一个关于生和死的思考："我列出一张单子，左边写着活下去的理由，右边写着离开世界的理由。我在右边写了很多很多，却发现左边基本上没有什么可以写的。回想 20 多年的生活，真正快乐的时刻，屈指可数。记不清楚，上一次发自心底的微笑是什么时候；记不清楚，上一次从内心深处感觉到归宿感是什么时候。也许是我自己的错吧，不能够去怪别人，毕竟习惯决定了性格，性格决定了命运。我并不是不愿意珍惜生命。如果某一时刻你发现活下去，二十年，三十年，活着，然而却没有快乐，没有希望，不愿去想象，还要这样几十年下去，去接受命运既定的苦难，看着心爱的人注定远去，越来越不堪忍受的环境，揪心的孤独感，年轻不再，最终多年以后一个孤苦伶仃的可怜老人形象，没有亲人，没有朋友，苟且偷生，活在过去回忆的灰烬里面，那又为什么不能够在此时便终结生命？不用再说生命的价值了，是的，比起任何一个还要忍受暴政、饥饿、干渴、瘟疫的同龄人，我真的觉得自己很幸福，但这是相对的，二十年回忆中真正感到幸福的时刻屈指可数。我不明白，为什么小学的时候无比盼望中学，曾经以为中学会更快乐；中学的时候无比盼望大学，曾经以为大学会更快乐；盼望离开欺负与讥讽自己的人，盼望离开被彻底孤立的环境。人生每一个阶段的最后，充满了难以再继续下去的悲哀，不得不靠环境的彻底改变来终结。难道说到了现在，已经走到了终点，对于亲人，我只能够无奈，或许死后的寂静，就是为了屏蔽他们的哭声，就是能让人不会在那一刻后悔。是的，二十年，但是却无法忍受这种行尸走肉一般的生活，觉得生活如同死水泥潭一般，而我自己那么猥琐、渺小而悲哀。不可能再做出任何改变，如果人死的时候可以许一个一定会实现的愿望，我也许会许下让所有人更加快乐吧。人应该有选择死亡的权利，如果他承受的悲哀已经太重，无法负担。以前或许不明白这种感觉，对自己的悲哀痛到心尖在颤抖。或许死亡本身就是一个轮回的开始，用悔恨来洗刷灵魂，然后新生，或者回到过去重新开始。”据说这幅帖子出现不久，北京某名校的一名大二女生结束了自己的生命。

（二）走向新生的帖子

下面所引的文字是本章开始时的故事主人公陈子衿面对社会上不断出现的自杀行为，在网上写的诗歌和自己对自杀的看法，她对生活强烈的热爱深深地感动了网友，一些在痛苦中徘徊的人，由此得到力量，走出了自杀的阴影。“生病之后，我经常问上帝，为什么是我？经过了十次化疗之后，我懂了，也终于找到答案了：因为上帝要把最难的功课，留给最优秀的人。而我就是他选择的对象。现在的我，身上有两种癌症，但我的嘴角笑得比谁都弯，我的活力像太阳！开刀之前，我许下了心愿：如果上帝能够陪伴我走过这次手术，让我活了下来，我发誓，未来我要帮助所有需要我的人。上帝真的让我醒过来了，而且让这么多人帮助我，这么多人的力量一起支持我。接下来我的生命不是自己一个人的，所以，我要尽自己的力量帮助更多需要我的人。”“你想自杀吗？我曾伤心，也曾绝望，我怨过……也恨过……我问上帝为什么那么不公平，年纪小小的我，究竟犯了什么错，要去承担这些如此难以承受的痛。多少个深夜里，我流着眼泪，无语问苍天，然而上帝并没有回答我。人生有许多事，没有标准答案，唯一的答案可能是‘无解’。许多年之后，我病得越来越重，我抬头望着上帝，他正微笑地看着我，我问了他同样的问题，这次上帝回答了。他说：‘因为我知道你够勇敢，因为我知道你办得到，因为你是我最棒的骄傲，所以我将神圣的使命赋予你，而亲爱的你做得非常好。’听完了上帝的回答，我开心地哭了，即便是那么多的心酸痛苦，那么多的沮丧绝望，一切我都撑过来了，那个曾经胆怯害怕的我已不复见。现在的我，坚强而美丽。”

二、认识生命的存在形态

生命构成了世界存在的基础，世界正是因为有了生命才精彩。而在所有生命存在中，人是超越一切其他生命现象之上的存在物。人是宇宙的精华，万物之灵长，正如马克思指出的那样：“任何人类历史的第一个前提无疑是有生命的个人的存在。”① 人的生命存在形式有生物性、精神性和社会性三种形态。

1. 生物性的存在

人是生物性的存在，生物性是人的生命最基本的特性，是人的生命的社会性、精神性存在的基础和前提。人的生命作为一个自然生理性的肉体而存在，人的生长和发展就必然要服从生物界的法则和规律，所以，衣食住行、吃喝拉撒、生老病死是每一个人都必须具有的，也是每一个人无法逃避的。

2. 精神性的存在

人之所以为人，就在于人不仅仅是为了满足自己的自然生命而活着，还要追求超越生物性存在的精神性存在。人要规划自己的人生，创造自己的价值，指导和提升生物性的存在。正是有了生命的精神性的存在，才使人的生命有了人文意义和价值，有了理性的意蕴和道德的升华。

3. 社会性的存在

---

① 《马克思恩格斯选集》第1卷，人民出版社1972年版，第35页。

每个人要想生存下去，就必须参与和融入到社会活动之中，在与人的沟通、交往和互动中保存自己的生命，追求自己生命的意义，实现自己生命的价值。正是这种社会性的存在使人面对千差万别、千变万化的社会生活，能够使自己有一种生命的智慧和坚定的信念；使人面对有生有死、有爱有恨、有聚有散、有得有失的有限人生和无奈命运时，有一种豁达的胸怀和安然的态度。

三、了解生命的特征

1. 生命的有限性

人的生命有限性表现在三个方面：第一，生命存在的时间有限，人的自然寿命一般是七八十岁，最多百十来岁。第二，生命的无常性，表现在生老病死、旦夕祸福等不可预测，任何人都逃脱不了，任何人必然走向死亡。第三，个体生命的存在不能离群索居，不食人间烟火，每个人都需要别人的帮助、支持和关怀。正是生命的有限性才促使人去努力思考、发奋创造，积极生活去实现自己生命的意义。

2. 生命的双重性

在人的生命体中存在着两种生命：一是人作为肉体的存在物是自然界的一部分，受自然规律的决定和制约，具有自然性；二是人作为精神的存在物要受到道德规律的决定和支配。每个时代、每个人都必须面对这种矛盾，人的这种双重性、矛盾性及其之间的作用是人的生命存在的最根本的动力。人就是在生命的双重性中寻求生命的意义，实现生命的价值。

3. 生命的创造性

人的生命本身就是一个不断成长、发展、生生不息的过程。生命就是运动，不间断的运动，一切静止就是死亡。但生命比单纯的持续运动更为丰富，生命乃是在此基础上不断产生新内容的创造性运动，生命的基本特点就是创造性。人通过创造去把握生活的变化，通过创造去发现生命的意义，通过创造去实现对自己生命的认识、把握和超越。每个人的生命过程都是不同的、独特的。

4. 生命的完整性

马克思说过，人以一种全面的方式，也就是说，作为完整的人，把自己的全面本质据为己有。德国哲学家雅斯贝尔斯也非常强调人的生命的完整性，他认为人的生命虽然有年龄、自我实现、成熟、生命可能性等不同形式，但是，人的生命的完整性确实是一个毋庸置疑的事实。将人的存在形态分为三种，是为了更深入地认识、了解、领悟和研究生命。

第二节 生命意义对心理健康的影响

生命意义是关于生命的积极思考，是个人正在努力实现的、社会给予高度评价的生命目标。具体地说，包括个人存在的意义，寻求和确定获得价值的目标，并去接近这些目标。弗兰克认为，人们对于生命意义的追寻是生活的基本动力，或者说是第一位的动力。

一、生命意义的内涵及其作用

（一）生命意义的内涵

李虹认为，生命意义包括三方面的含义：第一，生命意义是对个人所理解的“生命”的执著；第二，生命意义是对所理解的“生命”价值的内部标准，并用此标准去度量对“生命”意义的实现程度；第三，生命意义是按照“标准”评价自己“生命”的作用。因此，生命意义可以说主要包括两个方面：对生命意义的执著；对生命意义的理解。一个人对自己生命意义的认识一般是比较稳定的，它会逐渐转化为生命发展不同时期的信念和价值体系。

（二）生命意义的作用

生命意义对人生发展的作用大致体现在以下三个方面：第一，体会生活的意义。一个人如果能够理解并承担生活中的责任，肩负起责任，才会感到满足和充实，真正体会到生活的乐趣和意义。第二，确立生活的目标。对生命意义的探求使人在不同的人生阶段确立自己的生活目标，并在实现目标的过程中感到活得充实，活得丰富，活得精彩。第三，加强自我顽强性，即加强对压力的承受能力和对挫折的耐受力。长久以来我们的教育使学生习惯于被动学习，遇到挫折和困难时，往往对生命缺乏足够的反省，反而轻易放弃培养自己应付困难、面对挫折的能力，这种现象的确值得重视。加强自我顽强性的关键在于当个人追求生活目标遇到障碍时，应该坚定沉着，不轻言放弃，要不断尝试去解决问题，只有这样才不会在压力和挫折面前产生无力感。弗兰克曾经说过：“今天，如此多的人对生活抱怨，因为他们不知道，也感受不到生命的意义究竟是什么，他们缺乏对活着的价值的理解。他们被自己的内在空虚感所缠绕，或者说被自己的生存空虚感所缠绕。”

（三）生命意义对大学生的影响

学者韦尔特报告，1967 年大约有 83% 的美国大学生把“过有意义的生活”作为他们生活的主要目标；到 1984 年，大约只有 47% 的美国大学生抱有这样的生活目标。韦尔特认为，当人们生活在贫困线的时候，生存具有重要的意义；但是，当生活富裕的时候，人们的生活就缺少了目标。换句话说，人们对意义的追寻也受到社会生活环境的影响，贫穷、困难的生活能够提高人们追寻意义的动力。

韦尔特在对 2.5 万名大学生进行调查研究后发现，大学生缺乏对生命意义的理解主要由于三个原因：追求金钱、追求享乐生活、缺乏感恩。感恩很重要，因为它可以让人们体会生命的意义。总之，了解生命存在的意义与价值，了解个人的所作所为与他人、团体以及社会的关联，学会感恩，懂得感恩，有助于认识自我、珍惜生命、尊重他人。

做一做，想一想

学 会 感 恩

目的：通过对生活的整理，发现点点滴滴感动自己的事情，感受生活的美好。

操作：请在纸上写下三件昨天发生在你身上的好事，可以是生活中的小事（比如我昨天晚上去洗澡，同学帮我买了饭）。在每件你记下的事情旁边回答：为何这件事会发生？记下发生时你的感受，以及现在你想起后的内心感受。建议：以后每天睡觉前都想一想一天发生的令你感动的三件事，带着感恩的心情和满足的体验，感谢生活馈赠给你的礼物，感谢他人给你的支持和关爱进入梦乡。

二、生命意义对心理健康的影响

生命意义和心理健康的关系不是单向影响，而是交互作用的。心理健康在一定程度上依赖于人们怎样看待生命；相反，对于生命意义的认识也受心理健康的影响。生命意义对心理健康的积极影响几乎被所有的研究所证明；而缺乏对生命意义的理解与心理问题也有正相关同样被研究所证明。近年来关于生命意义与心理健康的关系问题开始影响到心理学研究的主流。

（一）生命意义的心理学研究

从心理学角度看，按照马斯洛的需要层次论来解释，当人们的较低需要层次获得满足之后，有可能体验生命的价值和高峰经验。马斯洛对自我实现者的研究直接启发了后来人们关于生命意义的研究。而存在主义心理学则直接涉及对生命意义的积极思考。最有影响力的是弗兰克提出的理论，他认为在生活的压力之下，人们之所以会产生各种心理问题，是因为他们没有找到生命的意义。心理学研究已经证明：生命意义对心理健康有积极影响；缺乏对生命意义的理解与心理问题有正相关；对生命意义的探索和情绪健康有正相关；对生命意义的认识能够减缓消极生活事件对忧郁的影响。

（二）缺乏生命意义的后果

近年来，西方一些学者提出个人对生命意义和生活目标的认识对心理健康的影响非常大。一个人在生活中如果没有找到自己生命的意义，会产生如下严重的后果：第一，当你在探索生命意义的过程中遭受挫折时，就可能被生存的空虚感所笼罩，便会转而寻求享乐和金钱作为补偿；第二，生存意义的挫折感和价值观的矛盾会导致心理疾病；第三，缺乏对生命意义的认识是大学生自杀的主要原因。研究发现自杀的人缺乏对生存的重要信仰和价值的认识，当遇到较大的压力时，往往会放弃解决问题的努力和尝试，而选择轻生。弗兰克曾提出过“星期天精神病”的概念，他说很多人在忙碌了一周以后突然间变得无所事事，于是感到内心的惆怅和空虚。许多人自杀是因为生存的空虚感造成的；许多人的忧郁情绪、攻击性和沉溺于药物等也是由于在他们心灵深处的空虚感造成的。很显然，人们需要意义和精神，绝不仅仅在严重压力之下，而在他们的日常生活中。

（三）自我超越的生命意义对心理健康有着直接的影响

李虹对 788 名大学生样本进行了分析，发现自我超越的生命意义对心理健康有着直接的作用，并且能够缓解校园压力对心理健康的负面影响。该研究还发现，个人对生命意义的追寻和执著在整个人的一生中都能够起到缓解压力的作用。由于人们对生命意义的执著，使得他们能够对消极生活事件有新的不同的解释，使他们有能力在消极事件中找到积极的意义，从而提高他们应对消极事件的能力（见表 12-1）。

表 12-1　　生命意义问卷表

	生命意义问卷 (以下内容是想了解你对生命的想法，请你在下列句子旁边，圈出最适合你的回答。这些话能形容你对生命的想法吗?)	非常不适合	不适合	说不清	适合	非常适合
1	我知道什么对我的生命真正重要	1	2	3	4	5
2	日常的生活叫我忙得很少停下来去想我是否正在过我想过的生活	1	2	3	4	5
3	我有人生的使命	1	2	3	4	5
4	我宁愿让生活给我惊喜，也不要因循而活	1	2	3	4	5
5	我根据我的价值观来做重要的抉择	1	2	3	4	5
6	我的生活能清晰表达我的价值观	1	2	3	4	5
7	我并不是只有空想，而是在实在地生活	1	2	3	4	5
8	我曾花时间仔细地思考怎样过我的人生	1	2	3	4	5
9	就是对我不是十分熟悉的人也知道我重视的东西是什么	1	2	3	4	5
10	担心我的生命有什么意义是浪费时间	1	2	3	4	5
11	我的生活并不反映我真实的价值观	1	2	3	4	5
12	我对于自己生命的意义有清晰的认识	1	2	3	4	5

三、生命教育及其意义

生命教育是指对个体从出生到死亡的整个过程中，通过有目的、有计划、有组织地进行生存意识熏陶、生存能力培养、生命价值提升，最终使其生命质量充分展现的活动过程。它的宗旨是珍惜生命，注重生命质量，凸现生命价值。生命教育是一种全人的教育（认识生命现象，感悟生命境界），是一种自我认识及自尊的教育（了解自己的优缺点和性格，并对各种生命现象持尊重态度和人道的关怀），是一种生活教育（在生活中发生，也需要在生活中实践），是一种体验教育（身临其境的感受和体会）。生命教育涉及的范围相当广泛，如神学、宗教、哲学、心理学、精神医学、人类学等领域。

（一）生命教育的目标

生命教育的目的就在于协助人建立正面积极的人生观、价值观，整合个人的知、情、意、行，拥有健康的人格，丰富的人生，自我实现与自我超越。具体地讲，包括认识自己、思考自己生命的历程，以及每个重要的生命事件对自己的意义，同时个人应该如何面对与采取行动。学会欣赏生命的美丽与可贵，无论是动物的生命、植物的生命，还是不同种族、性别、生活经验的人的生命，都有其美丽之处，值得我们以欣赏的心情、学习的态度来与之相处，最终能够进一步尊重他人的生命，也珍惜自己的生命（见图 12-1）。

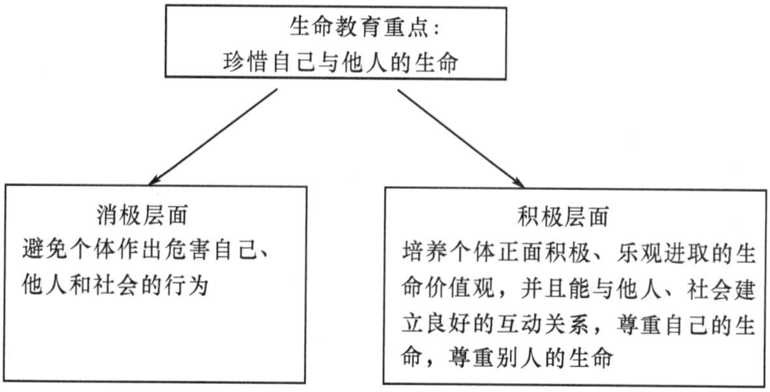

图 12-1　生命教育的目标

（二）生命教育的具体内容

生命是从生到死的过程。在人生历程中，婴幼儿期、儿童期、少年期、青年期、壮年期、中年期、老年期、衰老期等，每一阶段都有不同生活的适应课题与发展任务。在有限的生命历程中，每个人都在不断探索，如果能明确人生目标，把握自我发展，与时俱进，接触周围新的人、事、物，就能确定存在的意义，创造自己生命的价值。生命教育的内容主要包括人与自己、人与他人和人与环境的教育。

第一，人与自己，包括认识自己、接纳自己、欣赏自己、尊重自己、发挥潜能。

第二，人与他人，包括了解他人、尊重他人、与人和睦、关怀弱势、群体伦理。

第三，人与环境，包括建立生命共同体，经营人文和自然环境的可持续发展。

中国台湾学者吴庶深教授提出了生命教育课程的内容（见图 12-2）：

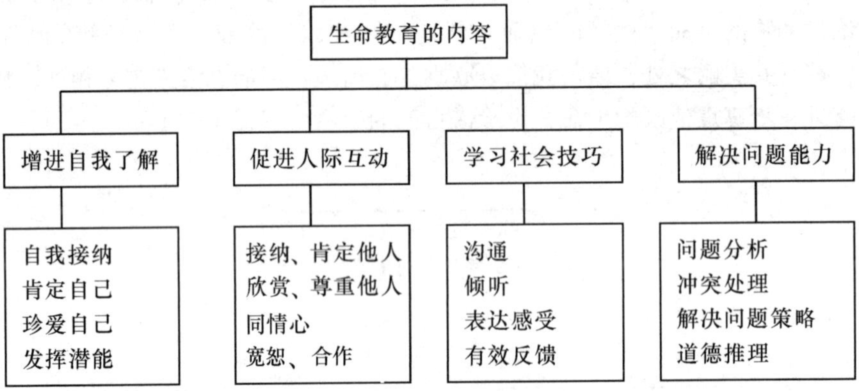

图 12-2　生命教育的内容

此外，生命教育不可能不谈“死亡”，因为生命就是有生有死的过程。《西藏生死书》的作者索甲仁波切说：“只有当我们学会面对死亡，我们才能学会生命中重要的课题；生为一个人，在最深层的意义上，如何面对自己并与自我达成协议。”谈论死，就得要触动生，关于生命的意义，关于生命方向的重新追寻，或关于如何停下来思索、调整，作出某些放弃。死亡教育的目的是引导学生通过对生死的思考，以便促使其对生命的警醒与觉察，降低学生对死亡的害怕、恐惧与逃避，使学生能够以坦然、积极的态度面对死亡，赋予其对生命意义的重新体验与思考，懂得珍惜自己的生命及提高生活质量。

第三节　生活压力管理策略

上大学对青年人来说确实是生活中的重大转折。每一个人都将面临结交新朋友、接触新环境、学习新课程、面临新挑战并且拥有新体验。大多数大学生都是满怀期待、兴奋和焦急的心情去适应的。然而有一些情况会让他们产生心理压力，如果他们承受的压力超过了其对应的能力，那么压力就变成了危机。

大多数危机可以在几周内顺利解决，但有一些危机却会逐步增强，最终导致人际关系问题和学习问题的产生。最严重的是，有些危机还会使他们产生自伤的想法。认识压力，了解面对困境时摆脱痛苦的方法，可以增进心理健康。

一、压力及其作用

“压力”（stress）这一概念最早是在1936年由加拿大著名的内分泌专家汉斯·薛利博士提出的。他认为，压力是表现出某种特殊症状的一种状态，这种状态是由生理系统中因对刺激的反应所引发之非特定性变化所组成的。

（一）压力的含义

国内通常将压力译为应激，大致包括三种不同的含义：一是指导致机体产生紧张反应的刺激；二是指机体对刺激的紧张性反应；三是指由于机体与环境之间的“失衡”而产生的一种身心紧张状态。目前，比较普遍被接受的看法是压力指由刺激引起的、伴有躯体机能以及心理活动改变的一种身心紧张状态。

当人们面临压力时会产生一系列心理、生理的反应。这些反应在一定程度上是机体主动适应环境变化的需要，它能够唤起和发挥机体的潜能，增强抵御能力和抗病能力。但是，如果反应过于强烈或持久，超过了机体自身的调节和控制能力，就可能导致心理、生理功能的紊乱而致病。

（二）压力反应

压力反应通常表现在心理反应、生理反应、行为反应等方面。

1．心理反应

压力引起的心理反应有警觉、注意力集中、思维敏捷、情绪的适度唤起，这是适度的反应，有助于个体应付环境。但过度的心理反应如过分烦躁、抑郁、焦虑、激动不安、愤怒、沮丧、失望、消沉、健忘等，会使人自我评价降低，自信心减弱，表现出消极被动，无所适从。

2．生理反应

在压力状态下，机体必然伴有不同程度的生理反应，主要表现在中枢神经内分泌系统和免疫系统等方面。比如，导致心率加快、心肌收缩力增强、血压升高、呼吸急促、各种激素分泌增加、消化道蠕动和分泌减少、出汗等。这些生理反应，调动了机体的潜在能量，提高了机体对外界刺激的感受和适应能力，从而使机体能更有效地应付外界环境条件的变化。但过度的压力会使人口干、腹泻、呕吐、头痛、口吃等。

3. 行为反应

压力状态下的行为反应可分为直接反应与间接反应。前者是指直接面临紧张刺激时为了消除刺激源而作出的反应，例如，路遇歹徒，或与其搏斗，或逃避。后者是指为了减少或暂时消除与压力体验有关的苦恼，会借酒、烟、麻醉品等使自己暂时缓解紧张状态。

（三）压力反应过程

人们对压力的反应通常经历三个不同的阶段：

第一阶段为冲击阶段。发生在暴露于压力源后不久或当时。如果刺激过大，就会使人感到眩晕，表情麻木呆板，不知所措，亦可称为“类休克状态”。如突然听到亲人死亡的消息后大多数人会表现出发呆、惊慌或歇斯底里，只有少数人能保持冷静与镇定。

第二阶段为安定阶段。这时，当事人会努力恢复心理上的平衡，控制焦虑和情绪紊乱，恢复受到损害的认识功能，而后采用各种心理防御机制或争取亲人、朋友的支持。

第三阶段为解决阶段。当事人将自己的注意力转向产生压力的刺激，并努力设法处理它。可能采取逃避行为远离产生压力的原因；也可能提高自己的应付技能，改变策略和行为，直接面对刺激，解决刺激。

（四）压力的作用

人们对压力的反应有显著的个体差异，也就是说相同的刺激对不同的人所引起的反应是不同的，这取决于个体的认知、评价以及起调节作用的个性心理特征、个性倾向性和社会支持、个体健康状况等因素。压力是由刺激引起的，不仅有害的、侵略性的刺激会引起压力，就连愉悦的、受欢迎的刺激也会带来压力。承受压力并非都是坏事。适度的压力是维持人们正常的心理功能和生理功能的必要条件，同时有助于人们适应环境、提高能力。可见，压力是我们生活的一部分，我们需要压力，正像需要食物与水分一样。生活中如果没有压力，我们就无法适当地成长，不管在生理、心理方面还是在社会方面。当生活中没有足够的刺激来引发生理激活状态时，我们通常会觉得厌烦，于是就会去寻找一些能造成压力的刺激，如爬山、竞赛等。假如工作、学习缺乏压力，也会使我们感到厌烦，难以保持适当的效率。但是，如果在持续一段时间内有太多的压力，身体的细胞、组织与器官就会发生变化，生理与心理便会出现不同的混乱甚至致病。因此，我们需要学习处理压力，并将其应用于自己的生活、学习之中。

二、压力产生的原因

压力产生的原因可称为压力源，或称应激源。压力源广泛地存在于我们的生活之中。有些压力源是稍纵即逝的，它引起瞬间的兴奋和欢欣。有些压力源则持之以日、周或月，造成习惯性的高压反应，使人经常处于一种戒备状态，甚至导致心理失衡。我们所遇到的压力源可能在自身，也可能在环境之中。自身的压力源包括痛苦、疾病、记忆、罪恶感、不良的自我概念等，可称为“内因性压力源”；环境的压力源包括热、冷、噪声、其他任何无机性的刺激和有机性的刺激，可称为“外因性压力源”。但是，人类最主要的压力源是人，人际关系是造成压力的最主要来源。如果我们把造成压力的各种因素作一个大致分类，可以划分为躯体性、心理性、社会性和文化性四大类压力源。

1．躯体性压力源

躯体性压力源是指经由人的躯体直接发生刺激作用的刺激物，包括各种物理的、化学的、生物的刺激物，如过高过低的温度、酸碱刺激、微生物、变质食物等。这一类刺激是引起生理压力和压力的生理反应的主要原因。

2．心理性压力源

心理性压力源是指来自人们头脑中的紧张性信息。例如，心理冲突与挫折、不切实际的期望、不祥预感，以及与工作责任有关的压力和紧张等。心理性压力源与其他类压力源的显著不同之处在于它直接来自人们的头脑中。费德曼与罗森门两位学者在对心脏病的长期研究中找出了一种特殊的性格称为 A 型性格，指出这种性格比其他性格更容易导致心脏受损。A 型性格者经常都是努力工作的高成就者，事业十分成功，但却由于压力过大或无法处理压力而赔上了自己的健康。

3．社会性压力源

社会性压力源是指造成个人生活样式上的变化，并要求人们对其作出调整或适应的情境和事件。这里的生活样式是指组成一个人的日常生活方式的许多“经验和事件”，包括居住地及居住环境、工作类别及工作场所的环境条件、饮食情况、个人生活习惯、娱乐活动的种类与时间、体力活动的程度、社会联系等。比如，家庭中常常存在导致大量的持续性压力的因素，包括照顾年长的双亲、配偶或孩子患病、夫妻关系恶化等。

4. 文化性压力源

文化性压力源，最为常见的是“文化性迁移”，如由一种语言环境进入另一种语言环境，或由一个民族聚居区、一个国家迁入另一个民族聚居区、一个国家。在这种情况下，一个人就将面临一种全新的环境、生疏的生活方式、陌生的风俗，从而不得不改变自己原有的生活方式与习惯，以顺应新的变化。如出国留学是众多学子期盼的深造机会，但一些学生对面临的文化环境改变缺乏充分的心理准备，在异文化背景下难以适应，压力过大而引发疾病，中断学业的事例时常发生。

三、压力与身心疾病

承受压力是每个人生活中不可避免的，压力产生的紧张状态可以提高警觉水平，适当的压力是健康所必须具备的条件。但是压力过于强烈、持久，超过个人的耐受能力，就会破坏人的心身平衡，影响人的学习与工作，损害心身健康，这是压力的有害方面（见图 12-3）。

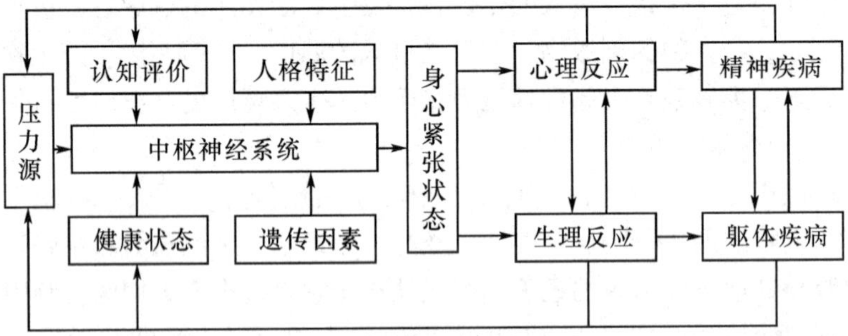

图 12-3　压力源、压力反应与身心疾病的关系

（一）压力引发身心疾病

身心医学研究发现，身心疾病是由多种因素引起的，但更多的是由个人遭到的紧张刺激以及生活境遇所决定的，因紧张刺激而引起的生理改变最终导致自我损害是身心疾病发病的重要原因之一。也就是说，如果心理性、社会性、文化性的压力引起的紧张状态过于强烈、持久，就会通过生理渠道导致躯体病变或直接导致心理疾病。

（二）常见的身心疾病分类

身心疾病一般可表现在以下方面：
心血管系统：原发性高血压、冠心病、心律失常、心动过速或过缓等；
呼吸系统：支气管哮喘、过度换气综合征、血管舒缩性鼻炎等；
消化系统：消化性溃疡、溃疡性结肠炎、神经性厌食、神经性呕吐等；
内分泌系统：肥胖症、糖尿病、甲状腺功能亢进等；
肌肉骨骼系统：痉挛斜颈、类风湿关节炎、口吃等；
神经系统：紧张性头痛和偏头痛等；
泌尿生殖系统：性功能障碍、月经失调等；
皮肤系统：神经性皮炎、瘙痒症、过敏性皮炎、斑秃、荨麻疹等；
其他：癌症、自身免疫性疾病等。

四、应对压力的方法

当人们面对压力和紧张困扰时就会自觉或不自觉地采取一些方法来应对压力。

（一）常见的错误方法

1. 依赖药物

有些人相信药物可以消除压力，因而常常服用，甚至滥用。其实，药物只可以暂时消除紧张情绪，不可能治疗压力的根源。如果长期持续性地服用药物，而不主动去控制自己的压力行为，那么药物就会带来依赖，使人失去尊严并带来各种疾病。

2. 饮酒

有些人认为酒精是解除压力的方法之一，因此面临压力时借酒消愁。酒精是神经系统的刺激物，同时也是一种镇静剂，它能够暂时起到抑制中枢神经系统的作用，但经常饮酒，容易导致酒精中毒而危害健康，而且饮酒过量会影响人的判断力。

3. 抽烟

烟草是一种兴奋剂，有一定的镇静作用。有些人遇到大压力时就会拼命吸烟，以缓解紧张的神经。但吸烟过量会导致神经过敏，因吸入大量尼古丁而使心肺呈现紧张状态，产生一些意想不到的反应和后果。

（二）正确的应对方法

1. 认识压力及其可能导致的后果

当我们认识到在现实生活中充满竞争，心理压力和精神紧张是无法彻底消除时，就可能对已出现或将要出现的压力有一定的准备，同时可以学习一些更有效的应对方法。

2. 在问题及后果还未引发之前将压力加以控制

控制方法有：坦诚倾吐，当紧张情绪积累时可找一位朋友或亲人诉说倾吐；增加休息，忙里偷闲，在还没有达到极度疲劳时，将工作步伐放慢下来；切合实际，当自己期望过高达不到目标时就会产生精神紧张，如果制定的目标切合实际，必定会把握成功；计划工作，当感到工作永远做不完而内心紧张、焦虑增加时，最好把工作好好计划一下，使时间与精力能有效使用；经常运动，运动可调整身心，有助于发泄愤怒和消除压力；学会放松，每天花几分钟时间平静和安定情绪。

3. 放松方法

从紧张状态到松弛状态的过程叫放松。放松会使我们心境安静、身心和谐。一般来说，放松包括身体上的放松和精神上的放松。放松可解除紧张，让我们保持更好的心理状态去面对生活中的困难，帮助我们应对各种压力。身体放松的常用方法有游泳、做操、散步、洗热水澡；精神放松的方法有听音乐、看漫画、静坐、钓鱼等；其他常用方法还有瑜伽、冥想、打太极拳等。

看一看，想一想

A-Z 减压 26 式

A	Appreciation	接纳自己接纳人，避免挑剔免伤神
B	Balance	学习娱乐巧安排，平衡生活最适宜
C	Cry	伤心之际放声哭，释放抑郁舒愁怀
D	Detour	碰壁时候要变通，无须撞到南墙头
E	Entertainment	看看电影听听歌，松弛神经选择多
F	Fear Not	正直无惧莫退缩，哪怕背后小人戳
G	Give	自我中心限制大，关心他人展胸怀
H	Humor	戴副墨镜瞧一瞧，苦中寻乐自有福

续表

I	Imperfect	世上谁人能完美，尽力而为心坦然
J	Jogging	跑跑步来爬爬山，真是赛过食仙丹
K	Knowledge	知多一些头脑清，无谓担心全减少
L	Laugh	每天都会笑哈哈，压力面前不会垮
M	Management	不怕多却只怕乱，时间管理很重要
N	No	适当时候要讲不，不是样样你都行
O	Optimistic	凡事要向好处看，无须吓得一头汗
P	Priority	先后轻重细掂量，取舍方向不难求
Q	Quiet	心乱如麻自然慌，心静如水自然安
R	Reward	日忙夜忙身心倦，爱惜自己要牢记
S	Slow Down	做下停下喘口气，不必做到脑麻痹
T	Talk	找人聊聊有人听，被人理解好开心
U	Unique	人比人会气死人，自我突破最要紧
V	Vacation	放放假或充充电，活力充沛展笑脸
W	Wear	穿着打扮用点心，精神焕发心情好
X	X-ray	探寻压力的源头，对症下药有计谋
Y	Yes，I can	相信自己有潜能，勇往直前步青云
Z	Zero	从零开始向前看，每日都是新起点

（资料来源：香港浸会大学学生事务处辅导中心编，1998 年）

第四节　自杀与预防措施

2003 年 9 月 10 日，是世界卫生组织确定的“世界预防自杀日”。2004 年第二个世界预防自杀日的主题是“救援生命，重建希望”。2005 年第三个世界预防自杀日的主题是“预防自杀，人人有责”。最新的研究数字显示，自杀排在我国青少年死因的第一位。自杀的原因虽然复杂而不相同，但是人到了自杀的时候，总以为从此“一了百了”、“从此解脱”。可是，死，真能一了百了吗？我们观察大学生自杀的案例，有哪一个不是给家人、亲友、同学、朋友留下一肩沉重、痛苦的担子？自杀，只不过把责任转嫁给别人，将问题转嫁给社会。生命宝贵，生命需要珍惜。

一、自杀分析

（一）自杀者的心理过程

自杀不是突然发生的，它有一个发展的过程。日本学者长冈利贞指出，自杀过程一般经历：产生自杀意念⟶下决心自杀⟶行为出现变化⟶思考自杀的方式⟶选择自杀的地点与时间⟶采取自杀行为。对于不同年龄、不同个性、不同情境下的人，自杀过程有长有短。我国学者一般把自杀过程分为三个阶段：第一，自杀动机或自杀意念形成阶段。当事人表现为遇到难以解决的问题，想逃避现实，为解脱自己而准备把自杀当做解决问题的手段。第二，矛盾冲突阶段。当事人产生了自杀意念后，由于求生的本能又会使他陷入生与死的矛盾冲突之中，从而表现出谈论自杀、暗示自杀等直接或间接的表现自杀企图的信号。第三，自杀行为选择阶段。从矛盾冲突中解脱出来，决死意志坚定，情绪逐渐恢复，表现出异常平静，考虑自杀方式，做自杀准备，如买绳子、搜集安眠药等。等待时机一到，即采取结束生命的行为。

（二）自杀者的性格特征

日本心理咨询学家松原达哉认为，大多数自杀者的性格特征主要表现为：过于内向、孤独，容易陷入焦虑与绝望感中，偏执，过分认真，责任感过强，缺乏兴趣爱好，情绪不稳定，心情多变等。而这些性格特征常常与偏颇的父母教养态度、复杂的家庭关系有关。

国内有研究报道，自杀者中性格内向与较内向的占 95.2%，孤僻的占 52.4%，虚荣心强的占 71.4%。方明昭对 1987 年 8 月至 1988 年 10 月 100 例自杀急诊病人的分析发现，性格内向、孤僻、敏感多疑者占 2/3。内向性格的人容易出现焦虑感、绝望感；而认真、固执、责任感强又没爱好的人，一旦遇到困难则强烈自责，易产生自杀想法。另外有 1/4 的人属外向性格，可能与一时冲动有关。外向性格的人如果同时伴有自我中心，情感变化大，易激怒，对人情感肤浅的癔病性人格时，可能会出现自杀行为。对自杀者及自杀未遂者进行详细的性格倾向分析，可以为自杀预防提供参考。

日本心理学家认为自杀者的心理特征常常表现出自罚倾向、逃避现实、自我评价低。图 12-4 是日本学者太原先生 1972 年绘制的自杀倾向构成图。

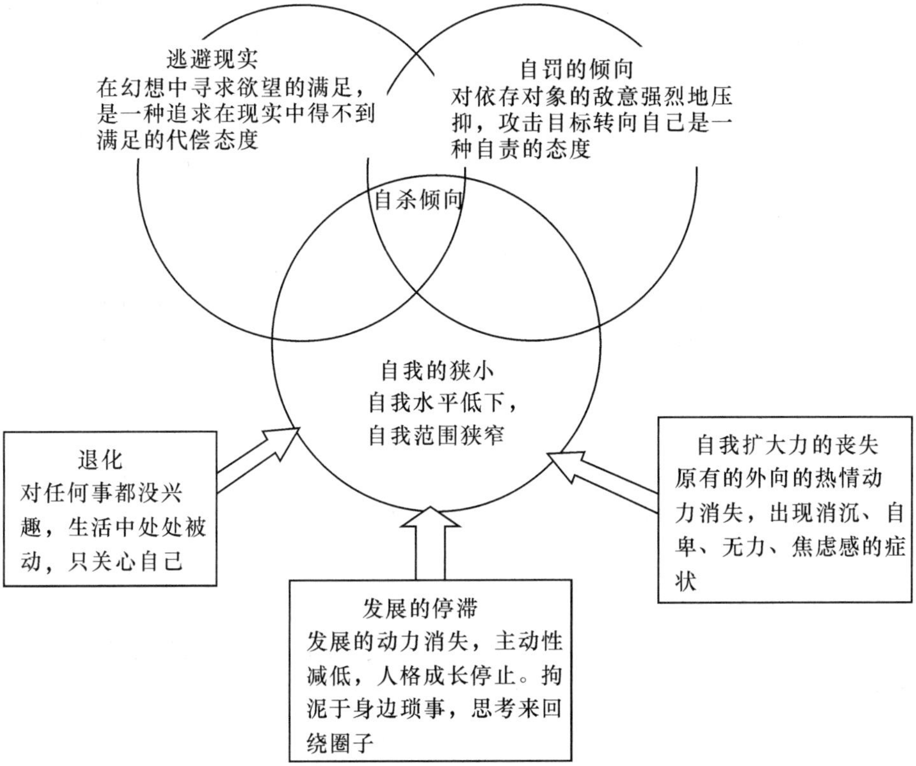

图 12-4　自杀倾向构成图

（三）自杀者的心理状态

想自杀的人共同的心理特征是孤独，认为谁也理解不了自己，谁也帮不了自己，在这个世界上唯有自己最不幸、最痛苦，因此绝望，想以死来解脱困境。但实际上，想自杀的人心情很矛盾，在想死的同时又渴望获得帮助。具体地讲，自杀者的心理状态表现如下：

1．矛盾心态

死亡对于自杀者来说是既可怕又有吸引力的事。现实生活中许多有形无形的困难可以在死亡的幻想中得以解决和满足。但死亡毕竟是可怕的，自杀者一方面想求得解脱，另一方面又想向他人求助。

2. 偏差认知

企图自杀者的知觉常因情绪影响而变得歪曲，表现为“绝对化”或“概括化”或两者交替。“绝对化”是指对任何事物都怀有其必定如此的信念，比如“我做任何事都注定失败”、“周围的人肯定不喜欢我”等。“概括化”是指以偏概全、以一概十的不合理思维方式，常常使人过分专注于某项困难而忽略除死之外的其他解决方法，比如“我考试作弊，我爸爸一定不会饶恕我，永远不再爱我”、“我有缺陷，别人都瞧不起我”等，从而自暴自弃，自责自怨，自伤自毁。

3. 冲动行为

青少年的自杀意念常常在很短的时间内形成，因情绪激动而导致冲动行为，一想到死马上就采取行动。他们对自己面临的危机状态缺乏冷静的分析和理智的思考，往往认定没办法了，只有死路一条，思考变得极其狭隘。

4. 关系失调

自杀者大多性格内向、孤僻、自我中心，难以与他人建立正常的人际关系。当缺乏家庭的温暖和爱护，缺乏朋友师长的支持与鼓励时，常常感到彷徨无助，最后变得越来越孤独，进入自我封闭的小圈子，失去自我价值感。

5. 死亡概念模糊

企图自杀的青少年对死亡的概念比较模糊，部分人甚至认为死是可逆的、暂时的，因此对自杀的后果没有充分估计。

二、自杀原因分析

自杀原因一直是学者们探讨的重点问题。因为没人会无缘无故地去自杀，所以寻找自杀的背景，努力消除引起自杀的原因，可减少自杀事件的发生。一般认为自杀是由于主观上或客观上无法克服的动机冲突或挫折情境造成的。

（一）自杀的一般原因分析

1. 自杀的客观原因

包括人际关系紧张、社会竞争激烈、不可预测的天灾人祸、家庭纠纷、成长环境不良、压力过重等。调查发现，当战争、社会动乱、经济危机等社会状态不稳定时，自杀率会有所变化。社会变化剧烈时，自杀率有明显的增高趋势。前苏联解体后，俄罗斯的自杀率明显上升就是例证。家庭关系是影响自杀的另一重要社会原因。家庭关系失调，家庭功能丧失，父母离异或夫妻冲突，爱情纠纷，亲子不和等，缺乏正常的家庭温暖的人容易自杀。经济困难、严重疾病也常常是自杀的诱因。工作、学习负担过重，紧张疲劳也是自杀的原因之一。

2. 自杀的主观原因

包括面临变化的不适应、内心的烦恼、心理压力等。从个人角度看，因搬迁、调动等改变而引发的情绪问题以及由于个人体力或智力条件的限制不能达到目的，或者个人健康状况不佳、生理上的缺陷不能胜任工作，能力不够、经验不足容易在工作和生活中遭到失败，这些都可能产生心理压力。从心理因素分析，青年期是人一生中心理变化最激烈的时期，也最容易产生各种烦恼。研究发现，当个人内在的不快乐因素或外界环境尤其是人际关系上的冲突达到令人无法忍受的地步时就会引发自杀行为。造成个人不快乐的原因即失去个人认为的具有重要性的事物，如自尊心、成就感、爱恋对象等。根据 WHO 的资料显示，维也纳自杀防治中心在对 1040 位企图自杀者的自杀原因加以分类时，发现寂寞、失去所爱的人等个人不快乐的原因以及与人争吵等人际冲突原因的分布与性别、年龄有关，44% 的男性和 30% 的女性是为了不快乐的原因而自杀的，56% 的男性与 70% 的女性是为了人际冲突的原因而自杀的；30 岁以下的人因人际关系冲突而自杀者占多数。

3. 精神病理学原因

包括抑郁症、精神分裂症、酒精中毒等。据临床观察，有 20% 左右的企图自杀者有精神症状的存在。抑郁症状与自杀意念不可分。抑郁症病人的重要特征是：第一，联想困难或自觉思考能力下降，无法集中注意力；第二，精力明显减退或无原因的持续疲乏感；第三，对日常活动丧失兴趣；第四，食欲不振或体重明显减轻；第五，自我评价过低或过分自责、内疚；第六，失眠、早醒或睡眠过多；第七，反复出现死亡和自杀念头。精神分裂症患者人格失衡，行为异常，常出现妄想、幻听幻觉症状，幻听症状尤为频繁，其内容多半是“有人在说我的坏话，说要杀死我”，从而出现自杀或他杀的行为。可见，精神病患者的自杀危险率确实高于一般人群。

（二）大学生自杀的原因分析

据南京危机干预中心的调查显示，恋爱和学习压力分别占大学生自杀原因的 44. 2% 和 29. 8%。北京市高校关于“学生非正常失学的研究”中列举了学生因“自狂不能得志”、“自卑无法自拔”、“疾病无法摆脱”、“家教方法不当”、“挫折承受力差”等而自杀的个案。

从我们所了解的情况来看，近年来我国大学生自杀的原因主要有以下几种：

1. 学习压力

因学习压力而轻生是大学生自杀事件中常见的原因，尤其是在名牌重点大学，这类情况较为多见。高中毕业后，由于学习成绩优秀而被名牌重点大学录取的荣誉本身就是一种沉重的精神压力。家长和母校都为这些佼佼者而自豪，他们被低年级同学视为榜样。荣誉的光环笼罩着他们，反而形成一种桎梏。但进入大学后由于学习目标不明确、学习方法不适应或所学专业与自己的学习兴趣、思维方式相抵触等原因，有一部分同学的学习成绩明显滑坡，甚至面临留级、复读等问题。涉世不深，心理上对挫折缺乏承受力的年轻人，一时想不开往往铤而走险，结束自己本可再度辉煌的年轻生命。

2. 抑郁症等神经症的困扰

大学生自杀的事例中，相当大的比例源于抑郁症、强迫症等心理疾病，而这些疾病的病根多数是在少儿时期形成的。在进入大学的身体检查中，并无心理疾病检测这一项，所以很难发现这方面的问题。进入大学后，这些学生一旦被严重的心理冲突所困扰，他们就会对什么活动都不感兴趣，心情压抑，郁郁寡欢。抑郁症患者常伴有失眠，并为此而痛苦不堪；身体上感到疲劳乏力，学习时注意力难以集中；情绪焦躁不安，心情持续抑郁，懒得和他人讲话。这些人感到这样活下去没什么意思而选择自杀。在自杀的时间和方式上，他们大多选择在上午同学们离开宿舍时跳楼自杀。

3. 环境适应不良

在大学一年级新生中，环境适应不良是较为普遍的现象，尤其是那些初次离家过集体生活的同学，更需要经历一个从不适应到逐步适应的过程。但在这一适应过程中，那些从小被溺爱或被过度保护的学生，那些性格孤僻、内向或暴戾的学生，不易合群，难以适应生活的变化，在孤独感、无助感的折磨下，个别人会选择轻生。

4. 失恋

恋爱是大学生中常见的现象，且多数为初恋。感情过分专注的人，一旦失恋便会体验到深切的痛苦。当他们感到难以忍受这种精神上的打击时，便会由怨恨而引起轻生的念头。这种现象，在女同学中较为多见。

5. 其他

亲子失和、经济拮据、毕业后找不到满意的工作等，都会引起轻生的念头。

三、大学生自杀预防措施

预测人的行为是一件比较困难的事情，预测自杀行为则更加困难，因为自杀的原因非常复杂，常常连与自杀者接触极其密切的人都难以觉察其细小的变化，而且自杀行为常常带有突发性，令周围人措手不及。即使通过种种征兆发现了自杀的迹象，进行危机干预也并非易事。如果直接对当事人说，会使当事人感到自己的隐私被侵犯，反而增加危险性。但是，自杀的预防又是可能的，因为自杀行为有一定规律可循。因此，只要抓住机会，因势利导，及时提供心理支持和帮助，预防自杀行为的可能性是有的。

（一）自杀预防的可能性

1. 为什么说自杀可以预防

自杀可以预防的理由如下：（1）想自杀的人，当他面临生活中的危机而产生消极态度和情绪，如羞耻、罪恶、自责等，到选择自杀行为之间要经过一段时间。（2）想自杀的人大多数有想死同时又期待得到帮助的矛盾心态，因此会表现出种种自杀征兆。（3）想自杀的人在采取行动之前，当考虑到自己的死会对亲人、朋友、老师带来极大的痛苦和震惊时，会感到沉重的心理压力和负担。（4）自杀者一般都会经历使之震惊、困扰的诱发事件。

2. 了解自杀的征兆

自杀并非突发，一般而言，自杀者在自杀前处于想死同时又渴望被救助的矛盾心态时，从其行为与态度变化中可以看出蛛丝马迹，大约2/3的人都有可观察到的征兆。据南京危机干预中心调查，在61例自杀的大学生中，有22人曾明显地流露出各种消极言行以引起周围人的注意。日本心理学家长冈利贞认为自杀者在自杀前会流露出种种征兆，可以从言语、身体、行为三方面观察。（1）言语。有自杀意念的人会间接地、委婉地说出来，或者谨慎地暗示周围的人，如“想逃学”、“想出走”、“活着没有意思”等。（2）身体。有自杀意念的人会有一些身体症状反应，比如感到疲劳、体重减轻、食欲不好、头晕等，这往往是抑郁情绪所致，不能简单地认为是身体有病，应引起注意。（3）行为。当一个人自杀意念增强时，在日常生活中会表现出不同于平常的行为，如无故缺课、频繁洗澡、看有关死的书籍，甚至出走、自伤手腕等。

根据以上种种征兆，可以为预防自杀提供线索和可能。

3. 改变对自杀的模糊观念

社会上对自杀这种行为所持的态度和认识差别很大，其中有一些错误的观念，若不加以纠正，对自杀预防是不利的。

一是自杀无规律可循。自杀事件常常带有突发性，一旦发生，周围的人常感意外和诧异。其实大部分自杀者事前都曾发出过明显的直接或间接的求助信息。他们在决定自杀前会因为内心的痛苦和犹豫而发出种种信号。

二是宣称自杀的人不会自杀。当有些人向他人透露自己会自杀，尤其当用语带有恐吓成分时，他人以为他不过是说说而已，因为真正想死的人是不会把自己的打算告诉别人的。但有研究表明，80%的自杀企图者在自杀前曾向他人谈论过自杀，这种人很可能有自杀的举动，必须引起高度重视。

三是一般人不会有自杀念头。很多人以为一般人不会有自杀念头。可是国内外的研究结果显示，30%～50%的成年人都曾有过一次或多次自杀念头。对于性格健康、家庭关系良好的人，自杀意念可能只是一闪而过，很少发展为真正的自杀行动；而性格或精神卫生状况存在问题的人在缺乏社会支持时，自杀念头就有可能转变为自杀的行为。

四是所有自杀的人都是精神异常者。有人认为只有精神病患者才会自杀。但事实证明，自杀的人大多数不是精神病患者，只有20%的自杀者是抑郁症或精神分裂症患者，大多数自杀者是正常人，他们只是有暂时性的情绪障碍。

五是自杀危机改善后就不会再有问题。有自杀企图的人经过危机干预状态改善后，情绪会有所好转，周围的人常会误以为自杀危险性减低了，从而放松了防范措施。然而研究结果表明，企图自杀者在这次自杀危机改善后，至少在3个月内还有再度自杀的可能，尤其是抑郁病人在症状好转时最有危险性。

六是对有自杀危险的人不能提及自杀。很多人担心，对那些有情绪困扰的人、有自杀意念的人，主动谈及自杀会加强他们自杀的意念。事实恰好相反。那些有严重情绪困扰的人往往愿意别人与他倾谈，听他诉说对自杀的感受。如果故意避开不谈，有情绪困扰的人反而会因被困扰的情绪无从分解而加重情绪问题。

七是学业问题是青少年自杀的主要原因。不少人认为青少年正处在求学阶段，学业上的困扰是导致青少年自杀的主要原因。但学者们经过研究发现，50%以上的青少年自杀者，其自杀原因首先是与父母的关系，其次是男女感情，然后才是学业的问题。

（二）自杀倾向的早期发现

早发现有自杀倾向的人，从而有针对性地给予及时援助，是预防自杀行为的重要措施。目前，国内外对有自杀倾向者的预测主要通过两种手段：一是心理测验和心理健康调查；二是依靠临床经验。

1．关于自杀倾向的调查

曾有人用明尼苏达多向人格问卷（MMPI）来辨认自杀行为，也有人用罗夏墨迹测验和主题统觉测验（TAT）来确定自杀危险的程度，还有人用文森克问卷（EPQ）、卡特尔16人格因素（16PF）等量表来做自杀行为的预测。这些心理测验对自杀危险性的临床评定有一些用处，但都不能作为一个可靠的评定工具，因此，就出现了用于评估自杀危险性的专用调查，如自杀可能性问卷（SPS）、自杀意念问卷（SIQ）等。1992年，樊富珉、王建中等人修订了UPI（大学生人格问卷），大学生自杀倾向的调查包含在新生进校时普遍进行的UPI调查中，其中第25题是“想轻生”，若学生在该项目上画圈，作了肯定选择，一般都由咨询员约请面谈，进一步了解选择者的心理状态。

2．自杀者的临床表现

根据临床经验，有以下表现者一般具有自杀的危险性，应给予更多的关注：

（1）具有明显外部精神因素的刺激者，如突然受打击、失恋等。

（2）情绪低落、悲观抑郁者。

（3）性格孤僻内向，与周围人缺乏正常的感情交流者。

（4）在严重不良家庭环境中成长、缺乏温暖关怀者，如父母离异、家庭破裂、亲子关系恶化等。

（5）曾谈论过自杀并考虑过自杀的方法。

（6）过去曾有过自杀企图或行为者。

（7）亲友中曾有人自杀过。

一旦发现有以上表现的人，应及时给予干预和援助。

（三）建立校园学生生命自助热线

目前，全世界许多国家的大城市都建立了自杀预防中心或危机干预中心，每年接待数以万计的潜在危险者，挽救了许多生命。世界上第一个用于自杀预防的生命电话首创于英国伦敦，它就是1953年开通的“撒玛利亚”电话。至今全世界陆续成立了200多个生命线服务中心，遍布世界各国主要城市，成为一个国际性组织，每年约有千万人因生命线而得救。在美国的大学校园里，学生自助热线咨询活动近年来蓬勃发展。它完全由学生自己组织与管理，并接受学校医院和心理咨询机构的监督与指导。它每周定时定点开放，并通过电话和面谈的方式为那些情绪低落、学习压力大及人际关系不和谐的同学提供义务咨询。由于学生自助热线咨询完全由学生自己担任，并具有很大的隐蔽性，它为那些有自杀意念却又不愿去见精神医生和心理咨询人员的学生提供了一个很好的抒发个人苦恼、追求精神安慰的场所。另外，学生之间相互咨询，也能够使咨询人更加理解对方的苦衷，使求询者获取更大的安慰，因此，学生的自助热线服务，很好地补充了学校医院和心理咨询机构对学生自杀行动的了解与控制的不足。据一项研究表明，美国大学校园近年来的自杀率有所下降，这与学生之间的互相咨询有很大联系。生命电话有实用、方便、及时、匿名、有效、普及等特点，对帮助求询者度过心理危机、恢复心理平衡是一种有效的手段和干预的技术。

(四) 举办或开设自杀预防讲座或课程

自杀预防教育旨在通过举办讲座或开设课程、散发学习材料等手段来提高学生对自杀行为的认识与控制，其中心目的在于使学生突破情绪抑郁时的自我封闭，达观地看待人生，以增强对自杀意念的抵御能力。此外，这些讲座和小册子还为人们提供有关自杀控制与咨询机构的情况和电话号码。有的学习资料还向学生传授摆脱自杀念头的具体方法，如在精神苦闷时，竭力去回想儿时的幸福情景、个人生活中的成功经历等来转移注意力，实现情绪的自我控制。面向学生开设的自杀预防课程除了讲解预防自杀的一些基本常识外，还应教授如何辨别同学中存在的自杀征兆，以及如何向有关机构求助等问题。对于自杀未遂、重返校园的同学，其他同学应采取什么态度，也应给予特别注意，比如不刻意营造快乐的气氛，不与自杀未遂者争辩自杀的害处，不要企图揭穿他为什么自杀，而要主动与自杀未遂者交往相处、做朋友等。

(五) 心理咨询中危机的处理

心理咨询中危机的处理大致可分为两个阶段：第一阶段，必须立即消除死亡的危险，去除导致死亡的物品，如绳子、刀枪、安眠药等，设法暂时稳定当事人的情绪。有条件的话，尽快与当事人的亲友取得联系。心理咨询人员或教师应尽快与有自杀危险的人建立信任的关系，使他感到自己的生命受到重视，咨询员正在积极地帮助他。第二阶段，通过心理咨询与心理治疗，帮助企图自杀者解决其面对的困扰，鼓励他树立更积极乐观的人生观，改善他解决问题的能力。培养兴趣爱好可丰富人的生活，调节心情，使人增加对现实的眷恋。同时鼓励企图自杀者交朋友，建立自己的社会支持系统；避免无意义的人际冲突和纠纷，注意处理好人际关系。

心灵读本：生命的礼物

活着的意义是什么？为金钱，名利，为竞争所谓的成功证明自己的价值？为社会，为家庭，为丰裕的生活来衡量你人生的意义？不同的人有不同的答案。在我看来，活着就是寻求自己内心的归宿。不管你生在何事何地何境，我们都在寻找着，不是永远地寻找，而是寻找一个最终可以安放这颗心的永远。

外面的海面很宽很广，我们只是那一滴滴水珠，虽然我们渺小，在自己的世界为什么不激起自己心上的浪花呢？在自己的世界里，自己就是主宰。别说你一无是处，生命总需要我们发现、寻找和感悟，天降于你我，必有你我所能。无须一味埋怨上天对自己的不公，其实它很慈爱也很公平，在我们降临于世的时候就给了我们每个人一件与众不同的礼物，这是一座自己的宝库。

迷糊的人走在生活的路上无意识的就把它丢失了，以至于郁结心事，孤寂终老，或浑浑噩噩、英年早逝。灵性的人会着眼自己的风景，去挖掘，发现和创造。这份礼物就是与生俱来的兴趣爱好，名曰“天赋”。这种天赋如何去发现？就是即便不用任何利益做交换，你也乐意去做，并不会想着去改变。当你把自己的兴趣和爱好开采并运用好了，这比什么都来得稳定和踏实。如果把你的天分和爱好当做一份工作，你人生幸福的意义就由此开始了，这才是一生不变的，因为你擅长又喜欢。

是生命总会在不停地寻找，寻找着内心自己理解的一种成功。每个人成功的定义是不同的，对我而言，成功不是要多大的房子，房子可大可小，只要布置得舒适，不需要买多好的车，车可有可无，现在的交通也便捷，票子不需要很多，保证生活的前提后，急用能拿得出手就行了，物质带来的是方便，并不能全权代表幸福。

我眼里的成功是内心的宁静与和谐。自己内心的宁静与人相处的和谐。不为周围的动静而躁动不安，不人云亦云，不人为亦为之，不管在别人的眼里你是如何的幸运和糟糕，幸运，是他们用自身的不幸做的比较，不必自得；糟糕，是他们用同样比较的方式用他们看好的优势与你匹配。其实很多时候，有些看起来“糟糕”的事，都是我们自己不切实际的过分期待限制了自己。人，一生难免遇到不可预料的未知，让我们把每一个未知当做生命的礼物，这样的生活才会精彩。让我们淡然地对属于我们的一切说："没什么事是真正的好事和坏事。"

我们每个人都是一个有着瑕疵的生命，却可以用你一颗阳光的、婉约的、激情的或是淡然的心给你身边的朋友以正面的力量，需要的就是你我一颗真诚和出自爱的心。无论朋友在远方还是身旁，无论朋友在你的生命停留的时间多短还是多长，是朋友总会用一颗感恩的心珍藏。

采春夏秋冬的景致泡一壶人生的茶水，其中甘苦的滋味都值得我们用一生细细地品味。

摘自：《生活时报》2000 年 2 月 20 日，作者：游宇明

复习与思考题

1. 你认为生命的意义是什么？
2. 什么是丰盛的人生？你应该怎样规划自己的人生？
3. 根据你身边发生的案例，探讨自杀引发的后果，以及摆脱痛苦的多种方法。

阅读书目

1. 李虹著：《生命意向》，高等教育出版社 2004 年版。
2. 樊富珉主编：《大学生心理健康与发展》，清华大学出版社 1997 年版。
3. 李虹著：《压力应对与大学生心理健康》，北京师范大学出版社 2004 年版。
4. 何跃青编著：《如何进行压力管理》，北京大学出版社 2004 年版。